ÉTUDES PALÉONTOLOGIQUES

SUR LES

DÉPOTS JURASSIQUES

DU

BASSIN DU RHONE

PAR

EUG. DUMORTIER

QUATRIÈME PARTIE

LIAS SUPÉRIEUR

AVEC 62 PLANCHES

PARIS

F. SAVY, LIBRAIRE-ÉDITEUR

LIBRAIRE DES SOCIÉTÉS GÉOLOGIQUE ET MÉTÉOROLOGIQUE DE FRANCE

24, RUE HAUTEFEUILLE, 24

—

OCTOBRE 1874

ÉTUDES PALÉONTOLOGIQUES

SUR LES

DÉPOTS JURASSIQUES

DU

BASSIN DU RHONE

LYON. — IMPRIMERIE PITRAT AÎNÉ, RUE GENTIL, 4.

ÉTUDES PALÉONTOLOGIQUES

SUR LES

DÉPOTS JURASSIQUES

DU

BASSIN DU RHONE

PAR

EUG. DUMORTIER

QUATRIÈME PARTIE

LIAS SUPÉRIEUR

AVEC 52 PLANCHES

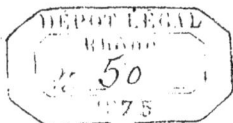

PARIS

F. SAVY, ÉDITEUR

LIBRAIRE DES SOCIÉTÉS GÉOLOGIQUE ET MÉTÉOROLOGIQUE DE FRANCE

24, RUE HAUTEFEUILLE

—

OCTOBRE 1874

©

Le quatrième volume des ÉTUDES PALÉONTOLOGIQUES, comprenant le lias supérieur, a vu sa publication retardée malgré tous mes efforts ; ce retard doit être attribué en grande partie aux désastres de l'invasion ainsi qu'aux désordres qui en ont été la suite. La préparation des planches a demandé aussi un long travail, d'autant plus long que je regardais comme essentiel de faire faire tous les dessins sous mes yeux.

On trouvera à la fin du volume, comme je l'avais annoncé, la table des fossiles décrits soit dans le troisième volume, LIAS MOYEN, soit dans le quatrième, LIAS SUPÉRIEUR.

Les *Études paléontologiques sur les dépôts jurassiques du bassin du Rhône* ont été publiées aux époques suivantes :

La première partie ou premier volume, comprenant l'*Infra-Lias*, avec 30 planches, en janvier 1864 ;

La deuxième partie, *Lias inférieur*, avec 50 planches, en janvier 1867 ;

La troisième partie, *Lias moyen*, avec 45 planches, en juin 1869.

ÉTUDES PALÉONTOLOGIQUES

DÉPOTS JURASSIQUES

DU BASSIN DU RHONE

Quatrième partie. —— LIAS SUPÉRIEUR

Le lias supérieur, que je me propose d'étudier dans ce quatrième volume, est composé de roches généralement marneuses et ne présente pas une grande épaisseur, si l'on considère les gisements les mieux connus.

A cette division du lias correspond exactement l'étage *Toarcien* ou neuvième de d'Orbigny ; c'est l'*upper lias* des géologues anglais, qui le regardaient autrefois (de la Bèche, 1823) comme la partie la plus basse de l'oolithe inférieure.

Comparé aux divisions des géologues allemands, notre lias supérieur comprend le *lias ε* (Quenstedt) ou zone à *Posidonomya Bronni ;* secondement, le *lias ζ* ou zone à *Amonites Jurensis ;* de plus enfin, la première subdivision inférieure du *brauner Jura*, c'est-à-dire le *brauner α*, caractérisée par les *Am. opalinus* et *torulosus ;* dans la plus grande partie du bassin du Rhône et dans presque toute la France, il est tout naturel de regarder ce niveau de l'*Am. opalinus* comme une suite des couches à *Am. bifrons*. Les caractères minéralogiques des deux niveaux diffèrent peu ; plusieurs fossiles sont communs ; au contraire, lorsque l'on arrive aux couches inférieures du bajocien (*brauner c*), le régime des dépôts change brusquement ; au lieu de schistes marneux à pâte fine, ce sont des

couches épaisses de calcaire dur, mat, grossier, couvert partout des
empreintes du *Cancellophicus scoparius*, accompagnées d'*Am. murchisonæ*. L'aspect et la solidité de ces couches contraste fortement
avec ceux de la zone à *Am. opalinus*, et comme cette dissemblance
se fait remarquer partout, elle rend impossible le rapprochement
des deux niveaux pour faire partie d'un même étage.

Je divise le lias supérieur en deux zones : la plus basse, zone
à *Am. bifrons*, comprend toutes les subdivisions que l'on a dis-
tinguées depuis le niveau de l'*Am. serpentinus*, jusques et y compris celui de l'*Am. Jurensis*. La partie supérieure, sous le nom de
zone de l'*Am. opalinus*, comprend le niveau de cette ammonite et
les couches du *brauner α* des géologues allemands.

L'épaisseur du lias supérieur varie beaucoup d'un point à un
autre et n'est jamais très-considérable. En y comprenant les deux
zones, les évaluations les plus extrêmes me semblent aller de 5 à
35 mètres, suivant les régions. Il faut cependant excepter quelques
gisements des Alpes, où le lias supérieur forme un ensemble marneux de plus de 200 mètres.

En général, le lias supérieur commence en bas par quelques mètres de marnes foncées, plus ou moins micacées; petit à petit ces
marnes se chargent de fer et finissent par être surmontées par un
banc de minerai de fer oolithique ordinairement des plus riches en
fossiles de la zone inférieure dont ce minerai forme l'assise la plus
supérieure; la zone à *Am. opalinus* consiste, dans les gisements de
l'Ain, du Rhône et de l'Isère, en calcaire marneux, irrégulier, de
couleur variée, souvent chargé lui-même d'oolithes ferrugineuses,
mais très-disséminées ; ces couches sont trop peu riches en métal
pour être exploitées. Le passage de la zone à *Am. bifrons* à la zone
supérieure à *Am. opalinus* se fait brusquement, et, dans les chantiers de la Verpillière, on peut trouver des fragments d'un volume
médiocre qui, occupant dans la série le niveau de séparation des
deux zones, montrent, d'un côté, un exemplaire de l'*Am. bifrons*
et, à leur partie supérieure, l'*Am. opalinus*.

Dans plusieurs gisements du Midi, à Fressac, par exemple, le lias
supérieur, formé de marnes d'un gris jaunâtre, montre une certaine

uniformité dans son aspect et sa composition; il est même assez difficile de reconnaître dans les éboulis les fragments qui proviennent du lias moyen, qui en diffère très-peu par ses caractères minéralogiques.

Dans le département de l'Ardèche, près de Privas, le lias supérieur se montre, par exception, formé de grès grossier, à gros grains de quartz (Privas, les Beaumes, Saint-Étienne de Boulogne).

Parmi les gisements qui s'éloignent le plus par la composition minéralogique de ce que l'on rencontre habituellement, il faut citer celui du ravin d'Enfer, au sud de la montagne de Crussol; les couches qui représentent le lias supérieur offrent là une épaisseur minime et consistent en calcaires gris foncé très-durs, qu'il est presque impossible d'attaquer au marteau; quelques petits cailloux de quartz se montrent çà et là, et de petits nerfs de marnes noires, dures et scoriformes séparent les bancs. Voici la coupe relevée par M. Huguenin, qui a bien voulu me la communiquer; comme ce point de Crussol a tous les caractères d'une formation alpine des plus caractérisés, l'étude en est intéressante.

La coupe comprend l'oolithe inférieure, qui recouvre les deux zones du lias supérieur.

	MÈTRE	
	0 12	Couche ocreuse, avec fossiles nombreux du callovien ou du bathonien.
Oolithe inférieure	0 40	Calcaire gris clair, siliceux, dur, rempli d'empreintes de *Cancellophycus scoparius*.
	1 20	Calcaire gréseux, jaunâtre clair, avec rognons siliceux, sans fossiles, pierre non utilisée.
	0 80	Calcaire gris bleuâtre, siliceux, très-dur, grésiforme, se délitant par bancs de 15 à 20 centimètres, rhynchonelles et térébratules.
	0 60	Calcaire bleu clair, siliceux, dur, avec *Am. tripartitus* et tous les fossiles du niveau de l'oolithe ferrugineuse de Bayeux.

Lias supérieur	0 02	Petit nerf de marnes avec quelques fragments d'ammonites.
	0 30	Calcaire irrégulier, gris foncé, très-dur, avec petits cailloux de quartz, très siliceux, fossiles nombreux, mais presque impossibles à arracher. Fossiles de la zone à *Am. opalinus*, fragments rares des espèces de la zone inférieure.
	0 80	Marnes noires, scoriformes, alternant avec des calcaires grézeux foncés et contenant tous les fossiles de la zone à *Am. bifrons*. Les échantillons qui ont subi les influences atmosphériques, prennent une couleur blanchâtre, par place.

Grès jaunâtre de l'infra-lias

Lias supérieur

ZONE DE L'AMMONITES BIFRONS

Cette zone inférieure du lias supérieur ne correspond qu'à la partie inférieure et la plus considérable du toarcien de d'Orbigny et aux couches ε et ζ du lias de Quenstedt.

Son épaisseur moyenne est de 4 à 25 mètres.

La zone à *Am. bifrons* est presque partout séparée du lias moyen qu'elle recouvre par les calcaires résistants et solides du niveau caractérisé par l'*Am. spinatus* et le *Pecten æquivalvis ;* ses premiers dépôts en bas, au contact de ces calcaires, consistent à peu près partout en marnes foncées, bleuâtres, rougeâtres, violacées, souvent un peu chargées de mica ; à la partie supérieure, on trouve un minerai de fer oolithique qui atteint rarement l'épaisseur de 1 mètre, mais qui est très-remarquable par l'abondance de ses fossiles.

L'*Am. bifrons* commence à se montrer dans les couches de marnes les plus inférieures et continue jusqu'au dernier feuillet de la couche supérieure de la zone.

Dans beaucoup de contrées, on a pu distinguer plusieurs niveaux de fossiles dans la zone à *Am. bifrons;* les couches les plus inférieures, à *Posidonomya Bronni* ont été mentionnées à part. Au-dessus de ce niveau, les géologues allemands placent celui de l'*Am. Jurensis;* plusieurs auteurs signalent encore les niveaux spéciaux caractérisés par les *Am. insignis, radians,* etc.; il n'est pas possible de distinguer ces niveaux dans la plus grande partie de notre région. Dans les gisements qui nous ont fourni presque tous nos échantillons, ces ammonites sont toujours accompagnées de l'*Am. bifrons,* qui ne varie pas et se montre nombreuse et caractéristique dans toute l'épaisseur. On trouverait sans doute des points, dans le bassin du Rhône, comme par exemple au ravin de Pinperdu, près de Salins, où une étude détaillée et persévérante des fossiles pourrait permettre de reconnaître ces subdivisions; mais il faudrait un long travail et des précautions minutieuses pour éviter la confusion dans la recherche des fossiles.

Comme l'*Am. bifrons* se trouve partout jusqu'au contact de la zone supérieure; de plus, comme cette ammonite ne se montre jamais ni au-dessus, ni au-dessous de la zone, et que d'ailleurs elle est abondante et facile à reconnaître, je n'hésite pas à classer toute la partie inférieure du lias supérieur, jusqu'au niveau de l'*Am. opalinus,* sous le nom de zone à *Am. bifrons.*

Dans le Mont-d'Or lyonnais, dans le département de l'Ain et dans les gisements si connus du département de l'Isère, la zone commence par 2 ou 3 mètres de marnes noirâtres ou rouges violacées; ces marnes n'offrent pas des fossiles bien conservés, mais des ammonites variées, privées de leur test et par cela même des plus convenables pour l'étude des lobes; la partie supérieure devient oolithique, se charge de fer et montre à peu près partout une couche de minerai, peu exploité maintenant à cause de sa pauvreté en métal. Cette couche ferrugineuse, dont l'épaisseur arrive rarement à 1 mètre, est très-riche en fossiles variés et remarquables par leur belle conservation. Il y a des points où l'épaisseur de l'ensemble dépasse de beaucoup les proportions moyennes de la zone; à Serres, commune de Frontonas, par exemple, le niveau inférieur, composé de marnes et de calcaires, marneux, dépasse 20 mètres, et le minerai, cependant, toujours placé à la partie supérieure, n'a pas 40 centimètres.

Dans le Jura, l'épaisseur de la zone formée de marnes pyriteuses, de grès et du minerai de fer oolithique, atteint 20 mètres.

Dans le Charolais, on peut mesurer également 26 mètres de marnes argileuses surmontées de grès ferrugineux.

Dans l'Ardèche, les marnes se montrent également ; mais le plus souvent la roche est un grès à gros grains de quartz, formant ainsi un contraste frappant avec les caractères minéralogiques des autres régions.

Dans le Gard, la zone à *Am. bifrons* est composée de marnes d'un gris clair jaunâtre, passant en haut à un calcaire grisâtre schisteux par place, avec nodules de fer hydraté, accompagnée de bancs minces et non exploitables de minerai ; ensemble 20 à 30 mètres.

Dans le Var, on trouve la zone formée de calcaires durs, quelquefois souillés d'oxyde de fer, mais généralement durs et peu foncés, avec petits lits de marnes grises intercalés, environ 40 mètres.

À Digne, l'ensemble dépasse 200 mètres ; il est entièrement formé de marnes de couleur foncée, plus ou moins solides ; la distribution des fossiles en zones spéciales peut y être observée dans cette énorme épaisseur ; on y voit l'*Am. radians* cantonnée dans un niveau séparé de l'*Am. bifrons* et bien plus élevé.

Je pourrais multiplier ces observations, mais ce que nous avons indiqué suffit pour nous montrer combien les caractères minéralogiques et l'épaisseur des dépôts varient d'une région à une autre. Cette irrégularité dans la nature des sédiments fait d'autant mieux ressortir la constance des espèces fossiles qui y sont partout accumulées avec une grande régularité et une similitude constante ; on peut même remarquer que généralement les espèces sont non-seulement les mêmes, mais la taille des coquilles est très-semblable sur des points fort distants.

Quoique la zone fossilifère soit peu épaisse, la couleur rouge du minerai forme une bande qui se fait remarquer de loin par sa couleur ; d'ailleurs, les débris des couches rapprochées sont très-caractéristiques. Ainsi, l'énorme paquet des marnes du lias moyen sous-jacentes forme toujours une combe en pentes douces et couverte de prairies. En cherchant au-dessus de ce niveau, on trouvera toujours les fossiles de la zone à *Am. bifrons ;* malheureusement ces débris sont confondus et mêlés avec les fragments de la zone supérieure du lias moyen qu'ils recouvrent et avec ceux du calcaire à entroques, qui domine en formant des escarpements. Au Mont-d'Or, sur une foule de points, on trouve des gisements ainsi disposés.

Détails sur les Gisements

ZONE DE L'AMMONITES BIFRONS

Saint-Fortunat (Rhône). — Village du mont d'Or lyonnais, commune de Saint-Didier. Au-dessus des prairies.

Saint-Cyr (Rhône). — Sous l'hermitage du mont Cindre.

Saint-Romain (Rhône). — A la mine de fer.

Poleymieux (Rhône). — Canton de Neuville.

Limonest (Rhône). — Bois de la Barrollière.

Theizé (Rhône). — Canton du Bois-d'Cingt.

Marcy (Rhône). — Canton d'Anse.

Ville-sur-Jarnioux (Rhône). — Canton du Bois-d'Oingt.

Limas (Rhône). — Canton de Villefranche.

Moiré (Rhône). — Canton du Bois-d'Oingt.

Charnay (Rhône). — Canton d'Anse.

Chessy (Rhône). — Le cimetière.

Ambérieux (Ain).

Bettant (Ain). — Canton d'Ambérieux.

Saint-Rambert (Ain).

Villebois (Ain). — Les mines de fer.

Serrières-de-Briord (Ain). — Canton de Lhuis. Les mines de fer.

La Verpillière (Isère). — Je comprends dans cette localité tous les chantiers où l'on exploite le minerai de fer, soit à la Verpillière même, soit dans les environs, comme Saint-Quentin, Saint-Marcel, etc.

Hières (Isère). — Canton de Crémieux, sur les bords du Rhône. Les mines de fer.

Serres (Isère). — Hameau du village de Frontonas. Mines de fer.

Saint-Julien de Jonzy (Saône-et-Loire).—Canton de Semur.

Semur (Saône-et-Loire).

Brienon (Loire). — Canton de Roanne.

Marcigny (Saône-et-Loire). — Bords de la Loire, rive droite, en descendant.

Saint-Nizier (Loire). — Canton de Charlieu.

Rome-Château (Saône-et-Loire). — Montagne au nord-est de Couches.

Givry (Saône-et-Loire).

La Rochette (Savoie). — Sous le village de la Table.

La Meillerie (Haute-Savoie). — Canton d'Évian. Carrière sur les bords du lac.

Coulas. — Au-dessus de Bex, vallée du Haut-Rhône.

Col-des-Encombres (Savoie). — La Grosse-Pierre, col près de Saint-Michel.

Salins (Jura). — Ravin de Pinperdu.

Aresches (Jura). — Canton de Salins.

Miserey (Doubs). — Près de Besançon.

Chapelle-des-Buis (Doubs). — Près de Besançon.

Yvory (Jura). — Canton de Salins.

Crussol (Ardèche). — En face de Valence. Le ravin d'Enfer, au sud de la montagne.

Privas (Ardèche). — Près du Calvaire. Les Beaumes, mines de fer.

Les Avelas (Ardèche). — Canton de Bannes. Minerai de fer.

Vals (Gard). — Près Anduze.

Fressac. — Ravin près de Durfort (Gard), canton de Sauves.

Bariel. — Ferme près de Taupussargues, au sud d'Anduze (Gard).

La Canau. — Près d'Anduze (Gard).

Le Blaymard (Lozère). — Marnes à l'est.

Saint-Hippolyte (Gard). — Mas Saint-Laurent.

Gap (Hautes-Alpes).

Digne (Basses-Alpes).

Mortiès. — Ferme de Cazevielle, canton des Matelles (Hérault), au pied du pic Saint-Loup.

Toulon (Var). — Vallon de Dardenne.

Saint-Nazaire (Var). — Canton d'Ollioules.

Solliès-Toucas (Var). — Canton de Solliès-Pont.

Le Luc (Var). — Colline de Sainte-Hélène.

Cuers (Var).

Puget-de-Cuers (Var). — Les carrières.

Solliès-Ville (Var). — Canton de Solliès-Pont.

Mazaugues (Var). — Canton de la Roque-Brussane.

La Cride (Var). — Près de Bandol. Bords de la mer, canton d'Ollioules.

Brignolles (Var).

Valaury (Var). — Près de Solliès-Toucas.

Valcros (Var). — Près de Cuers.

Belgentier (Var). — Canton de Solliès-Pont.

LISTE

DES

FOSSILES DE LA ZONE DE L'AMMONITES BIFRONS

Ichtyosaurus.	c.	Saint-Fortunat, Saint-Romain, Poleymieux, Salins, Anduze, Fressac, Digne.
Steneosaurus Chapmani (Kœnig)	r.	La Verpillière.
Leptolepis constrictus (Egerton).		Rome-Château.
Leptolepis affinis (Sauvage). .		Rome-Château.
Oxyrhina.	rr	Crussol.

Belemnites tripartitus (Schlotheim). . . . . *cc.* Saint-Fortunat, Saint-Cyr, Poleymieux, Saint-Romain, la Verpillière, Limas, Villebois, Saint-Julien, Crussol, Saint-Nazaire, Fressac, Solliès-Toucas, Digne.

Belemnites Quenstedti (Oppel). La Verpillière, Brienon, Morliès.

Belemnites unisulcatus (Blainville). . . . . . . *r.* Saint-Romain, Hières, Semur.

Belemnites pyramidalis (Zieten). Saint-Romain, Bettant, Limas, la Verpillière, Fressac, Semur, Digne.

Belemnites breviformis (Voltz). Saint-Romain, la Verpillière, Marcigny, Semur, Saint-Julien, Digne.

Belemnites stimulus (E. Dumortier). . . . . *r.* La Verpillière, Saint-Julien, Marcigny, Semur.

Belemnites longisulcatus (Voltz). *r.* Bettant, la Verpillière, Ambérieux.

Belemnites acuarius (Schlotheim). . . . . . . *r.* La Verpillière, Fressac.

Belemnites irregularis (Schlot.). *cc.* Partout.

Nautilus astacoides (Young et Bird) . . . . Saint Cyr, Saint-Romain, Theizé, la Verpillière, Crussol, Charnay.

Nautilus terebratus (Thiollière). *r.* La Verpillère.

Nautilus Jourdani (E. Dumortier) *r.* Saint-Romain, la Verpillière.

Nautilus Fourneti (E. Dumortier) *r.* Saint-Cyr, Villebois, la Verpillière.

Nautilus (sp.). . . . . . . *r.* La Verpillière.

Ammonites bifrons (Bruguière). *cc.* Partout.

Ammonites Levisoni (Simpson). Saint-Romain, la Verpillière, Crussol, Privas, les Avelas, le Luc, Cuers, Puget-de-Cuers, Mazaugues.

Ammonites serpentinus (Reinecke). . . . . *r.* Crussol, Aix, Anduze, Cuers, les Avelas.

Ammonites subplanatus (Oppel).	*cc.*	Partout.
Ammonites falcifer (Sowerby).	*rr.*	La Verpillière.
Ammonites discoides (Zieten). .		Saint-Fortunat, Saint-Romain, Saint-Cyr, Saint-Rambert, la Verpillière, Privas, Fressac, Salins, la Cride, Charnay.
Ammonites bicarinatus (Münster)		Saint-Fortunat, Saint-Romain, Villebois, la Verpillière, Salins, Crussol, Fressac, Bariel, Rome-Château, Mortiès, Charnay.
Ammonites Lythensis (Young et Bird).	*r.*	Saint-Cyr, Saint-Romain, la Verpillière, Villebois, Marcigny, Crussol, Salins, Anduze, Mortiès.
Ammonites exaratus (Young et Bird).	*r.*	Saint-Romain, la Verpillière, Villebois, Marcy, Ville-sur-Jarnioux, Charnay.
Ammonites concavus (Sowerby).		Poleymieux, Saint-Didier, Limas, Villebois, la Verpillière, Mortiès.
Ammonites radians (Reinecke).	*cc.*	Partout.
Ammonites Sæmanni (Oppel).	*rr.*	Saint-Romain.
Ammonites Eseri (Oppel). . .		Saint-Cyr, Saint-Romain, Villebois, Saint-Nizier, Salins, Miserey, Charnay.
Ammonites Cæcilia (Reinecke, sp.).	*rr.*	La Verpillière, Saint-Julien.
Ammonites Toarcensis (d'Orbigny).	*cc.*	Saint-Fortunat, Saint-Romain, Poleymieux, la Verpillière, Villebois, Aresches, Crussol, Mazaugues, Charnay.
Ammonites Emilianus (Reynès).	*rr.*	Puget-de-Cuers, Charnay.
Ammonites striatulus (Sowerby).		Saint-Romain, la Verpillière, Marcigny, Aresches, Privas, Mortiès, Puget-de-Cuers, Solliès-Ville, Buxy, Charnay.

Ammonites undulatus (Stahl). .   c.   Saint-Fortunat, Saint-Romain, Limas, Hières, la Verpillière, Saint-Nizier, Villebois, Salins, Brignoles, Valcros, Charnay.

Ammonites radiosus (Seebach).   c.   St-Cyr, St-Fortunat, St-Romain, Moiré, Limas, Semur, Salins, Fressac, Charnay, laVerpillière.

Ammonites Grunowi (Hauer). .   rr.   La Verpillière, Puget-de-Cuers, Charnay, Fressac.

Ammonites Mercati (Hauer). .   r.   La Verpillière, Saint-Julien, Fressac.

Ammonites Bayani (E. Dumortier). . . . .   rr.   Saint-Romain, Saint-Julien.

Ammonites Gruneri (E. Dumortier). . . . .   r.   Saint-Nizier.

Ammonites Langi (Mayer). . .   rr.   Miserey.

Ammonites lympharum (E. Dumortier). . . . . . .   rr.   La Verpillière, Limonest, mont Cindre.

Ammonites metallarius (E. Dumortier). . . . . .   La Verpillière, Serrières-de-Briord.

Ammonites insignis (Schübler). .   c.   Partout.

Ammonites variabilis (d'Orbigny). . . . .   Poleymieux, Saint-Romain, Marcigny, Charnay, Saint-Nizier, la Verpillière, Villebois, Serrières-de-Briord

Ammonites Ogerieni (E. Dumortier). . . . .   Saint-Romain, Saint-Fortunat. Moiré, la Verpillière, Salins, Cuers, Fressac, Mortiès, Charnay.

Ammonites Allobrogensis (E. Dumortier). . . . . . .   rr.   La Verpillière.

Ammonites Comensis (V. Buch).   rr.   La Verpillière.

Ammonites Escheri (V. Hauer).   r.   Saint-Romain, Saint-Fortunat, la Verpillière.

Ammonites Lilli (V. Hauer). .   Saint-Fortunat, Saint-Romain, Charnay, Saint-Nizier, la Verpillière, Hières.

Ammonites Erbaensis (V. Hauer)

Ammonites malagma (E. Dumortier): . . . . . .   *r.*

Ammonites Tirolensis (V. Hauer)   *rr.*
Ammonites rheumatisans (E. Dumortier). . . . . .   *rr.*

Ammonites navis (E. Dumortier)   *rr.*

Ammonites annulatus (Sowerby)   *r.*

Ammonites anguinus (Reinecke).   *rr.*

Ammonites communis (Sowerby)   *r.*
Ammonites Holandrei (d'Orbigny). . . . .

Ammonites crassus (Phillips). .   *cc.*

Ammonites mucronatus (d'Orbigny). . . . .

Ammonites subarmatus (Young et Bird). . . . . . .

Ammonites Bollensis (Zieten). .   *rr.*
Ammonites Desplacei (d'Orbigny). . . . .   *rr.*

Ammonites Braunianus (d'Orbigny). . . . .

Saint-Romain, Poleymieux, Villebois, la Verpillière, Puget-de-Cuers, Charnay.

Saint-Romain, Saint-Fortunat, Poleymieux, Villebois, la Verpillière, Serrières-de-Briord.

La Verpillière.

Poleymieux.

Saint-Romain, la Verpillière, Poleymieux.

La Verpillière, Villebois, Saint-Nizier, Crussol.

Limas, la Verpillière, Rome-Château.

La Verpillière, Crussol.

Saint-Romain, Limas, la Verpillière, Saint Christophe.

Saint-Fortunat, Poleymieux, Saint-Romain, la Verpillière, Villebois, Semur, Saint-Julien, Saint-Nizier, Fressac, Aix, Mortiès, Cuers, Salins.

Saint-Romain, Saint-Fortunat, Poleymieux, Saint-Julien, Charnay, Semur, la Verpillière, Villebois, Fressac, Salins, Saint-Rambert, Marcigny.

Saint-Romain, Limas, la Verpillière, Crussol.

La Verpillière.

Saint-Romain, la Verpillière, Fressac, Mortiès, Cuers, Limas.

Limas, la Verpillière, Charnay.

Ammonites heterophyllus (So-werby).	c.	La Verpillière, Saint-Romain, Saint-Fortunat, Saint-Rambert, Semur, Crussol, Chaudon, La-mure, Saint-Azey, Fressac.
Ammonites Nilssoni (Hébert). . .	c.	La Verpillière, Saint-Brès, la Canau-Anduze, Mortiès, Fres-sac, Digne, Beaumont.
Ammonites Atlas (E. Dumortier)	rr.	La Verpillière, Fressac.
Ammonites sternalis (V. Buch).	r.	Saint-Romain, la Verpillière, Sa-lins, Besançon, Charnay, Pri-vas, Fressac, Saint-Brès, Mor-tiès.
Ammonites subcarinatus (Young et Bird).	rr.	Saint-Romain, la Verpillière, Salins, Blaymard.
Ammonites Jurensis (Zieten). .	c.	Saint-Romain, Saint-Fortunat, Poleymieux, Limas, la Verpil-lière, Saint Julien, Charlieu, Charnay.
Ammonites Trautscholdi (Oppel)	rr.	Saint-Romain, la Verpillière.
Ammonites cornucopiæ (Y. et B.)	cc.	Partout.
Ammonites sublineatus (Oppel).	r.	Saint-Romain, la Verpillière, Mar-cigny, Salins, Givry, Charnay.
Ammonites rubescens (E. Du-mortier).	rr.	La Verpillière, Crussol.
Ammonites funiculus (E. Dumor-tier).	cc.	La Verpillière, Saint-Romain (r.).
Ammonites Germaini (d'Orbi-gny).	r.	Poleymieux, Serres, Saint-Julien, Salins.
Ammonites Hircinus (Schlo-theim).	rr.	La Verpillière.
Ammonites Regleyi (Thiollière).	r.	La Verpillière, Villebois, Charnay.
Ammonites Argilliesi (Reynès).	rr.	Blaymard.
Ammonites pupulus (E. Dumor-tier).	rr.	La Verpillière, Blaymard.
Ammonites Gervaisi (Reynès). .	rr.	Crussol.
Ammonites Leonciæ (E. Dumor-tier).	rr.	Gap.

Aptychus clasma (V. Meyer).		Rome-Château.
Chemnitzia Repeliniana (d'Orbigny).	*rr.*	La Verpillière.
Chemnitzia Rhodani (d'Orbigny)	*rr.*	Poleymieux.
Chemnitzia procera (Deslongchamps).		Saint-Romain, la Verpillière, Crussol.
Chemnitzia coronata (E. Dumortier).	*rr.*	La Verpillière.
Chemnitzia ferrea (E. Dumortier).	*rr.*	Saint-Cyr.
Chemnitzia lineata (Goldfuss).	*rr.*	Crussol.
Turritella anomala (Moore).	*r.*	Crussol.
Natica Pelops (d'Orbigny).	*c.*	Saint-Romain, Saint-Fortunat, Poleymieux, la Verpillière, Fressac.
Natica Lemeslei (E. Dumortier).	*rr.*	La Verpillière.
Neritopsis Philea (d'Orbigny).	*rr.*	Saint-Romain, la Verpillière.
Neritopsis Hebertana (d'Orbigny)	*rr.*	Crussol.
Avollana cancellata (E. Dumortier).		La Verpillière, Crussol.
Turbo Bertheloti (d'Orbigny).		La Verpillière, Serres, Crussol, Privas.
Turbo subduplicatus (d'Orbigny).	*rr.*	La Verpillière.
Turbo madidus (E. Dumortier).	*c.*	Saint-Romain, Poleymieux, Marcigny.
Turbo Garnieri (E. Dumortier).	*r.*	La Verpillière, Crussol.
Trochus Falconneti (E. Dumortier).	*rr.*	Crussol.
Discohelix Dunkeri (Moore).	*rr.*	Saint-Fortunat, Limonest, la Verpillière, Blaymard.
Solarium Helenæ (E. Dumortier)	*rr.*	La Verpillière, Blaymard.
Eucyclus capitaneus (Münster, sp.).	*cc.*	Partout.
Eucyclus pinguis (Deslongchamps).	*rr.*	La Verpillière.
Eucyclus Philiasus (d'Orb., sp.).	*rr.*	Saint-Romain, Besançon.

Purpurina Bellona (d'Orbigny).		Poleymieux, la Verpillière, Crussol.
Purpurina ornatissima (Moore).	rr.	La Verpillière.
Onustus heliacus (d'Orbigny, sp.).		Saint-Fortunat, Saint-Romain, Poleymieux, la Verpillière, Saint-Nizier.
Cirrus Fourneti (E. Dumortier).	rr.	La Verpillière, Crussol.
Pleurotomaria Grasana (d'Orbigny).		Saint-Romain, la Verpillière, Crussol, Privas.
Pleurotomaria sibylla (d'Orbigny).	c.	La Verpillière, Crussol.
Pleurotomaria Repeliniana(d'Orbigny).	c.	La Verpillière.
Pleurotomaria Bertheloti (d'Orbigny).	r.	La Verpillière, Serres, Privas, Crussol.
Pleurotomaria Isarensis (d'Orbigny).		La Verpillière.
Pleurotomaria Perseus (d'Orbigny).	r.	La Verpillière.
Pleurotomaria serena (d'Orbigny).	r.	La Verpillière.
Pleurotomaria Rosalia (d'Orbigny).	r.	La Verpillière.
Pleurotomaria zetes (d'Orbigny)	r.	La Verpillière.
Pleurotomaria subdecorata(Münster).	r.	La Verpillière.
Pleurotomaria Joannis (E. Dumortier).	r.	La Verpillière.
Pleurotomaria Mulsanti (Thiollière).	r.	La Verpillière.
Pleurotomaria Gaudryana (d'Orbigny).	rr.	Limas.
Pleurotomaria araneosa (Deslongchamps).	rr.	La Verpillière.

Pleurotomaria Philocles (d'Orbigny). . . . .   *r.* La Verpillière.

Pleurotomaria Therezæ (E. Dumortier). . . . . . .   *r.* La Verpillière.

Pleurotomaria Ameliæ (E. Dumortier). . . . . . .   *rr.* La Verpillière.

Pleurotomaria Priam (E. Du-
mortier). . . . . . .   *rr.* La Verpillière.

Pleurotomaria Debuchi (Deslong-
champs). . . . . . .   *r.* La Verpillière, Crussol.

Cerithium Comma (Münster). .   *rr.* Crussol.

Cerithium Chantrei (E. Dumor-
tier). . . . .   *rr.* Saint-Fortunat.

Cerithium Thiollierei (E. Dumortier). . . . . . .   *rr.* ?

Fusus liasicus (E. Dumortier).   *rr.* La Verpillière, Crussol.

Alaria reticulata (Piette). . .   Aresches, Besançon.

Alaria Dumortieri (Piette). . .   *r.* La Verpillière

Solen Solliesensis (E. Dumor-
tier) . . . .   *r.* Solliès-ville, Solliès-Toucas.

Gastrochæna Diaboli (E. Dumortier. . . . .   Crussol.

Pholadomya acuta (Agassiz). .   *rr.* Saint-Romain, la Verpillière.

Pholadomya Voltzi (Agassiz). .   *rr.* Saint-Fortunat, Saint-Romain.

Pholadomya Solliesensis (E.
Dumortier) . . . . . .   *rr.* Solliès-Ville.

Goniomya Kuorri (Agassiz). .   Saint-Romain, la Verpillière, Solliès-Toucas.

Pleuromya Gruneri (E. Dumor-
tier) . . . .   Semur, Saint-Julien, Villebois.

Ceromya Varusensis (E. Dumor-
tier) . . . .   Mazaugues, Solliès-Toucas, Valaury, Cuers.

Ceromya caudata (E. Dumor-
tier) . . . .   *rr.* La Verpillière.

Psammobia liasina (E. Dumor-
tier). . . . .   rr. La Verpillière.

Cypricardia brevis (Wright). .   c. Saint-Romain, Marcigny, Charnay, Saint-Christophe, Semur,
Saint-Nizier.

Cypricardia Brannoviensis (E.
Dumortier). . . . . .   Saint-Julien, Charnay, Saint-Nizier.

Cypricardia Dumortieri (Jaubert).   r. Solliès-Toucas.

Unicardium Onesimei (E. Du-
mortier) . . . . . .   Montmirey-le-Château, Saint-Romain.

Unicardium Stygis (E. Dumortier). . . . .   c. Crussol.

Opis curvirostris (Moore). . .   rr. La Verpillière, Crussol.

Lucina Thiollierei (E. Dumortier.)   rr. La Verpillière.

Astarte lurida (Sowerby). . . .   c. La Verpillière.

Astarte subtetragona (Münster).   La Verpillière, Crussol.

Astarte depressa (Münster) . .   Moiré, Crussol, la Verpillière.

Astarte Voltzi (Hœninghaus). .   Rome-Château.

Arca elegans (Römer, sp.) . .   r. La Verpillière, Crussol.

Arca oblonga (Sowerby). . . .   rr. La Verpillière.

Nucula Hammeri (Defr.) . . .   c. Saint-Romain, Poleymieux, Limas, Crussol.

Leda claviformis (Sowerby) . .   Aresches, Salins, Chapelle-des-
Buis.

Mytilus hillanus (Sowerby, sp.).   r. Saint-Romain, Cuers.

Mytilus Sowerbyanus (d'Orbi-
gny). . . . .   c. Solliès-Toucas, Solliès-Ville,
Cuers, Puget-de-Cuers.

Gervillia obliqua (Moore). . .   r. Saint-Nizier.

Avicula Delia (d'Orbigny) . .   rr. Saint-Romain.

Avicula Münsteri (Bronn.) . .   r. Saint-Romain.

Avicula substriata (Münster, sp.).   r. Villebois, c. Rome-Château.

Avicula decussata (Münster, sp.).   r. La Verpillière.

Posidonomya Bronni (Voltz). .   c. Saint-Romain, la Verpillière,
Saint-Nizier, Salins, Besançon,
Gap, Saint-Hippolyte, Coulas.

Inoceramus undulatus (Zieten).   *r.*   Saint-Romain, Poleymieux, la Verpillière.

Inoceramus cinctus (Goldfuss) .   *c.*   Saint-Romain, Poleymieux, la Verpillière, Villebois, Saint-Julien, Crussol, Rome-Château.

Inoceramus dubius (Sowerby) .   *c.*   Saint-Fortunat, Saint-Romain, Villebois, la Verpillière, Saint-Nizier, la Rochette.

Lima Toarcensis (Deslong-champs.) . . . .   *c.*   Saint-Romain, la Verpillière, Chessy, Saint-Nizier, Saint-Bonnet, Marcigny, La Cride, Valaury, Charnay, Cuers.

Lima Elea (d'Orbigny) . . .   .   Collonges, Saint-Fortunat, Saint-Romain, la Verpillière, Crussol, Charnay.

Lima semicircularis (Goldfuss).   La Verpillière, Solliès-Ville.

Lima Galathea (d'Orbigny) . .   *r.*   Saint-Romain, Saint-Fortunat, Hières, la Verpillière, Saint-Julien, Crussol.

Lima punctata (Sowerby, sp.) .   *r.*   Saint-Romain, Hières, Crussol, la Verpillière, Villebois, Veyras, Puget-de-Cuers, Charnay.

Lima Jauberti (E. Dumortier) .   *r.*   Valaury.

Lima Cuersensis (E. Dumortier).   Cuers.

Lima Phœbe (E. Dumortier).   . *r.*   Le Luc.

Lima Erato (d'Orbigny) . . .   *rr.*   Environs de Lyon.

Lima Locardi (E. Dumortier).   . *rr.*   Saint-Fortunat.

Hinnites velatus (Goldfuss) . .   *r.*   Saint-Romain, la Verpillière, Solliès-Ville, Charnay.

Pecten pumilus (Lamarck) . .   *c.*   Solliès-Toucas, Solliès-Ville, Valaury, Cuers, Puget-de-Cuers, Mazaugues, la Cride, Belgentier.

Pecten textorius (Schloth., sp.).   *c.*.   Saint-Cyr, Poleymieux, Saint-Romain, la Verpillière, Saint-Nizier, Solliès-Ville, Crussol.

Pecten barbatus (Sowerby)...   La Verpillière, Cuers, Solliès-Toucas, Solliès-Ville.

Pecten disciformis (Schübler). .   Saint-Cyr, Villebois, Puget-de-Cuers, le Luc.

Exogyra Berthaudi (E. Dumortier). . . . .   Saint-Romain, Saint-Fortunat, le Luc.

Ostrea Erina (d'Orbigny). . .   *r.*   Saint-Cyr, la Verpillière, Charnay, Saint-Romain.

Ostrea subauricularis (d'Orbigny) . . . .   *r.*   La Verpillière.

Ostrea Pictaviensis (Hébert). .   Marcigny, Mussy-la-Tour.

Ostrea vallata (E. Dumortier).   *r.*   La Verpillière.

Plicatula catinus (Deslongchamps) . . . .   Saint-Fortunat, Saint-Romain, la Verpillière, Saint-Nizier, Charnay.

Harpax gibbosus (Deslongchamps . . . .   *r.*   La Verpillière, Saint-Julien.

Rhynchonella Bouchardi (Davidson. . . . .   *r.*   La Verpillière.

Rhynchonella Jurensis (Quenstedt). . . . .   *c.*   Saint-Romain, Saint-Fortunat, Villebois, la Verpillière, Crussol.

Rhynchonella Schüleri (Oppel) .   *r.*   Saint-Cyr, Saint-Romain, la Verpillière.

Rhynchonella cynocephala (Richard, sp.). . . . . . .   Hières, Toulon, Puget-de-Cuers, Cuers, Solliès-Ville, Belgentier, Bandol.

Rhynchonella Forbesi (Davidson)   La Verpillière, Villebois.

Rhynchonella subtetraedra (Davidson). . . . .   *rr.*   La Verpillière.

Rhynchonella quadriplicata (Zieten). . . . .   Le Luc, Cuers.

Terebratula Lycetti (Davidson).   Saint-Romain, la Verpillière, Mortiès, Fressac.

Terebratula Sarthacensis (d'Orbigny.)	r.	La Verpillière, Crussol, Aix, Cuers.
Terebratula Eudesi (Oppel) . .	r.	Saint-Cyr, Saint-Fortunat, Poleymieux, la Verpillière, Crussol, Charnay.
Terebratula perovalis (Sowerby)	rr.	La Verpillière, Marcigny, Crussol.
Terebratula spheroidalis (Sowerby)	c.	Solliès-Ville, Cuers, Puget-de-Cuers.
Terebratula subovoides (Römer).		Cuers, Puget-de-Cuers, Solliès-Ville.
Terebratula curviconcha (Oppel).	r.	Crussol.
Terebratula Jauberti (Deslongchamps)	c.	Toulon, Bandol, Puget-de-Cuers, Cuers, Belgentier, Solliès-Ville.
Discina papyracea (Goldfuss, sp.)		Rome--Château, Vals--Anduze, Saint-Hippolyte.
Discina cornucopiæ (E. Dumortier)	rr.	La Verpillière.
Serpula gordialis (Schloth., sp.)	r.	Poleymieux, Saint-Romain, la Verpillière.
Serpula tricristata (Goldfuss) .	r.	Saint-Romain.
Serpula lumbricalis (Schloth., sp.)	r.	Saint-Romain, la Verpillière.
Serpula segmentata (E. Dumortier).	c.	Saint-Romain, la Verpillière, Charnay.
Serpula ramentum (E. Dumortier)	rr.	Marcigny, la Verpillière.
Cidaris Fowleri (Wright). . .	r.	Puget-de-Cuers.
Rabdocidaris impar (E. Dumortier).		Saint-Romain, la Verpillière, Crussol.
Ophioderma.		Ivory.
Millericrinus Hausmanni (Römer, sp.).	r.	Saint-Romain, Moiré, la Verpillière, Saint-Julien.

Pentacrinus Jurensis (Quens-
tedt, sp.) . . . .   rr.   Saint-Romain, la Verpillière,
Saint-Jullien, Villebois.

Thecocyathus tintinabulum (Gol-
dfuss, sp.) . . . .   r.   Saint-Romain, Poleymieux, la
Verpillière.

Amorpho spongia Cuersensis (**E.**
Dumortier) . . . .   r.   Cuers.

Diastopora Crussolensis (E. Dumortier) . . . . ,   r.   Crusso! .

Berenicea Garnieri (E. Dumortier) . . . .   rr.   Crussol.

Chondrites Bollensis (Knorr). .   r.   Limas.

Chondrites fragilis (Saporta). .   Saint-Romain, Poleymieux, la
Verpillière. Hières, Bettant.

Bois fossile. . . . . . .   La Verpillière.

DÉTAILS SUR LES FOSSILES

DE LA ZONE A *AMMONITES BIFRONS*

Avant de commencer la description des fossiles, je saisis avec empressement l'occasion de témoigner ici toute ma gratitude aux personnes qui ont bien voulu mettre à ma disposition des échantillons rares, souvent uniques et dont la communication m'a été d'un grand secours.

MM. Ed. Pellat, Garnier (de Digne), Jaubert, Huguenin, Bioche et Lemesle, m'ont confié un grand nombre de spécimens rares, fruits de leurs recherches, et, sans leur bienveillant concours, ces études, si imparfaites encore, seraient restées fort incomplètes.

Je dois encore citer mes amis MM. Falsan, Locard, Aguettant, Vuillet, ainsi que les Frères de la Doctrine chrétienne de Lyon et les Frères Maristes de Saint-Genis, qui m'ont ouvert généreusement leurs belles collections.

Enfin, M. le docteur Lortet, conservateur du Muséum d'histoire naturelle de Lyon, a bien voulu me faciliter l'étude de la collection Victor Thiollière, si riche en fossiles jurassiques et qui m'a été de la plus grande utilité.

Je prie ces messieurs de recevoir ici mes remercîments les plus sincères.

Ichtyosaurus... (Kœnig).

Ce genre est représenté, dans les couches du lias supérieur du bassin du Rhône, par un assez grand nombre de vertèbres de toutes les tailles. Leur forme discoïdale et fortement biconcave les fait

reconnaître facilement, sans qu'il soit possible de les attribuer à une
espèce particulière.

J'ai sous les yeux une de ces vertèbres, recueillie par moi dans
les minerais de fer de la Verpillière, qui est remarquable par ses
grandes dimensions; son diamètre dépasse 17 centimètres et son
épaisseur n'est que de 5 à 6 centimètres.

Localités : Saint-Romain, Poleymieux, Salins, Vals, près
Anduze, Fressac, Feston, près Digne, Saint-Fortunat. (Collection de M. Falsan ; *bel échantillon.*)

Steneosaurus Chapmani (KŒNIG, sp.)

Pl. I, fig. 1-4 ; pl. II, fig. 1.

1828. Young et Bird, *Geol. Survey of the Yorkshire*, pl. XVI, fig. 1.
1841. Robert Owen, *Mystriosaurus Chapmani.* (*Report on the British fossile reptiles.* In-8, London.)
1851. Bronn, *Mystriosaurus Chapmani.* (*Lethœa*, t. II, p. 527.)
1858. Quenstedt, *Teleosaurus Chapmani.* (*Der Jura*, p. 210.)

Le fragment de *Steneosaurus Chapmani*, dont je donne le dessin,
ne présente malheureusement qu'une portion peu considérable de la
tête, mais comme les détails sont assez nets et surtout comme l'échantillon n'a subi aucune espèce de déformation, j'ai pensé qu'il y aurait néanmoins quelque utilité à le faire figurer.

Le spécimen, qui n'a pas plus de 13 centimètres de longueur, est
un fragment comprenant une portion de la partie symphisée et des
branches de la mâchoire inférieure.

Les dents, qui sont brisées et dont on ne peut reconnaître que la
coupe, ont de 6 à 7 millimètres de diamètre à leur base, et laissent
entre elles une distance assez régulière de 8 à 10 millimètres. La
face supérieure (pl. I, fig. 1) laisse voir très-distinctement l'emplacement des dents et les relations des os operculaires et dentaires ;
la face inférieure du fragment (pl. I, fig. 2) montre les mêmes os, la
symphise de la mâchoire inférieure et l'écartement des branches du
maxillaire inférieur.

Sur la fig. 1, pl. II, on distingue le canal dentaire en *a*. (Il est beaucoup plus nettement accusé sur l'échantillon que sur cette figure, qui est défectueuse.) La fig. 4, pl. I, fait voir les dents recourbées et fortement implantées dans l'os dentaire.

Localité : la Verpillière, *r*.

Explication des figures : pl. I, fig. 1, fragment vu du côté supérieur. Fig. 2, le même, vu par-dessous. Fig. 3, le même, vu de face et en arrière. Fig. 4, le même, extrémité antérieure. Pl. II, fig. 1, le même, vu par côté, pour montrer le canal dentaire *a*.

POISSONS

L'étude des poissons fossiles demande des connaissances spéciales et une expérience qui me manquent ; j'ai dû, en conséquence, recourir aux paléontologistes qui ont fait de cette branche si difficile de la science l'objet de leurs recherches. M. Em. Sauvage, qui a bien voulu, sur ma demande, examiner les échantillons de notre région, s'est chargé de décrire les espèces, malheureusement trop peu nombreuses, de notre lias supérieur. J'insère donc la note détaillée qu'il m'a fait l'honneur de m'adresser, et pour laquelle je le prie d'agréer mes remercîments, au nom de mes lecteurs ainsi qu'au mien.

Les circonstances n'ont pas permis de donner en même temps les dessins des poissons décrits, mais cette omission aura peu d'inconvénients, puisque M. Sauvage est sur le point de publier un mémoire avec descriptions et figures, qui comprendra, avec les poissons du lias de Saône-et-Loire, les mêmes espèces recueillies dans la Lozère par MM. Fabre et de Malafosse.

LETTRE DE M. EM. SAUVAGE
SUR LES DÉBRIS DE VERTÉBRÉS DU LIAS SUPÉRIEUR DE ROME-CHATEAU, PRÈS COUCHES-LES-MINES (SAONE-ET-LOIRE).

Les débris de vertébrés que M. Edmond Pellat a trouvés dans les schistes de couleur gris-jaunâtre et légèrement dolomitique, de

Rome-Château, débris qu'il a bien voulu soumettre à mon examen et sur lesquels vous m'avez fait l'honneur de me consulter, consistent en une dent de saurien et en cinq plaques de poissons, dont deux offrent l'empreinte et la contre-empreinte.

Examinons d'abord les poissons ; ceux-ci appartiennent au genre *Leptolepis*, qui vit depuis le lias jusques aux couches de Solenhaufen. Ce petit genre, que beaucoup d'ichtyologistes ne sont pas loin de regarder comme appartenant à l'ordre des Teleostéens et non à celui des Ganoïdes, paraît avoir atteint son maximum de développement à l'époque du lias. Il comprend des espèces, toutes de petite taille, ayant dû vivre en troupes, à la manière des clupes de nos jours, se nourrissant de substances végétales ou d'animaux mous en décomposition, se tenant à une faible profondeur et s'éloignant peu des côtes. Cette induction est confirmée par les travaux de MM. Fabre et de Malafosse sur le lias de la Lozère, lias où l'on retrouve les deux espèces de Rome-Château.

D'après M. Fabre, en effet, de l'étude attentive de la faune, il ressort que les schistes à posidonies ont dû être déposés dans une mer peu profonde, qui aurait pénétré dans les terres du plateau central en formant un grand golfe, et que des cours d'eau devaient déboucher au fond de cet estuaire et y charrier des quantités parfois considérables de bois flotté : il paraît en avoir été ainsi en Angleterre ; du moins voyons-nous à Chattenham, avec le *Leptolepis concentricus* (Eger.), une libellule, *Libellula (Heterophebia), dislocata* (Brodie), dont la présence indique certainement la grande proximité de la terre.

Les couches de Rome-Château ont fourni à M. E. Pellat deux espèces qui se retrouvent dans le lias de la Lozère ; l'une de ces espèces, que nous désignerons sous le nom de *Leptolepis affinis*, est nouvelle, l'autre est le *Leptolepis constrictus*, signalé par M. Egerton dans le lias d'Ilminster, en Angleterre[1].

Faisons tout d'abord remarquer que les deux exemplaires représentés par M. Egerton ne paraissent pas répondre à la même

---

[1] *Mem. of the unit. Kingdom*, Dec. VI, pl. IX.

espèce. D'après la description donnée par cet auteur, l'exemplaire figuré au n° 2 est le véritable type du *Leptolepis constrictus*.

L'exemplaire n° 1 a bien, il est vrai, le préopercule strié, mais paraît différer du type par sa forme plus trapue et la conformation différente de la tête. Quoi qu'il en soit, nous prendrons comme type de l'espèce l'échantillon représenté sous le n° 2.

Leptolepis constrictus (EGERTON).

A cette espèce appartient certainement un échantillon (numéroté 15 par M. Pellat) de 85 millimètres de long. Le corps est régulier, fusiforme, la hauteur étant contenue à peu près six fois dans la longueur totale; la ligne du dos et celle du ventre sont à peine arquées; la tête est allongée et fait près du tiers de la longueur du poisson; sa hauteur est contenue une fois et demie dans la longueur; le profil du front, à peine incliné, est un peu bombé; l'œil, oblong, séparé du bout du museau par un intervalle égal à son diamètre, est compris trois fois et demie dans la longueur de la tête; la bouche, peu fendue, ne nous montre pas de traces de dents; la mandibule est forte, le processus coronoïde, signalé par M. Égerton dans le *Leptolepis macrophtalmus*, de l'oxfordien (*loc. cit.*, décade VIII), est situé très en arrière. Le préopercule, étroit et brusquement coudé, porte de nombreuses lignes rayonnant de son bord antérieur et se continuant jusque près du bord postérieur; l'opercule, à bord inférieur taillé assez obliquement, est lisse ainsi que le sous-opercule et l'interopercule; le sous-opercule est étroit; la colonne vertébrale, peu robuste, se compose de trente-huit vertèbres plus longues que hautes, fortement étranglées en leur milieu; vingt-six de ces vertèbres se comptent en arrière de l'insertion des ventrales; les apophyses épineuses sont relativement assez fortes; la colonne vertébrale se relève fortement dans le lobe supérieur de la caudale : des arcs inférieurs partent des rayons aplatis qui soutiennent tous les rayons de la nageoire, à part les trois ou quatre petits rayons supérieurs.

La caudale est assez longue, près d'un cinquième de la longueur du corps, à lobes assez profondément échancrés ; on compte vingt-huit rayons.

Il ne reste que des traces très-frustes de l'anale : on voit seulement qu'elle s'insérait plus près des ventrales que du pédicule de la caudale. La dorsale commence en face des ventrales ; celles-ci s'attachent notablement en avant du milieu du tronc et sont peu longues, triangulaires, composées de dix rayons. On compte dix-sept rayons aux pectorales.

Leptolepis affinis (Sauvage).

Avec l'espèce précédemment décrite, M. Pellat a trouvé un *Leptolepis* qui ne peut être rapporté au *L. constrictus*, quoiqu'il lui soit étroitement apparenté (exemplaires n°s 12, 13, 14). Il en diffère par le corps plus grêle, plus allongé, la tête plus longue, la forme de l'opercule, quarante et une vertèbres au lieu de trente-huit.

Le corps grêle, fusiforme, a 75 millimètres de long ; sa hauteur est contenue près de sept fois dans la longueur totale ; elle est égale à deux fois la longueur de la tête ; celle-ci est petite, allongée, contenue près de quatre fois dans la longueur totale. La ligne du tronc est à peine bombée ; le museau est obtus, l'œil oblong est situé un peu avant le milieu de la longueur de la tête, il est petit et se trouve compris quatre fois dans la longueur de la tête. La bouche est peu fendue, ouverte obliquement ; nous n'avons pu voir de traces de dents ; tous les os de la tête sont minces ; le préopercule est étroit et haut, son bord postérieur est fortement coudé à l'angle : le bord antérieur est un peu arrondi ; la face externe de l'os est ornée d'environ vingt lignes fortes, saillantes, divergeant du bord antérieur et s'arrêtant un peu avant le bord postérieur qui est lisse. L'opercule est assez grand, lisse, ne présentant que quelques stries transverses d'accroissement : son bord inférieur est taillé très-obliquement de haut en bas et d'arrière en avant, bien plus encore que dans le *Leptolepis constrictus ;* le bord postérieur est légèrement arrondi, les deux autres bords sont droits ; le sous-opercule présente sur sa

face externe des stries parallèles au bord postérieur ; le long du
bord ces stries sont fines, rapprochées ; elles deviennent ensuite
beaucoup plus fortes et plus écartées : ce sous-opercule est en forme
de triangle curviligne enfoncé entre l'opercule et les deux autres
pièces operculaires : son bord postérieur est arrondi, continuant la
courbure générale de l'opercule ; le préopercule est assez large,
haut, remontant obliquement près de l'articulation du sous-opercule
avec l'opercule ; l'interopercule est long et étroit.

La colonne vertébrale, composée de quarante et une vertèbres
est peu forte ; les vertèbres sont plus longues que hautes, mais moins
fortement étranglées que celles de l'espèce précédemment étudiée ;
les côtes très-longues, arrivant au bord de la cavité abdominale,
sont très-grêles, au nombre de dix paires environ. Les apophyses
épineuses de la région caudale sont assez fortes, assez longues,
courbées sur elles-mêmes, peu inclinées en arrière. Les hœmapo-
physes de la même région s'attachent par deux branches en Λ,
s'insérant très en avant, près du point d'articulation des deux vertèbres ; vers la huitième avant-dernière vertèbre, la colonne vertébrale commence à se couder un peu à ce niveau ; les apophyses
inférieures s'allongent de plus en plus, puis la colonne épinière se
recourbe pour venir se terminer à la partie la plus supérieure du
lobe supérieur de la caudale, exactement comme on l'observe dans
les *Lepidosteus* [1] vivants. Il est bien probable que dans les *Leptole-*
pis, comme dans le genre vivant que nous venons de citer, de la
dernière vertèbre partait un long prolongement, continuation de la
corde dorsale se logeant entre le premier des gros rayons et les
fulcres. De la disposition que nous venons d'indiquer, il résulte que
tous les rayons de la caudale, aussi bien ceux du lobe supérieur que
ceux du lobe inférieur, sont supportés par des plaques émanant des
segments inférieurs de la colonne épinière redressée ; ces plaques,
larges à leur extrémité, sont au nombre de quatorze.

La nageoire caudale, profondément hétérocerque en réalité, comme

---

1 Cf. Kollikern. *Ueber das ende der Wirbelsaiide der Ganoiden und einiger T'e-*
costier, pl. III.

nous venons de le dire, l'est très-peu à l'extérieur, les deux lobes de la nageoire étant presque égaux ; cette nageoire est contenue cinq fois dans la longueur totale du corps : on compte dix-huit rayons ; ils sont peu divisés, composés d'articles allongés placés bout à bout.

L'exemplaire n° 12 seul montre quelques traces très-vagues de la dorsale ; cette nageoire est opposée aux ventrales, un peu moins haute que le corps au point correspondant ; l'anale est située un peu avant le milieu de l'espace qui sépare l'origine de la caudale des ventrales ; elle est composée de rayons assez forts, diminuant rapidement de hauteur, de sorte que la nageoire est fortement tronquée, les ventrales sont courtes, fortement triangulaires, composées de huit à neuf rayons ; quant aux pectorales, elles sont faibles, triangulaires, composées de quatorze rayons.

Les écailles sont petites, ovalaires, brillantes, ornées de nombreux cercles concentriques.

REPTILES

La seule dent trouvée par M. Pellat semble appartenir à un *Simosaurus*, quoique ce genre soit, jusqu'à présent, spécial à l'époque triasique ; cette dent est mince, légèrement recourbée, à coupe un peu ovalaire, portant une très-petite carène visible surtout près du sommet. La partie émaillée est ornée de stries assez fortes, nombreuses, se continuant jusqu'au sommet : entre ces stries s'en voient d'autres à la base, celles-ci ne s'élevant guère que jusqu'au tiers de la hauteur de la dent ; le haut de la dent est lisse jusqu'à une très-faible hauteur.

La dent que nous venons de décrire est beaucoup moins élancée que celles du *Simosaurus Gaillardoti* (H. de Meyer), du muschelkalk de Lunéville, de Louisbourg, de Krailsheim ; elle indique presque sûrement une espèce nouvelle, à laquelle, toutefois, faute de documents suffisants, nous n'imposerons pas de nom spécifique.

Tels sont, monsieur, les renseignements que vous avez bien voulu me demander sur les vertébrés trouvés à Rome-Château.

Veuillez agréer, etc.

D^r EM. SAUVAGE.

Oxyrhina

(Pl. XXX, fig. 3.)

Dent de moyenne taille ; — longueur, 9 millimètres, largeur à la base, 4 millimètres ; comprimée, acuminée, bordée sur les côtés d'une petite carène coupante ; on remarque que le sommet est infléchi en avant, du côté de l'observateur. La dent paraît un peu oblique sur sa base ; la surface, du seul côté visible (l'échantillon étant engagé dans un calcaire très-dur), est assez notablement renflée sur le milieu de la largeur.

Le genre *Oxyrhina* n'est pas indiqué à un niveau aussi ancien ; cependant le gisement dans la zone à *Am. bifrons* est des plus certains.

L'échantillon n'est pas assez bien disposé pour permettre d'établir une espèce sur un seul spécimen.

Localité : Crussol, ravin d'Enfer, *rr*. Collection de M. Huquenin.

Explication des figures : pl. XXX, fig. 3, dont l'*Oxyrhina* fortement grossie.

BÉLEMNITES

Pour la description des Bélemnites, je dois beaucoup aux conseils de M. le professeur Ch. Mayer, de Zurich, qui a bien voulu examiner une grande partie de mes échantillons : ses notes m'ont été des plus utiles et je saisis avec empressement l'occasion de lui renouveler mes remerciements.

Belemnites tripartitus (Schlotheim).

(Pl. II, fig. 2 à 7.)

1820. Schlotheim, *Belemnites tripartitus. (Petrefactenkunde*, t. I,
p. 48.)
1848. D'Orbigny, *Belemnites elongatus. (Paléontologie Française*, pl. VIII, fig. 6 à 11.)
1858. Quenstedt, *Belemnites tripartitus. (Der Jura*, p. 255,
pl. XXXVI, fig. 10.)
1867. Phillips, *Belemnites tripartitus. (Belemnitidæ Paleont.
Society*, p. 62, pl. XI, fig. 28.)

Rostre de toutes les tailles et dont la longueur dépasse souvent
100 millimètres, forme comprimée, ovale, très-effilée à la pointe,
orné d'un sillon ventral et de deux sillons dorsolatéraux un peu
moins marqués ; ces trois sillons ne remontent jamais très-haut.

Cône alvéolaire d'un angle de 25°, occupant un peu moins que le
tiers de la longueur : ligne apiciale très-rapprochée de la région
ventrale.

La *B. tripartitus* est l'espèce la plus importante et la plus répandue du lias supérieur ; on la trouve à peu près partout et en
abondance. Il n'y a que la *B. irregularis* qui, par le grand nombre
de ses fragments et son type caractéristique, puisse rivaliser d'importance avec elle.

Localités : Saint-Fortunat, Saint-Cyr, Poleymieux, Saint-
Romain, Limas, Villebois, la Verpillière, Saint-Julien, Crussol,
Saint-Nazaire, Fressac, Solliès-Toucas, Festons, c. c.

Explication des figures : pl. II, fig. 2 et 3, *B. tripartitus*,
de Marcigny. Fig. 4, gros fragment de la région alvéolaire, de
Saint-Romain. Fig. 5, coupe du même fragment. Fig. 6, vue
d'une cloison. Fig. 7, coupe montrant le cône alvéolaire.

Belemnites Quenstedti (OPPEL).

(Pl. III, fig. 1, 2, 3, 4, 9.)

1848. Quenstedt, *Belemnites compressus pusillosus. (Cephalopoden*, p. 423, pl. XXVII, fig. 2 et 3.)
1856. Oppel. *Belemnites Quenstedti. (Die Juraformation*, p. 483.)
1858. Quenstedt. *Belemnites opalinus. (Der Jura*, p. 308, pl. XLII,
fig. 13.)

Rostre de grande taille, lisse, comprimé, la compression diminue
en arrivant au sommet ; cône alvéolaire occupant au moins la moitié
de la longueur totale ; ligne apiciale très-rapprochée du côté ventral,
surtout chez les individus de forme allongée ; sommet acuminé sans
être aigu ; sillon ventral étroit et profond, remontant en s'élargissant
beaucoup ; il est très-rare de l'observer aussi marqué que sur
l'échantillon fig. 1 et 2. — Il y a deux petits sillons dorso-latéraux
beaucoup plus courts ; il arrive souvent que les sillons sont très-
atténués.

Cette belle Bélemnite paraît se rencontrer dans le bassin du
Rhône, à un niveau un peu plus bas qu'en Allemagne, où elle accompagne l'*Am. opalinus.*

Je ne puis trouver dans la monographie de Phillips (*Paleont.
Society*) aucune espèce qui s'y rapporte.

Localités : la Verpillière, Brienon, la Chize, Mortiès.

Explication des figures : pl. III, fig. 1 et 2, *B. Quenstedti*,
de Brienon. Fig. 3 et 4, rostre de la même, forme courte, de
la Verpillière. Fig. 9, rostre de Brienon, montrant la coupe
latérale.

Belemnites unisulcatus (BLAINVILLE).

(Pl. III, fig. 5, 6, 7, 8.)

1827. Blainville, *Belemnites unisulcatus. (Mémoire sur les Bélemnites*, p. 81, pl. V, fig. 21.)

1842. D'Orbigny, *Belemnites unisulcatus*. (*Paléontologie Française*, p. 88, pl. VIII, fig. 1 à 5.)

Dimensions : longueur, 96 millimètres ; diamètre dorso-ventral,
13,7 ; latéral, 14,5 au milieu de la longueur.

Rostre allongé, acuminé, faiblement déprimé, presque cylindrique ; cône alvéolaire qui ne dépasse pas le quart de la longueur
totale ; sillon ventral bien marqué du sommet jusqu'au tiers de la
longueur.

Cette Bélemnite, que l'on rencontre rarement, ne peut se confondre avec aucune autre espèce du même niveau, grâce à sa forme
déprimée.

Localités : Saint-Romain, Hières, Semur en Brionnais. *r*.

Explication des figures : pl. III, fig. 5 et 6, *B. unisulcatus*
de Saint-Romain. Fig. 7, la même, vue du côté de l'ouverture.
Fig. 8, un exemplaire plus petit de Semur.

Belemnites pyramidalis (Zieten).

(Pl. II, fig. 8 ; pl. IV, fig. 6 et 7.)

1832. Zieten, *Belemnites pyramidalis*. (*Versteiner*. pl. XXIV, fig. 5.)
1849. Quenstedt, *Belemnites tripartitus brevis*. (*Cephal.*, pl. XXVI, fig. 18 et 27.)
1856. Oppel, *Belemnites pyramidalis*. (*Die
Juraformation*, p. 361.)

Rostre comprimé, court, acuminé avec les
trois sillons de la *B. tripartitus ;* le sillon ventral est un peu plus court ; il s'élargit en s'effa-
çant, à mesure qu'il s'éloigne du sommet.

Le rostre mesuré au milieu de sa longueur
compte : grand diamètre, 16 millimètres ; diamètre latéral, 14, 7.

Je donne ici un dessin de grandeur naturelle d'un spécimen de
B. *pyramidalis* jeune, bien remarquable par les proportions de son
cône alvéolaire qui occupe presque les trois quarts de la longueur
totale.

Cet échantillon, recueilli en dehors du bassin du Rhône, provient
du lias supérieur des environs de Florac (Lozère). Il fait partie de
la collection de M. Fabre, qui a bien voulu me le communiquer.

Localités : Saint-Romain, Bettant, Limas, la Verpillière,
Fressac, Semur, Festons.

Explication des figures : pl. II, fig. 8, fragment d'un rostre
de Fressac. Pl. IV, fig. 6 et 7, autre de Bettant.

Belemnites breviformis (VOLTZ).

(Pl. IV, fig. 11 et 12.)

1830. Voltz, *Belemnites breviformis.* (*Observations sur les Bé-
      lemnites*, pl. II, fig. 2 à 4.)
1842. D'Orbigny, *Belemnites abbreviatus (Paléontologie Fran-
      çaise*, pl. IX, fig. 1 à 7.)
1849. Quenstedt, *Belemnites. breviformis. (Cephal.*, pl. XXVII,
      fig. 21 et 22.)
1856. Oppel, *Belemnites brevis. (Die Juraformation*, p. 481.)

Dimensions : longueur du rostre, 63 millimètres ; grand
      diamètre, au milieu, 12,7 millimètres ; diamètre latéral,
      11,6 millimètres.

Rostre court, comprimé, lisse, acuminé ; malgré des indices de
sillons, le rostre peut être regardé comme dépourvu d'ornements ;
le sommet est central.

Localités : Saint-Romain, la Verpillière, Limas, Marcigny,
Semur, Saint-Julien, Festons.

Explication des figures : pl. IV, fig. 11 et 12, B. *breviformis*, rostre de Saint-Romain, vu de face et par côté.

Belemnites stimulus (Nov. spec.).

(Pl. IV, fig. 8, 9, 10.)

Testa gracile, longissima, valde compressa, regulariter de-crescente; apice acuminato, acuto, sulco ventrali profundo mu nito, dimidiam testæ portem attingente : alveolo humili, angulo ?

Dimensions : longueur, 101 millimètres ; diamètre dorso-ventral, 10 millimètres ; latéral, 8,2 millimètres.

Rostre très-allongé, effilé, comprimé, diminuant régulièrement et très-aigu au sommet, légèrement évasé du côté de l'ouverture ; orné d'un sillon ventral étroit et profond, qui remonte presque à la moitié de la longueur du rostre où il s'évanouit ; ce sillon n'est plus apparent à l'extrême pointe ; on ne voit pas de traces de sillons dorso-latéraux, aussi la section du sommet est à peu près circulaire.

Cône alvéolaire très-court : il occupe un cinquième de la longueur ; angle inconnu.

Cette forme intéressante est évidemment dérivée de la *B. tripartitus* ; elle diffère de cette espèce par sa forme plus effilée, plus comprimée, par l'importance de son sillon ventral et l'absence des sillons dorso-latéraux.

On peut en recueillir de bons échantillons, surtout à Marcigny, où elle n'est pas rare.

Localités : Saint-Romain, la Verpillière, Saint-Julien, Marcigny, Semur.

Explication des figures : pl. IV, fig. 8 et 9, *B. stimulus*, de Marcigny. Fig. 10, coupe du même rostre.

Belemnites longisulcatus (VOLTZ).

(Pl. II, fig. 9 et 10.)

1830. Voltz, *Belemnites longisulcatus*. (*Observations sur les Bél.*, pl. VI, fig. 1.)
1848. Quenstedt, *Belemnites acuarius longisulcatus*. (*Cephal.*, pl. XXV, fig. 11 et 12.)
1856. Oppel, *Belemnites longisulcatus*. (*Die Juraformation*, p. 359.)

Dimensions : longueur, 120 millimètres ; diamètre dorso-ventral, au milieu du rostre, 121 millimètres ; diamètre latéral, 11,4 milimètres,

Rostre allongé, conique, comprimé, très-dilaté du côté de l'ouverture, coupe ovale arrondie. Sillon ventral formé par deux lignes, quelquefois trois ; deux petits sillons dorso-latéraux, sillon dorsal peu marqué, composé de lignes multiples ; tous ces sillons, bien marqués au sommet, ne remontent dans mes échantillons qu'au tiers, à peine, de la longueur du rostre.

Le sommet est obtus ; le rostre décroît régulièrement d'un bout à l'autre. C'est certainement une des espèces les plus caractéristiques du lias supérieur, mais malheureusement assez rare et plus rarement encore en bon état.

Localités : la Verpillière, Bettant, Ambérieux.

Explication des figures : pl. II, fig. 9 et 10, *B. longisulcatus*, de Bettant, de grandeur naturelle.

Belemnites acuarius (SCHLOTHEIM).

1820. Schlotheim, *Belemnites acuarius*. (*Petrefactenkunde*, p. 46.)
1822. Young et Bird, *Belemnites tubularis*. (*Yorkshire*, pl. XIV, fig. 6.)

1832. Zieten, *Belemnites gracilis.* (*Wurtemb.*, pl. XXII, fig. 2.)
1856. Oppel, *Belemnites acuarius.* (*Die Juraformation*, p. 358.)

Cette Bélemnite, qu'il faudra probablement réunir à la *B. longisulcatus*, paraît très-rare dans la région et ne m'a offert que des échantillons insuffisants.

Localités : la Verpillière, Fressac.

Belemnites irregularis (SCHLOTHEIM).

(Pl. IV, fig. 4 à 5.)

1813. Schlotheim, *Belemnites irregularis.* (*Taschenb.*, p. 70, pl. III, fig. 2.)
1827. Blainville, *Belemnites digitalis.* (*Mémoire sur les Bél.*, pl. 3, fig. 5. 6, 7.)
1830. Voltz, *Belemnites digitalis.* (*Observations sur les Bél.*, pl. II, fig. 5.)
1832. Zieten, *Belemnites irregularis.* (*Wurtemb.*, pl. XXIII, fig. 9.)
1842. D'Orbigny, *Belemnites irregularis.* (*Paléont. Franç.*, pl. IV, fig. 2 à 8.)
1848. Quenstedt. *Belemnites digitalis.* (*Cephal.*, pl. XXVI, fig. 1.)
1867. Phillips, *Belemnites irregularis.* (*British Belemnites*, pl. XV, fig. 37 à 39.)

Rostre de toutes les tailles, lisse, fortement comprimé ; un petit sillon court se voit, au sommet, du côté ventral, rarement il disparaît entièrement. Deux dépressions dorso-latérales vont du sommet à la moitié de la longueur.

Le cône alvéolaire très-grand, surtout chez les individus raccourcis. Le côté dorsal est un peu plus étroit.

Les deux échantillons figurés donnent une idée des limites extrêmes entre lesquelles la forme paraît osciller ; les variétés les plus opposées se rencontrent quelquefois dans le même gisement.

Le sommet, toujours très-obtus et arrondi, montre souvent une réunion de plis rayonnants (pl. IV, fig. 3) ; je ne vois cette particularité indiquée que sur la fig. 37 a de la pl. XV de Phillips.

La *B. irregularis* est l'espèce la plus caractéristique de la zone et en même temps la plus répandue. On la rencontre en grand nombre dans toutes les parties du bassin du Rhône.

Localités : partout, *c. c.*

Explication des figures : pl. IV, fig. 1 et 2, *B. irrégularis* de Marcigny. Fig. 3, la même, vue par le sommet. Fig. 4 et 5, un autre exemplaire, de grande taille, de Saint-Romain.

NAUTILES

Nautilus astacoïdes (YOUNG et BIRD.)

(Pl. V, fig. 1 à 4 ; pl. VIII, fig. 4.)

1828. Young et Bird, *Nautilus astacoides.* (*Yorkshire*, p. 270, pl. XIII, fig. 2.)

1835. Phillips, *Nautilus astacoides.* (*Geolog. of Yorkshire*, pl. XII, fig. 16.)

1850. D'Orbigny, *Nautilus astacoides.* (*Prodrome, étage 9e*, n° 27.

Dimensions ; diamètre, 112 millimètres.; largeur du dernier tour, 67/00 ; épaisseur, 71/00 ; ombilic, 10/00 du diamètre.

Coquille globuleuse, arrondie, assez largement ombiliquée ; les tours, plus épais que hauts, sont parfaitement arrondis sur le contour extérieur, cependant la coquille adulte montre une tendance à la forme un peu anguleuse.

La plus grande largeur est sur l'ombilic.

La coquille est ornée partout de lignes longitudinales, assez fortes et inégales ; ces stries sont croisées par des lignes flexueuses rayonnantes, très-peu saillantes ; ces dernières forment un sinus en arrière sur le dos.

Les cloisons, au nombre de vingt par tour, sont peu sinueuses. Siphon rond, placé notablement plus bas que le milieu de la cloison ; lobé ventral distinct, mais peu apparent.

L'ombilic, assez ouvert, est arrondi sur ses bords.

L'espèce qui se rapproche le plus du *N. astacoides* est le *N. intermedius* de Sowerby, mais la forme est un peu différente et surtout chez ce dernier, le siphon est placé plus haut que le milieu, et ce caractère est trop important pour être négligé ; dans toutes les figures de Sowerby, de Zieten et de d'Orbigny, le siphon du *N. intermedius* est supérieur ; je remarque cependant que le texte de d'Orbigny, contredisant le dessin de sa pl. XXVII, dit que le siphon est placé un peu plus près du retour de la spire que du bord extérieur.

Quoi qu'il en soit, notre espèce, très-bien caractérisée, n'est pas le *N. intermedius*. J'ai recueilli à Saint-Cyr, au mont Cindre, dans les éboulis de la pente sud, près de la petite fontaine, un exemplaire du *N. astacoides*, remarquable parce qu'il donne, d'une manière très-nette, tous les caractères importants ; la forme, les ornements et la position du siphon, à trois âges différents.

Un beau fragment de Crussol me permet d'observer les détails de la surface ; on y voit que les lignes saillantes spirales qui couvrent toute la coquille sont inégales et sont inégalement espacées ; on remarque aussi sur cet échantillon des plis saillants rayonnants qui partent de l'ombilic, en décrivant une petite courbe en arrière et s'effacent à la moitié de la hauteur du tour.

Localités : Saint-Cyr, Saint-Romain, Theizé, la Verpillière, Crussol (collection de M. Garnier), Charnay.

Explications des figures : pl. V, *Nautilus astacoides*, spécimen du mont Cindre, vu sous quatre aspects différents. — Les différentes figures représentent toutes le même spécimen. *r*. — Pl. VIII, fig. 4, fragment de la même espèce de Crussol, de la collection de M. Garnier.

Nautilus terebratus (THIOLLIÈRE).

(Pl. VI, fig. 1, 2, 3, 4.)

Testa ampla, inflata, late umbilicata, dorso convexo, lineis haud prominentibus longitudinaliter ornato ; anfractibus alibi

*lævigatis ; umbilico, margine angulari conspicuo ; septis paululum
sinuatis, siphunculo interno.*

Dimensions : 98 millimètres ; largeur du dernier tour, 50/00 ;
épaisseur, 72/00 ; ombilic, 19/00.

Coquille très-épaisse, globuleuse, à large ombilic, à dos largement
arrondi ; un des nautiles les plus massifs ; spire composée de tours
arrondis, dont la plus grande épaisseur est sur l'ombilic. Ces tours
sont lisses et laissent voir cependant de fines lignes d'accroissement
flexueuses et formant un sinus en arrière en passant sur le dos.

Des lignes longitudinales régulières se montrent sur le contour
extérieur seulement, au nombre de vingt-cinq à trente ; ces lignes
deviennent plus espacées et s'effacent à mesure qu'elles se rapprochent des flancs qui restent absolument lisses.

Ombilic très-grand, perpendiculaire ; le bord n'en est pas seulement anguleux, mais comme pincé et saillant, ce qui donne un bon
caractère pour distinguer cette remarquable espèce.

Le siphon rond et assez grand est plus rapproché du bord inférieur de la cloison ; le lobe ventral est bien marqué. Quand le test
manque, on remarque, sur le milieu du contour extérieur, une
petite ligne en saillie ; les cloisons, peu sinueuses, sont au nombre
de dix-neuf à vingt par tour ; ce nautile, en grandissant, semble
changer ses proportions et devenir plus globuleux encore. J'ai sous
les yeux un spécimen de la Verpillière de 170 millimètres de diamètre et dont l'épaisseur arrive à 130 millimètres.

Le *Nautilus terebratus* avait excité l'attention de V. Thiollière. Le
bel échantillon dessiné pl. VI, fig. 1 et 2, et conservé maintenant
dans les collections du Musée de Lyon, porte une étiquette de la
main de Thiollière, avec la désignation de *Nautilus terebratus.*

Je ne connais cette espèce que de la Verpillière, où elle n'est pas
très-rare, mais les échantillons entiers ne sont pas communs, et c'est
une des coquilles les plus caractéristiques de notre lias supérieur.

Localité : la Verpilière. *r.*

Explication des figures : pl. VI, fig. 1 et 2, *Nautilus tere-*

bratus de la Verpillière. Fig. 3, fragment d'un autre spécimen, cloison du côté convexe. Fig. 4, autre exemplaire, avec le test bien conservé, pour montrer la forme de l'ombilic.

Nautilus Jourdani (Nov. spec.).

(Pl. VII, fig. 1 à 5.)

Testa subinflata, late umbilicata, anfractibus subangulatis, longitudinaliter sulcis ubique munitis ; umbilico lato, profundo, angulato, lineis sinuosis intus conspicuo ; septis lateribus dorsoque persinuosis ; siphunculo interiori.

Dimensions : diamètre, 130 millimètres ; largeur du dernier tour, 56/00 ; épaisseur 63/00 ; ombilic 13/00.

Coquille moyennement renflée, largement ombiliquée ; spire composée de tours légèrement déprimés extérieurement, peu renflés sur les côtés et dont la plus grande épaisseur est sur l'ombilic. La coquille est partout couverte de lignes longitudinales nombreuses, bien plus rapprochées sur le contour extérieur que sur les flancs ; quand la coquille dépasse le diamètre de 110 millimètres, ces ornements s'effacent en partie.

Ombilic large, coupé carrément sans offrir un angle vif, évidé en dedans, les tours y tombent perpendiculairement, ce qui se voit mal sur les moules, parce que le test a une grande épaisseur dans cette région. L'intérieur de l'ombilic est orné de fines lignes rayonnantes flexueuses et dirigées en avant ; ces lignes sont croisées par des lignes spirales assez espacées ; l'échantillon dessiné pl. VII, fig. 2, fait voir très-distinctement les ornements de cette partie de la coquille que l'on a si rarement l'occasion de pouvoir observer.

Les cloisons, au nombre de seize environ par tour, sont très-sinueuses et forment sur le dos un sinus rentrant placé entre deux angles arrondis, le siphon large et arrondi est placé notablement plus bas que le milieu. Ce siphon fait une saillie prononcée sur le côté convexe des cloisons.

Le *N. Jourdani* ne peut se confondre avec le *N. terebratus* dont il diffère par ses lignes spirales, par son ombilic non pincé en bourrelet sur l'angle, par son siphon placé un peu plus bas, par sa forme moins globuleuse et surtout par la forme de ses cloisons beaucoup plus sinueuses.

Localités : Saint-Romain, la Verpillière. *r.*

Explication des figures : Pl. VII, fig. 1, *N. Jordani*, fragment d'un exemplaire avec son test, de la Verpillière. Fig. 2, le même, vu du côté de l'ombilic. Fig. 3, autre spécimen de la Verpillière, vu par derrière. Fig. 4, vue d'une cloison. Fig. 5, fragment de la même espèce, moule de Saint-Romain, pour montrer la forme sinueuse des cloisons.

Nautilus Fourneti (Nov. spec.).

(Pl. VIII, fig. 1, 2, 3.)

Testa globosa, umbilicata, lævigata, spira involuta, anfractibus rotundatis subangulosis ; umbilico semiclauvo ; siphunculo ?

Dimensions : diamètre, 80 millimètres. Largeur du dernier tour, 57/00 ; épaisseur, 73/00 ; ombilic, 5/00.

Coquille globuleuse, arrondie, lisse, assez épaisse dans son ensemble, ombilic presque fermé ; le dos assez large, forme un méplat, peu anguleux, mais qui est marqué depuis la taille de 40 millimètres. La coquille est tout à fait lisse et recouverte de très-fines lignes d'accroissement, un peu flexueuses sur les flancs et très-sinueuses en arrière, sur le contour extérieur. Bien que l'on n'aperçoive aucune ligne spirale, cependant, sur des échantillons dont le test est bien conservé, on reconnaît, à l'aide de la loupe, des traces de ce genre d'ornement.

Cloisons et siphon inconnus.

J'aurais rangé ce Nautile avec le *N. truncatus* de Sowerby, sans la grande différence dans la forme et les proportions ; Sowerby dit que l'épaisseur ne dépasse pas le demi-diamètre de la coquille , ce qui s'éloigne trop des chiffres que donne le *N. Fourneti.*

Localités : Villebois, la Verpillière, Saint-Cyr, collection de M. Falsan.

Explication des figures : pl. VIII, fig. 1 et 2, *N. Fourneti*, de la Verpillière. Fig. 3, autre exemplaire, plus petit, de la même localité.

Nautilus..... (Spec. ?)

J'ai recueilli, dans les minerais de fer de la Verpillière, un autre Nautile que je ne puis rapporter à aucune des espèces que je viens de décrire, mais comme je n'en ai qu'un exemplaire et que cet échantillon, quoique très-bien conservé, ne me donne ni la position du siphon, ni la forme des cloisons, je ne crois pas convenable de le classer encore comme espèce.

En voici la description :

Dimensions : diamètre, 80 millimètres ; largeur et épaisseur du dernier tour, 60/00 ; ombilic, 7/00.

Coquille comprimée, globuleuse , avec ombilic très-étroit ; spire composée de tours aussi hauts qu'épais, arrondis, très-embrassants, bien plus étroits vers le dos, qui est arrondi sans aucun indice de partie anguleuse et dont la plus grande épaisseur est à une petite distance de l'ombilic ; tours arrondis sur les flancs et sur l'ombilic ; la coquille est ornée, partout, de lignes spirales assez régulières ; siphon...?

Localités : la Verpillière. *r.*

Il est à remarquer que, sur cinq espèces de Nautiles que nous avons recueillies, deux seulement ont pu être rapportées aux espèces déjà décrites du lias supérieur ; je pense qu'il faut chercher l'explication de ce fait dans la difficulté d'obtenir de ce genre de fossiles des échantillons satisfaisants.

AMMONITES

Depuis quelques années, plusieurs paléontologistes se sont efforcés de séparer du genre *Ammonite* un bon nombre de genres nouveaux. Cette réforme me paraît nécessaire et se fera certainement. En effet, si l'on considère le nombre immense des espèces qui sont accumulées dans ce genre, la variété des formes et des proportions, les caractères importants que fournissent les lobes, les Aptychus et les modifications si variées de la bouche, une nouvelle classification paraît des plus désirables. Cependant, en réfléchissant que les nouveaux genres établis n'offrent pas encore de caractères distinctifs parfaitement définis, que même pour quelques-uns les détails d'organisation qui doivent servir à les séparer sont encore mal connus, quelquefois mal interprétés, je me décide, pour les Ammonites du lias supérieur, à les décrire dans les pages qui vont suivre sous le nom d'*Ammonites*, ce qui m'offrira l'avantage de me conformer à l'usage encore pratiqué par la grande majorité des géologues et, en même temps, de laisser la nomenclature de ce volume en rapport régulier avec celle déjà adoptée pour les autres parties du lias.

Il n'en est pas de même pour l'habitude, consacrée par un long usage, de désigner le contour extérieur de la coquille des Ammonites par l'expression le *dos* et les parties qui s'y rapportent par les mots côté dorsal, lobe dorsal, selle dorsale.

On a reconnu par analogie avec l'anatomie des Tétrabranches vivants que l'animal de l'Ammonite était toujours placé dans sa coquille, de manière que le côté convexe répondait au ventre et le côté concave au dos de l'animal; toutes les analogies avec les Céphalopodes conduisent également à la même conclusion, diamétralement opposée à la terminologie généralement employée. Il est impossible de continuer à se servir d'une désignation fausse et opposée à la réalité. Je n'emploierai donc, pour désigner la partie convexe ou le contour extérieur de la coquille des Ammonites, que les mots partie ventrale, lobe ventral, ou plutôt, pour éviter toute confusion, côté siphonal, lobe et selle siphonals; par contre, les parties de la coquille placées contre le retour de la spire doivent être désignées par les expressions côté dorsal, lobe dorsal, etc.

Ammonites bifrons (BRUGUIÈRE).

(Pl. IX, fig. 1, 2.)

1789. Bruguière. Ammonite bifrons. (Encyclop. méthod. t. I., n° 15.)
1815. Sowerby. Ammonites Walcotti. (Miner Couch., pl. CVI.)
1842. D'Orbigny. Ammonites bifrons.s Paléontologie Franç., p. 210, pl. LVI)
1846. Quenstedt. Ammonites bifrons. (Céphalop., pl. VII, fig. 13, 14.)

Cette Ammonite est la plus caractéristique et la plus commune de toutes les espèces du même genre dans le lias supérieur; on la rencontre dans toutes les couches, jusqu'au contact de la zone à *Am. opalinus* où elle ne se propage jamais. On la trouve de toutes les tailles, mais les plus grands exemplaires ne dépassent pas le diamètre de 180 millimètres.

Des plus régulières pour l'aspect général et pour la forme des ornements, qui ne varie jamais, elle montre au contraire dans ses proportions d'énormes différences; ainsi deux échantillons de 40 millimètres. de diamètre montrent, pour la variété comprimée à côtes serrées, une épaisseur de 12 millimètres, et pour la variété renflée, celle de 18 millimètres qui dépasse notablement la hauteur du dernier tour; les proportions oscillent entre ces deux nombres extrêmes.

Les spécimens bien conservés font voir dans l'ombilic que les derniers tours viennent se modeler en formant une série de festons sur les côtes du tour précédent; il en résulte que la suture ne forme pas une ligne droite, comme l'indiquent toutes les figures, même celle de d'Orbigny, mais une ligne ondulée comme on peut le voir dans le dessin (pl. IX, fig. 1) que je donne d'un échantillon de la Verpillière; cette particularité est très-peu apparente sur la variété comprimée à côtes nombreuses.

La figure de d'Orbigny représente bien la forme la plus commune et moyennement comprimée. Les variétés les plus extrêmes se rencontrent souvent dans le même gisement.

Localités : partout, *cc.*

Explication des figures : pl. IX, fig. 1 et 2, *A. bifrons,* variété déprimée. La Verpillière.

Ammonites Levisoni (SIMPSON).

(Pl. IX, fig. 3, 4.)

1842. Simpson, *Ammonites Levisoni.* (*Monograph of the Ammonites of the Yorkshire lias.*)

1864. Seebach, *Ammonites Borealis.* (*Der hannoversche Jura,* p. 140, pl. VII, fig. 5.)

1868. Reynès, *Ammonites Comensis.* (*Essai de géol. et de paléont. aveyronaises,* pl. 5, fig. 6.)

Dimensions : diamètre, 102 millimètres; largeur du dernier tour, 27 0/0; épaisseur, 18 0/0; ombilic 50 0/0.

Coquille comprimée, carénée, très-largement ombiliquée; tours plus hauts qu'épais, non renflés sur les flancs, ornés de côtes simples, cintrées en arrière, en nombre très-variable; le contour siphonal, peu convexe, porte une quille assez large, peu élevée, accompagnée de sillons plus ou moins profonds. L'ombilic assez large, assez profond relativement; les tours recouvrent un peu plus des deux cinquièmes du tour précédent.

Ce type paraît dérivé de l'*A. bifrons,* qui en est cependant séparé par le sillon circulaire si caractéristique qui marque le milieu de ses flancs. L'*A. Levisoni* offre souvent comme l'*A. bifrons,* des variations considérables dans ses rapports d'épaisseur.

L'*A. serpentinus* a un ombilic coupé à angle droit et des côtes tout à la fois plus falciformes, beaucoup moins saillantes et plus confuses.

L'*A. Levisoni* est très-commune, surtout dans les gisements du midi de la France, où elle me semble occuper un niveau un peu plus élevé que l'*A. bifrons*, peut-être celui de l'*A. radians*.

Localités : la Verpillière, Saint-Romain, Crussol, Privas, les Avelas, le Luc, Cuers, Puget-de-Cuers, Mazaugues.

Explication des figures : pl. IX, fig. 3 et 4. *A. Levisoni* du Luc (Var), collection des Frères Maristes de Saint-Genis-Laval.

Ammonites serpentinus (Reinecke sp.).

1818. Reinecke, *Argonauta serpentinus*. (*Maris protogaei*, pl. XIII, fig. 74 et 75.

1820. Sowerby, *Ammonites Strangewaysi*. (*Miner. conchol.*, pl. 254, fig. 1 et 3.)

1842. D'Orbigny, *Ammonites serpentinus*. (*Paléont. franç.*, pl. 55, fig. 1, 2 et 3.)

1856. Oppel, *Ammonites serpentinus*. (*Die Juraformation*, p. 363).

L'*A. serpentinus*, si abondante et si caractéristique à Thouars et dans presque toutes les régions où se présente le lias supérieur, n'est pas très-répandue dans le bassin du Rhône. Elle manque tout à fait sur certains points; ainsi c'est en vain qu'on la chercherait dans le Mont-d'Or lyonnais et dans les minerais si riches en Ammonites du département de l'Isère.

Cette espèce est très-régulière et caractérise surtout les dépôts les plus inférieurs de la zone; elle conserve ses ornements sans éprouver de modifications jusqu'à un âge très-avancé. J'ai sous les yeux des exemplaires de 220 millimètres de diamètre, qui n'ont perdu aucun de leurs caractères extérieurs.

Ses tours comprimés, plats sur les côtés et coupés à angle droit sur l'ombilic, ses côtes très-flexueuses, falciformes, mais peu saillantes et un peu effacées, ne permettant pas de la confondre avec d'autres espèces.

J'ai recueilli à la Verpillière une énorme Ammonite comprimée, bien rapprochée pour les proportions de l'*A. serpentinus*, mais

les ornements sont absolument semblables à ceux de l'*A. subplanatus*. L'ombilic est grand et les tours y tombent par un angle droit ;
en voici les dimensions : diamètre, 280 millimètres ; largeur du
dernier tour, 38/00 ; épaisseur, 17/00 ; ombilic., 34/00. Je ne sais
vraiment à quelle espèce rapporter cette Ammonite dont je ne connais
qu'un seul exemplaire et dans un état de conservation médiocre.

Localités : Crussol, Aix, Vals près Anduze, Cuers, les Avelas. *r*.

Ammonites subplanatus (OPPEL).

(Pl. X, pl. XI, fig. 1, 2 et 8.)

1828. Young et Bird, *Ammonites mulgravius* (*Yorkshire*, pl. XIII,
fig. 8.)
1842. D'Orbigny, *Ammonites complanatus* (*Paléontologie française*, p. 358, pl. 114, fig. 1, 2, 4 (non 3).
1856. Oppel, *Ammonites subplanatus* (*Die Juraformation*,
p. 364).

DIAMÈTRES	LARGEUR DU DERNIER TOUR	ÉPAISSEUR	OMBILICS
280 millim.	. . 43/00.	. . . . 25/00	. . 24/00.
200.	. . . . . . 54/00.	. . . . 21/00 . . .	. . . 16/00.
67.	. . . . . 62/00.	. . . . 25/00 . .	. . . 16/00.

Cette Ammonite est l'espèce la plus caractéristique du lias supérieur, dans le bassin du Rhône, après l'*A. bifrons*.

Elle diffère de l'*A. elegans* de Sowerby, avec laquelle on l'a souvent confondue, par son ombilic rentrant, ses rayons toujours simples, plus flexueux, et par sa quille non séparée des flancs dont elle
n'est que la continuation et sur laquelle les stries se continuent
d'une manière très-marquée.

Les rayons très-nombreux partent de l'ombilic en se portant fortement en avant, puis décrivent une courbe en arrière des plus pro-
noncées, ce qui leur donne la forme d'une faucille, et comme ces
rayons restent toujours simples, il en résulte que, tout en étant assez
espacés sur le contour siphonal, ils sont excessivement serrés et
réguliers près de l'ombilic.

L'ombilic est profond, anguleux, sans être coupant, les tours y tombent non-seulement en formant un angle droit, mais un angle rentrant; il en résulte que la coupe d'un tour présente la forme d'un fer de flèche et que les tours intérieurs de l'Ammonite sont plus visibles que ne le fait supposer d'abord le petit diamètre de l'ombilic. Cette particularité rend impossible d'admettre dans la synonymie de l'*A. subplanatus* l'*A. elegans* de Zieten, pl. XVI, fig. 5 et 6, car l'on peut voir, par la coupe que donne cet auteur, fig. 6 c, que l'ombilic de cette espèce est construit sur un type très-différent.

Quand l'*A. subplanatus* arrivait à une grande taille, les proportions changeaient un peu, l'ombilic devenait plus large, et sur un échantillon de 280 millimètres le dernier tour, à la fin de sa circonvolution, ne recouvre pas plus que la moitié du tour précédent.

D'Orbigny réunit à son *A. complanatus* l'*A. bicarinatus* (Zieten), et dit que la coquille jeune montre un dos tricariné; de plus il donne un dessin, pl. 114, fig. 3, qui montre cette disposition; c'est une erreur : l'*A. bicarinatus* est une espèce à part, dont la carène isolée sur un méplat reste constante à tous les âges, dont la forme générale est différente et qui n'atteint jamais une très-grande taille. Pour être bien assuré du fait, j'ai brisé un grand nombre d'*A. subplanatus* et jamais je n'ai trouvé sur les premiers tours la forme de l'*A. bicarinatus ;* au contraire, les premiers tours montrent un contour extérieur largement arrondi, pl. XI, fig. 2 et 8, jusqu'à la quille ; de plus les côtes ou rayons sont plus irréguliers, plus grossiers, plus confus, moins falciformes, la coquille est moins comprimée; c'est ordinairement au diamètre de 60 millimètres que les ornements changent brusquement de forme; les côtes grosses, sinueuses et souvent irrégulièrement conjuguées, disparaissent, et le régime des rayons fins, réguliers. falciformes, s'établit pour durer toujours.

On trouvera, pl. X, le dessin d'une *A. subplanatus* laissant voir ses tours intérieurs arrondis et non coupés carrément. Sur la pl. XI, fig. 1 et 2, un autre exemplaire jeune, d'une conservation exceptionnelle, laisse bien voir, à l'extrémité du dernier tour, la première tendance des rayons à s'isoler et à se régulariser. Pour bien montrer la différence qui sépare l'*A. subplanatus* de l'*A. bicarinatus*, quant à la forme de leur contour extérieur, j'ai fait dessiner, pl. XI, fig. 7 et 8, une coupe de cette partie de la coquille sur chacune de ces deux espèces, en choisissant des spécimens de même diamètre. La fig. 8 appartient à l'*A. subplanatus* et la fig. 7 à l'*A. bicarinatus*.

L'*A. subplanatus* laisse voir quelquefois bien nettement cette singulière disposition d'une carène formant un canal vide, non cloisonné, indépendant de la partie de la coquille habitée, le siphon se trouve au-dessous de cette carène et dans la partie cloisonnée. Cette Ammonite doit par conséquent prendre place dans les *dorso cavati* de Quenstedt (Voir *Neues Jahrbuch für Mineralogie*, 1857, p. 544, *Uber die Rucken-höhle*, etc.)

La coquille parait avoir été assez mince et conservait à l'intérieur les belles ondulations falciformes qui ornent la surface extérieure.

Le nom d'*A. complanatus*, adopté par d'Orbigny, a été donné par Bruguières (*Encyclopédie méthodique*, p. 38) à des spécimens venant du jurassique supérieur et ne peut pas être appliqué à notre espèce du lias.

Localités : Crussol, Privas, et partout, *c. c.* Les minerais de fer de la Verpillière fournissent des échantillons magnifiques.

Explication des figures : pl. **X**, grand exemplaire de la Verpillière, brisé pour laisser voir les tours intérieurs. Pl. XI, fig. 1 et 2, *A. subplanatus*, de la Verpillière. Fig. 8, coupe de la partie supérieure d'un tour.

Ammonites falcifer (Sowerby).

1820. Sowerby, *Ammonites falcifer.* (*Mineral. conchology*, pl. 254, fig. 2.)

1856. Oppel, *Ammonites falcifer.* (*Die Juraformation*, p. 363.)

Dimensions : diamètre, 67 millimètres ; largeur du dernier tour, 48/00 ; épaisseur, 28/00 ; ombilic, 25/00.

Coquille rapprochée pour les ornements de la précédente, mais moins comprimée, les côtes plus grosses. L'ombilic, notablement plus ouvert, laisse voir cinq tours complets au diamètre de 67 millimètres ; les tours sont plus épais surtout du côté siphonal : la carène et la métamorphose des ornements sont semblables à celles de l'*A. subplanatus*.

Ce type paraît assez bien séparé de l'*A. subplanatus*, quoique de nombreux observateurs s'accordent pour réunir les deux espèces.

Excessivement rare dans le bassin du Rhône. Un seul exemplaire de la Verpillière.

Ammonites discoides (ZIETEN).

1831. Zieten, *Ammonites discoides*. (*Würtemberg*, pl. XVI, fig. 1.)
1848. D'Orbigny, *Ammonites discoides*. (*Paléontologie française*, p. 356, pl. 115.)
1856. Oppel, *Ammonites discoides*. (*Die Juraformation*, p. 365.)
1858. Quenstedt, *Ammonites discoides*. (*Der Jura*, p. 283, pl. 40, fig. 7.)

Dimensions : diamètre, 80 millimètres ; largeur du dernier tour, 53/00 ; épaisseur, 18/00 ; ombilic, 10/00.

Coquille très-comprimée, à ombilic étroit et dont les ornements se rapprochent beaucoup de ceux de l'*A. subplanatus*. Les tours, convexes sur les flancs, n'ont pas leur plus grande épaisseur sur l'ombilic, mais au tiers de leur largeur. Il n'y a pas de traces de quille, mais les flancs se réunissent sur le contour extérieur en formant un angle très-aigu et une carène presque coupante, qui est fortement crénelée par les côtes falciformes qui arrivent obliquement sur cette partie de la coquille.

D'après mes échantillons, elle devait atteindre quelquefois 100 millimètres de diamètre.

Je ne donne pas le dessin de cette jolie espèce, parce que les figures déjà publiées sont suffisantes ; je remarque que dans la figure de Quenstedt (*Der Jura*, pl. 40), l'ombilic est certainement un peu trop fermé.

L'*A. discoides* n'est pas très-rare dans le bassin du Rhône, sans être abondante nulle part; elle paraît se rencontrer surtout à la partie supérieure de la zone.

Localités : Saint-Fortunat, Saint-Romain, Charnay, mont Cindre, Saint-Rambert, la Verpillière, Privas, Fressac, Salins, la Cride.

Ammonites bicarinatus (Muns in Zieten).

(Pl. XI, fig. 3 à 7.)

1830. Zieten, *Ammonites bicarinatus.* (*Würtemberg*, pl. XV, fig. 9, a, b, c.)
1842. D'Orbigny, *Ammonites complanatus.* (*Paléontologie française*, pl. 114, fig. 3.)
1856. Oppel, *Ammonites elegans.* (*Die Juraformation*, p. 364.)
1858. Quenstedt, *Ammonites bicarinatus.* (*Der Jura*, p. 578.)

Dimensions : diamètre, 58 millimètres; largeur ou dernier tour, 52/00; épaisseur, 20/00; ombilic, 14/00.

Cette petite espèce, fort semblable par ses ornements à l'*A. subplanatus*, en diffère par la forme de son contour extérieur, qui porte une petite carène étroite, verticale, posée sur un méplat ou troncature; cette partie plate se raccorde aux flancs par un angle très-net. Quand le test est conservé, on voit les grandes stries falciformes marquer leur passage sur cet angle par une petite saillie oblique; la forme du contour siphonal persiste toujours, contrairement à ce que dit d'Orbigny, qui regarde l'*A. bicarinatus* comme le jeune de l'*A. complanatus;* cette erreur a mis beaucoup de confusion dans la description des Ammonites falcifères de notre niveau et a empêché plusieurs auteurs de bien distinguer les espèces. J'ai brisé un grand nombre d'*A. subplanatus* (*complanatus* d'Orbigny) de grande taille, pour comparer les tours intérieurs, sans avoir jamais rencontré autre chose que la forme indiquée pl. XI, fig. 1, 2 et 3.

Rien ne semble, par conséquent, autoriser la réunion des deux espèces, et l'*A. bicarinatus* paraît être une bonne espèce, bien séparée par la forme de sa carène et de ses tours, qui ne varie pas.

Les fig. 7 et 8, pl. XI, permettent de comparer les coupes de la partie supérieure d'un tour, pour les *A. subplanatus* et *bicarinatus* prises au même diamètre.

L'*A. bicarinatus* commence, comme l'*A. subplanatus*, par montrer des côtes irrégulières confuses, mais elle prend ses côtes fines, régulières, beaucoup plutôt que cette dernière et dès qu'elle a dépassé le diamètre de 25 millimètres, comme on peut le voir par la fig. 5 de la pl. XI.

La taille ne paraît pas dépasser 65 millimètres ; les lobes disposés sur le même type que ceux de l'*A. subplanatus* sont très-confus et les cloisons très-rapprochées.

Localités : Saint-Fortunat, Saint-Romain, Villebois, Charnay, la Verpillière, Salins, Crussol, Fressac, Durfort, Bariel, Rome-Château.

Très-abondante à Mortiès.

Explication des figures : pl. XI, fig. 3 et 4, *A. bicarinatus*, de Fressac, de grande taille. Fig. 5 et 6, échantillon petit de la Verpillière. Fig. 7, coupe de la partie supérieure d'un tour.

Ammonites Lythensis (YOUNG et BIRD).

(Pl. XI, fig. 9 et 10.)

1828. Young et Bird, *Ammonites Lythensis*. (*Yorkshire*, 2ᵉ édit , p. 267.)
1835. Phillips, *Ammonites Lythensis*. (*Yorkshire*, pl. 13, fig. 6.)
1842. D'Orbigny, *Ammonites concavus*. (*Paléontologie française*, p. 358, pl. 116 (non Sowerby.)
1856. Oppel, *Ammonites Lythensis*. (*Die Juraformation*, p. 366.)

Dimensions : diamètre, 108 millimètres ; largeur du dernier tour, 52/00 ; épaisseur, 21/00 ; ombilic, 12/00.

Coquille comprimée, carénée, avec un très-petit ombilic ; tours comprimés, ornés de côtes simples flexueuses, assez larges, à peine indiquées au bas des tours. Quand la coquille est bien conservée, on remarque que la surface offre une légère dépression circulaire autour de l'ombilic ; la coquille se relève ensuite pour former un angle bien marqué et tomber perpendiculairement sur le tour précédent ; c'est là un bon caractère ; la carène, petite, est séparée des flancs par un petit méplat, presque un sillon.

Le dessin des lobes donné par d'Orbigny paraît exact, mais il est évident que l'auteur de la *Paléontologie française* a confondu plusieurs espèces dans sa description de l'*A. Lythensis* (*concavus* d'Orb.), et la fig. 1 de sa planche 116 montre un ombilic beaucoup plus ouvert que la réalité, quoique les côtes soient bien celles de l'*A. Lythensis*. Il y a dans la collection Thiollière, au musée de Lyon, un bel échantillon (moule) de l'*A. Lythensis*, du diamètre de 108 millimètres, montrant des lobes jusqu'à l'extrémité des tours et dont l'ombilic est beaucoup plus petit que l'exemplaire figuré par d'Orbigny, dont la taille est pourtant bien moindre.

Cette jolie Ammonite n'est commune nulle part.

Localités : Saint-Cyr, Saint-Romain, la Verpillière, Villebois, Marcigny, Crussol, Salins, Vals, près Anduze, Mortiès, Charnay.

Explication des figures : pl. XI, fig. 9 et 10, *A. Lythensis*, de la Verpillière, grandeur naturelle.

Ammonites exaratus (Young et Bird).

(Pl. XI, fig. 11, et pl. XII, fig. 1. 2 et 4.)

1828. Young et Bird, *Ammonites exaratus*. (*Geological Survey of Yorkshire*, p. 266.)
1835. Phillips, *Ammonites exaratus*. (*Yorkshire*, pl. 13, fig. 7.)
1856. Oppel, *Ammonites exaratus*. (*Die Juraformation*, p. 364.)

Dimensions :

DIAMÈTRES	LARGEUR DU DERNIER TOUR.	ÉPAISSEUR	OMBILICS
78 millim.	49/00	19,00	18/00.
127.	43/00	21/00	22/00.
220.	38/00	20/00	30/00.
355.	40/00	23/00	30/00.

Coquille comprimée, à ombilic étroit, avec carène coupante : spire composée de tours comprimés, sagittés, arrondis sur les flancs, ornés de côtes flexueuses peu saillantes, qui s'élargissent en s'éloignant de l'ombilic et se portent fortement en avant sur la partie supérieure ; jusqu'au diamètre de 70 millimètres les côtes se groupent par deux en partant et deviennent ensuite plus larges et plus effacées.

La carène est aussi coupante que celle de l'*A. oxynotus;* avec l'âge elle devient moins aiguë sans cesser d'être apparente ; l'ombilic alors se montre un peu plus ouvert.

Les tours, recouverts sur les deux tiers au moins de leur largeur, quelquefois plus dans les jeunes, tombent perpendiculairement dans l'ombilic.

Les lobes sont remarquables par la forme de la selle siphonale qui est partagée par un lobe accessoire en deux parties fort inégales, dont la plus antérieure est de beaucoup la plus étroite et la plus courte.

La carène en dehors des cloisons est bien au-dessus du siphon, comme cela a lieu pour l'*A. subplanatus* et plusieurs autres Ammonites.

Assez rapprochée de plusieurs falcifères du même niveau, l'*A. exaratus* s'en distingue facilement par sa carène coupante et non séparée des flancs, ainsi que par son petit ombilic à angle droit.

L'*A. discoides,* dont la forme a quelques rapports avec celle de l'*A. exaratus,* a une carène beaucoup moins coupante et qui d'ailleurs est crénelée.

L'*A. exaratus,* très-rare généralement, paraît être assez répandue à Saint-Romain ; ce gisement m'a fourni plusieurs gros fragments. Le musée de Lyon (collection Thiollière) en possède un échantillon d'une taille énorme et fort beau ; c'est sur cette Ammonite que j'ai calqué les lobes dont je donne le dessin, pl. XI, fig. 11.

Localités : Saint-Romain, la Verpillière, Villebois, Charnay, Marcy, Ville-sur-Jarnioux.

Explication des figures : pl. XI, fig. 11, *A. exaratus,* lobes de

grandeur naturelle, pris sur un échantillon de Ville-sur-Jarnioux. Pl. XII, fig. 1 et 2, *A. exaratus* de la Verpillière; grandeur naturelle. Fig. 4, autre moule de Saint-Romain de grandeur naturelle.

Ammonites concavus (Sowerby).

(Pl. XIII, fig. 1, 2 et 3.)

1815. Sowerby, *Ammonites concavus.* (*Mineral. conchology*, pl. 94,
fig. 2.)
1856. Oppel, *Ammonites concavus.* (*Die Juraformation*, p. 366.)

Dimension : diamètre, 133 millimètres; largeur du dernier
tour, 44/00; épaisseur, 18/00; ombilic, 20/00.

Coquille comprimée, carénée, spire composée de six tours, peu
convexes sur les flancs, ornés d'un grand nombre de lignes flexueuses qui se portent en avant et forment un coude sur le milieu du
tour, puis décrivent un sinus en arrière pour se porter ensuite vers
le contour extérieur par un mouvement falciforme très-prononcé;
carène aiguë, mais bien moins coupante que chez l'*A. exaratus*.

L'ombilic d'une grandeur médiocre présente une forme des plus
caractéristique; les tours y tombent en formant un angle obtus et
rejoignent le tour précédent par une bande concave des plus marquées; jusqu'au diamètre de 60 à 65 millimètres les tours sont recouverts sur les six septièmes de leur largeur, puis le recouvrement
diminue et sur les grands échantillons ne paraît pas dépasser les
quatre septièmes; dans les moules, la bande concave ne peut plus
se distinguer; les tours sont largement arrondis sur l'ombilic, la
coquille étant assez épaisse.

Les lobes sont peu compliqués; le lobe latéral descend beaucoup
plus bas que le lobe siphonal; il est suivi de cinq lobes auxiliaires;
les selles s'élèvent toutes à peu près à la même hauteur.

L'*A. concavus* est caractéristique pour la partie inférieure de la
zone; quoique bien nettement distincte cette espèce a été presque
toujours placée dans la synonymie d'autres Ammonites; réunie tantôt

à l'*A. Lythensis*, tantôt à l'*A. Cæcilia* ou à l'*A. exaratus*, méconnue par d'Orbigny, peu d'espèces ont donné lieu à pareille confusion : il faut probablement en chercher la raison dans l'insuffisance de la figure de Sowerby et dans le peu de régularité des proportions : en effet, la largeur et l'épaisseur des tours varie ; d'ailleurs, quoique l'*A. concavus* ne soit pas rare, il est difficile d'en rencontrer de bons échantillons, les spécimens sont souvent comprimés et un peu déformés.

L'*A. opalinus* est la seule qui pourrait être confondue avec l'*A. concavus*, mais elle habite un niveau bien plus élevé, son ombilic est un peu plus ouvert et la bande de la suture moins concave.

J'ai des fragments de la bouche qui montrent que le contour siphonal se prolongeait en avant d'une manière bien marquée.

Localités : Poleymieux, Saint-Didier, Limas, la Verpillière, Villebois, Mortiès.

Explication des figures : pl. XIII, fig. 1, *A. concavus* de la Verpillière avec le test. Fig. 2, *A. concavus*, moule de Villebois montrant les lobes. Fig. 3, coupe du même échantillon.

Ammonites radians (REINECKE SP.).

1818. Reinecke, *Nautilus radians.* (*Nautilos et argonautus*, fig. 39-40.)
1830. Zeiten, *Ammonites striatulus.* (*Würtemberg*, pl. XIV, fig. 6.)
1842. D'Orbigny, *Ammonites radians.* (*Paléontologie française*, pl. 59.)
1852. Chapuis et Dewalque. (*Fossiles du Luxembourg*, pl. II, fig. 1.)
1856. Oppel, *Ammonites radians.* (*Die Juraformation*, p. 367.)
1858. Quenstedt, *Ammonites radians.* (*Der Jura*, pl. 40, fig. 9.)

Dimensions : diamètre, 72 millimètres ; largeur ou dernier tour, 35/00 ; épaisseur, 18/00 ; ombilic, 36/00.

Autre : diamètre, 182 millimètres ; largeur du dernier tour, 32/00 ; épaisseur, 16/00 ; ombilic, 42/00.

Nombre des côtes par tour, 57 à 84.

Coquille comprimée, carénée, très-largement ombiliquée. Spire composée de six tours comprimés, convexes sur les flancs et d'une forme elliptique régulière, couverts de côtes arrondies, peu saillantes, toujours flexueuses et toujours simples, marquées depuis l'ombilic. La coquille est pourvue d'une quille étroite, séparée des flancs, très-élevée et qui persiste sans changements jusqu'à la plus grande dimension connue.

Quoique le type admis pour l'*A. radians* soit l'*Argonauta radians* de Rainecke, fig. 39, il importe de remarquer que, dans cette figure, les côtes ne sont pas flexueuses dès l'ombilic, comme les Ammonites connues de tous les géologues sous le nom de *radians* et comme le démontrent toutes les autres figures indiquées, celle de d'Orbigny est excellente. Cette Ammonite est une de celles dont les ornements et la forme ne varient pas. Cependant, au diamètre de 175 millimètres, les côtes paraissent s'effacer et l'ombilic s'agrandit un peu.

L'*A. radians* se rencontre à la partie supérieure de la zone, au même niveau que l'*A. Jurensis.* Dans une foule de localités ce niveau ne peut pas se distinguer de celui qui fournit les Ammonites déjà décrites et qui vont suivre.

Localités : partout, *c. c.*

Ammonites Sæmanni (Oppel).

(Pl. XIII, fig. 4, 5, 6.)

1856. Oppel, *Ammonites Sæmanni.* (*Dic Juraformation*, p. 362.)

J'inscris sous ce nom un beau fragment d'Ammonite (moule) de Saint-Romain, dont les côtes sont exactement disposées comme celles de l'*A. radians*, mais dont la forme des tours est bien différente. Ces tours sont épais, les flancs sont droits au lieu d'être convexes, le contour extérieur est rabaissé, large, orné d'une quille qui paraît peu élevée et accompagnée de deux sillons. Les tours sont aussi épais de ce côté que sur l'ombilic, de sorte qu'ils présentent la forme d'un parallélogramme régulier.

Les tours sont recouverts sur le tiers de leur largeur. Les côtes paraissent un peu moins nombreuses et plus saillantes que celles de l'*A. radians*. La hauteur des tours est de 36 millimètres avec une épaisseur de 24 millimètres.

Localité : Saint-Romain, *r. r.*

Explication des figures : pl. XIII, fig. 4, fragment d'*A. Sœmanni* (moule) de Saint-Romain. Fig. 5, coupe du même échantillon. Fig. 6, lobes du même, de grandeur naturelle.

Ammonites Eseri (OPPEL).

(Pl. XII, fig. 3.)

1849. Quenstedt, *Ammonites radians compressus*. (*Cephalop.*, pl. 7. fig. 9.)

1856. Oppel, *Ammonites Eseri*. (*Die Juraformation*, p. 365.)

1858. Quenstedt, *Ammonites radians compressus*. (*Der Jura*, p. 282, pl. 40, fig. 13.)

1862. Oppel, *Ammonites Eseri*. (*Paleontologische Mittheilungen*, p. 143, pl. 44, fig. 3.)

Dimensions : diamètre, 66 millimètres ; largeur du dernier tour, 40/00 ; épaisseur, 23/00 ; ombilic, 24/00.

Avec la forme et les ornements de l'*A. radians* cette Ammonite a des proportions fort différentes et un ombilic beaucoup plus étroit. L'*A. Eseri* se trouve au même niveau que l'*A. radians*. Je ne l'ai jamais rencontrée de grande taille.

Localités : Saint-Cyr, Saint-Romain, la Verpillière, Villebois, Saint-Nizier, Salins, Miserey, Charnay.

Explication des figures : pl. XII, fig. 3, *A. Eseri* (Oppel), de la Verpillière, de grandeur naturelle.

Ammonites Cœcilia (Reinecke, sp.).

(Pl. XIV, fig. 1.)

1818. Reinecke, *Argonauta Cœcilia*. (*Nautilos et argonauta*, p. 90, fig. 76 et 77.)

1867. Deslongchamps, *Ammonites Cœcilia*. (Notes sur des Céphalopodes et des Crustacés, *Bulletin de la Société linnéenne de Normandie*, 2ᵉ série, 1ᵉʳ vol., p. 156, pl. IX, fig. 2 à 6.)

Dimensions : diamètre, 47 millimètres; largeur du dernier tour, 44/00; épaisseur, 25/00; ombilic, 27/00.

Cette jolie petite espèce est fort rare : les côtes ou sillons, peu apparents sur l'ombilic, sont assez marqués du côté siphonal; ils ont une tendance à se grouper par deux en partant de l'ombilic qui est coupé carrément. La carène, plus ou moins marquée, n'est jamais haute ni coupante.

Localités : la Verpillière, Saint-Julien, r. r.

Explication des figures : pl. XIV, fig. 1, *A. Cœcilia* (Reinecke, sp.) de la Verpillière (collection Thiollière), de grandeur naturelle.

Ammonites Thouarsensis (D'Orbigny).

1843. D'Orbigny, *Ammonites Thouarsensis*. (*Paléontologie française*, p. 222, pl. 57.)

1849. Quenstedt, *Ammonites radians depressus*. (*Céphalopodes*, pl. 7, fig. 4.)

1851. Chapuis et Dewalque, *Ammonites Comensis*. (*Fossiles du Luxembourg*, pl. IX, fig. 1.)

1858. Quenstedt, *Ammonites radians*. (*Der Jura*, pl. 40, fig. 14.)

Les figures et les proportions données par d'Orbigny pour l'*A. Thouarsensis* sont très-exactes et peuvent servir de type pour l'espèce; on remarque un peu d'irrégularité dans les côtes qui sont bien marquées jusque dans l'ombilic.

Cette espèce, si abondante à Thouars, n'est pas rare dans le bassin du Rhône.

Localités : Saint-Fortunat, Saint-Romain, Poleymieux, la Verpillière, Villebois, Arresches, Crussol, Charnay, Mazaugues, c. c.

Ammonites Emilianus (Reynès).

1868. Reynès, *Ammonites Emilianus.* (*Géologie et Paléontologie aveyronnaises*, p. 104, pl. 6, fig. 1.)

Je ne connais cette rare espèce que par un échantillon de 70 millimètres de diamètre, de la collection de M. Jaubert, qui l'a recueilli à Puget-de-Cuers et un autre spécimen de Charnay.

Ce spécimen n'est pas en assez bonne condition pour être figuré utilement.

Localités : Puget-de-Cuers, r. r. Charnay.

Ammonites striatulus (Sowerby).
(PL. XVI, fig. 1.)

1823. Sowerby, *Ammonites striatulus.* (*Mineral. conchology,* pl. 421, fig. 1.)
1856. Oppel, *Ammonites striatulus.* (*Die Juraformation,* p. 368.)

Dimensions : diamètre, 67 millimètres; largeur du dernier tour, 31/00; épaisseur, 20/00; ombilic, 41/00.

Très-rapprochée de l'*A. Thouarsensis* les côtes paraissent être un peu moins fortes que chez cette dernière et surtout ne sont pas marquées sur l'ombilic; ce caractère, signalé par Oppel sur les échantillons types de Whitby, paraît très-constant et peut servir à distinguer l'*A. striatulus*, qui formerait ainsi une bonne espèce, malgré le grave inconvénient de ne pas se trouver indiqué sur la figure de Sowerby.

La coquille paraît lisse jusqu'au diamètre de 9 millimètres. Cette Ammonite est assez répandue dans le lias supérieur du bassin du Rhône, où on la rencontre aussi souvent que l'*A. Thouarsensis*.

Localités : Saint-Romain, la Verpillière, Marcigny, Arres-ches, Salins, Privas, Morliès, Puget-de-Cuers, Solliès-Ville, Charnay.

Buxy (Saône-et-Loire), de la collection de M. Pellat.

Explication des figures : pl. XVI, fig. 1, *A. striatulus* (Sowerby) de Saint-Romain.

Ammonites undulatus (Stahl *in* Zieten).

> 1830. Zieten, *Ammonites undulatus*. (*Würtemberg*, pl. X, fig. 8; et *Ammonites solaris, ibid,* pl. XIV, fig. 7.)
> 1842. D'Orbigny, *Ammonites Levesquei*. (*Paléontologie française*, pl. 60.)
> 1851. Chapuis et Dewalque, *Ammonites Levesquei*. (*Fossiles du Luxembourg*, pl. XI, fig. 2.)
> 1856. Oppel, *Ammonites undulatus*. (*Die Juraformation*, p. 567.)

Ammonite comprimée, carénée et largement ombiliquée; ornée de côtes plus ou moins nombreuses, marquées dès l'ombilic, presque droites ou très-peu flexueuses jusqu'aux trois quarts de la largeur du tour, point où elles se portent en avant. Carène distincte, mais peu saillante.

C'est une espèce bien caractérisée, qui appartient au niveau de l'*A. radians;* on la trouve presque partout.

Les ornements ne paraissent pas varier; les proportions et les figures citées sont assez exactes et s'accordent parfaitement.

Localités : Saint-Fortunat, Saint-Romain, Limas, Hières, la

Verpillière, Saint-Nizier, Villebois, Salins, Brignolles, Valcros, Charnay, *c*.

Ammonites radiosus (Seebach).

(Pl. XIV, fig. 2 à 5.)

1864. Seebach, *Ammonites radiosus*. (*Der hannoversche Jura*, p. 142, pl. IX, fig. 2.)

Dimensions : diamètre, 100 millimètres; largeur du dernier tour, 30/00 ; épaisseur, 20/00 ; ombilic, 43/00.

Coquille assez épaisse, quoique comprimée, largement ombiliquée et carénée; spire composée de six tours arrondis, comprimés, de forme elliptique, aussi épais du côté siphonal que vers l'ombilic, sur lequel les tours arrivent par un contour arrondi; la quille est étroite et à peine saillante.

Les tours sont ornés, à tous les âges, de côtes très-nombreuses (50 à 120 par tour), rectilignes, étroites, saillantes, bien marquées partout et qui s'infléchissent en avant, en arrivant aux trois quarts de la largeur : ces côtes, toujours simples, sont très-régulières dans leur forme, mais varient d'une manière singulière pour leur volume et leur rapprochement dans un espace donné et souvent dans le même tour. Généralement les tours intérieurs sont couverts de côtes très-fines, quelquefois c'est l'inverse qui se produit.

L'ombilic est peu profond; les tours se recouvrent sur un peu plus du tiers de leur largeur ; on retrouve dans l'*A. radiosus* la forme et les ornements de l'*A. undulosus*, mais avec un nombre de côtes deux fois plus grand et moins régulier.

Les lobes me paraissent un peu plus compliqués que ceux figurés par M. Seebach, comme on pourra le voir par le dessin pl. XIV, fig. 5. Le trait le plus remarquable de ces lobes est la grande élévation de la selle latérale, qui dépasse de beaucoup la selle siphonale.

L'*A. radiosus* est assez répandue et se trouve partout au niveau de l'A. *Jurensis*, tandis que M. Seebach le signale, dans le Hanovre, à la partie supérieure des marnes à *A. opalinus*.

Il y a lieu de s'étonner que cette belle espèce, bien séparée par ses ornements et l'épaisseur de son contour extérieur, ait été signalée si tardivement, malgré l'abondance de ses échantillons. Elle paraît avoir été confondue partout avec l'*A. radians*, dont les côtes cependant sont flexueuses et ne varient pas d'importance d'un tour à l'autre. Cette dernière est d'ailleurs munie d'une quille très-haute et se montre beaucoup plus comprimée.

Localités : Saint-Cyr, Saint-Fortunat, Saint-Romain, Moiré, Limas, Semur, Salins, Fressac, c.
Très-commune à Villebois.

Explication des figures : pl. XIV, fig. 2, *A. radiosus* de la Verpillière, variété comprimée. Fig. 3 et 4, autre exemplaire de la même, de la Verpillière, forme ordinaire. Fig. 5, A. *radiosus*, lobes.

Ammonites Grunowi (V. HAUER).

(Pl. XIV, fig. 6 et 7, et pl. XV, fig. 1 et 2.)

1855. V. Hauer, *Ammonites Grunowi*. (*Uber die Cephalopoden aus dem Lias der nordöstlichen Alpen*, p. 27, pl. VIII, fig. 4-6.)

Dimensions : diamètre, 87 millimètres; largeur du dernier tour, 30/00; épaisseur, 24/00; ombilic, 47/00.

Ammonite comprimée, carénée et largement ombiliquée : spire composée de 6 tours comprimés mais assez épais, ornés sur le dernier de 45 côtes arrondies, saillantes, simples, flexueuses; portant une quille saillante sans être très-haute, accompagnée de deux sillons étroits; ces tours, de forme elliptique presque carrés à l'extérieur, tombent sur l'ombilic par un contour arrondi et se recouvrant sur le tiers de leur largeur.

Cette espèce, fort rare et que j'ai pu recueillir en bons échantillons, présente quelques petites différences avec l'Ammonite type décrite et figurée par de Hauer : les exemplaires français sont un peu plus comprimés, la quille est plus haute, les sillons plus profonds, les côtes plus flexueuses sur le dernier tour : un échantillon plus petit de Puget-de-Cuers, que j'ai sous les yeux, est très-conforme pour tout à l'Ammonite d'Adneth. Comme les lobes ne sont pas visibles sur mes échantillons, je ne puis arriver à une certitude absolue de l'identité de l'espèce.

Localités : la Verpillière, Puget-de-Cuers, Fressac, Charnay, r.

Explication des figures : pl. XIV, fig. 6 et 7, petit exemplaire de Fressac (collection des Frères Maristes de Saint-Genis). Pl. XV, fig. 1 et 2, grand exemplaire de la Verpillière.

Ammonites Mercati (V. Hauer).

(Pl. XV, fig. 3 et 4.)

1856. V. Hauer, *Ammonites Mercati*. (*Uber die Cephalopoden aus dem Lias der nordosstichen Alpen*, p. 43, pl. XXIII, fig. 4-10.)

Dimensions : diamètre, 70 millimètres ; largeur du dernier tour, 34/00 ; épaisseur, 33/00 ; ombilic, 37/00.

Coquille comprimée dans son ensemble, carénée avec un ombilic de moyenne grandeur : spire composée de cinq tours presque aussi épais que hauts, ornés, sur le dernier, de trente-quatre côtes arrondies, saillantes, flexueuses, simples, et qui sur le dernier tour ont une tendance à se grouper par deux.

Peu convexes sur les flancs, les tours sont largement tronqués sur le contour siphonal qui porte une forte quille, peu élevée et accompagnée de deux sillons larges et profonds.

Les tours, recouverts sur la moitié de leur largeur, tombent perpendiculairement dans l'ombilic, qui est profond sans former un angle vif.

Le bel échantillon figuré pl. XV montre une grande partie de la dernière loge, et l'on peut remarquer, à l'extrémité, les modifications que subissent les Ammonites dans leurs ornements, en approchant de la bouche.

Localités : la Verpillière, r. r. Fressac (collection des Frères Maristes de Saint-Génis, Saint-Julien de Jonzy (collection Pellat).

Explication des figures : pl. XV, fig. 3 et 4, *A. Mercati*, de la Verpillière. Exemplaire ayant conservé sa loge.

Ammonites Bayani (Nov. sp.).

(Pl. XVI, fig. 7, 8 et 9.)

1886. V. Hauer, *Ammonites Comensis.*(*Die Cephalopoden aus dem Lias der nordost. Alpen*, p. 37, pl. XI, fig. 4, 5, 6.)

Testa subcompressa, umbilicata, carinata; anfractibus convexiusculis, costatis, 15 costis ornatis, ad umbilicum nodulosis, prominentibus, intricatis, repente bifurcatis, subflexuosis, carina mediocri, distincta, sulcis munita.

Dimensions : diamètre, 45 millimètres; largeur du dernier tour, 42/00; épaisseur, 37/00; ombilic, 27/00.

Coquille comprimée, carénée, à ombilic médiocre, spire composée de quatre tours comprimés, peu convexes sur les flancs, ornés sur l'ombilic de quatorze à seize tubercules allongés, saillants, donnant naissance à des groupes de deux ou trois côtes, peu flexueuses, presque coupantes (sur le moule) et qui augmentent en volume à mesure qu'elles se rapprochent de la région siphonale, où elles se portent fortement en avant en formant une série très-régulière : carène étroite, saillante, accompagnée de deux petits sillons, sur le contour extérieur qui est déprimé.

Les tours, qui sont recouverts sur les trois cinquièmes de leur largeur, forment un ombilic profond qui laisse voir les tubercules des tours intérieurs; la coquille paraît avoir été épaisse.

Par la forme de son contour siphonal, l'*A. Bayani* est profondément séparé de toutes les espèces qui portent des ornements analogues.

L'Ammonite d'Erba, que M. de Hauer décrit sous le nom d'*A. Comensis*, n'appartient pas certainement à l'espèce de de Buch et se rapproche singulièrement de notre espèce : les nodosités en saillie sur l'ombilic y sont des plus marquées, et je crois pouvoir la réunir à mon *A. Bayani;* malheureusement mon échantillon, quoique d'une bonne conservation. n'est qu'un moule intérieur , entièrement dépourvu de son test.

Localités : Saint-Romain, Saint-Julien, *r. r.*

Explication des figures : pl. XVI, fig. 7 et 8, *A. Bayani* de Saint-Romain. Fig. 9, lobes.

Ammonites Gruneri (Nov. sp.).

(Pl. XXXI, fig. 1, 2, 3.)

Testa compressa, carinata; anfractibus compressis, convexiusculis, transversim costatis ; costis subrectis, inaequalibus, externe arcuatis, ad carinam evanescentibus; carina acuta.

Dimensions : diamètre, 66 millimètres; largeur du dernier tour, 40/00; épaisseur, 22/00; ombilic, 24/00.

Coquille comprimée, carénée, avec petit ombilic; spire composée de cinq tours comprimés un peu convexes sur les flancs et ornés de côtes transverses peu larges, presque droites jusqu'aux trois quarts de la hauteur du tour ; là elles s'infléchissent en avant et s'affaiblissent en approchant de la carène. Ces côtes ne prennent pas toutes naissance près de l'ombilic; le plus souvent on en compte une ou deux entre chacune des grandes qui ne se montrent qu'au tiers de la largeur ; les côtes sont plus régulières et plus espacées sur le dernier demi-tour.

L'ombilic est étroit, profond et coupé à angle droit; les tours sont recouverts sur les trois cinquièmes de leur largeur ; la carène est séparée des flancs, saillante et très-aiguë.

Les lobes sont peu compliqués ; le lobe siphonal descend à peu près aussi bas que le premier lobe latéral ; le premier lobe auxiliaire est très-peu développé.

Pendant longtemps j'ai espéré pouvoir attribuer cette Ammonite à une des espèces déjà décrites, mais malgré son air de famille avec les *A. Exaratus, métallarius, undulatus*, il m'a été impossible de ne pas lui donner une place à part ; sans parler de ses proportions, de sa carène coupante, de son ombilic étroit et coupé perpendiculairement, l'arrangement de ses côtes l'éloigne de toutes les espèces qui semblent s'en rapprocher ; ses côtes sont presque droites et en même temps par groupes de deux ou trois, deux circonstances qui s'excluent ordinairement.

L'*A. Aalensis* de la zone supérieure ressemble beaucoup à l'*A. Gruneri*, mais la forme de l'ombilic et celle des côtes empêchent tout rapprochement ; notre Ammonite est d'ailleurs bien sûrement de la zone à *A. bifrons*, car le fragment de marne durcie dans laquelle elle est engagée retient en même temps un beau spécimen de la *Cypricardia brevis*, si caractéristique de ce niveau dans tout le Charolais.

Localité : Saint-Nizier, *r*.

Explication des figures : pl. XXXI, fig. 1 et 2. *A. Gruneri* de Saint-Nizier, fig. 3, lobes de la même ; de grandeur naturelle.

Ammonites Langi (MAYER).

1864. Ch. Mayer, *Ammonites Langi*. (*Journal de Conchyologie*, vol. XII, p. 373). — Figurée même journal, 1865, vol. XIII, pl. VIII, fig. 41.

Dimensions : diamètre, 33 millimètres ; largeur du dernier tour, 45/00 ; épaisseur, 33/00 ; ombilic, 18/00.

Coquille épaisse mais comprimée, carénée, avec un petit ombilic.

Spire composée de tours assez épais, convexes sur les flancs, ornés de côtes arrondies flexueuses, groupées dès l'ombilic par deux ou par trois. Carène peu saillante et non séparée des côtés. Ombilic étroit, profond, tours recouverts sur les trois quarts au moins de leur largeur.

Cette très-rare espèce est parfaitement figurée dans le *Journal de Conchyologie*, ce qui me dispense d'en donner un dessin.

M. Mayer dit que les côtes se bifurquent presque au milieu des flancs, ce qui contredit la figure qu'il donne.

Localité : Miserey, *r. r.*

Ammonites lympharum (Nov. sp.).

(Pl. XVI, fig. 5 et 6.)

Testa compressa, discoidea, carinata; lateribus involutis, compressis, subconvexis, nitidis, rugis mollibus, perflexuosis ad umbilicum notatis, supra evanescentibus ; carina tenui, separatim posita.

Dimensions : diamètre, 41 millimètres; largeur du dernier tour, 51/00 ; épaisseur, 30,00 ; ombilic, 15,00.

Petite coquille carénée, à petit ombilic; spire composée de tours de forme elliptique, lisses et polis, portant de petites rides, flexueuses, légèrement en saillie en partant de l'ombilic, mais s'abaissant tout à fait depuis le milieu du tour et marquées dès lors par une empreinte légère, à peine visible et très-falciforme. Les ornements sont très-doux et n'ont aucune saillie.

La carène très-nette est fortement séparée des flancs, étroite sans être coupante, et n'a pas plus d'un demi-millimètre de hauteur.

L'ombilic est petit, profond, et les tours se recouvrent sur plus des trois quarts de leur largeur.

Cette jolie espèce, dont je ne connais pas les lobes, ne m'a fourni que trois échantillons très-semblables entre eux et venant de trois points sssez éloignés l'un de l'autre. Elle est bien séparée par sa forme, ses ornements délicats et la surface polie de son test, que l'on peut comparer au miroir d'une eau tranquille, légèrement ridé par le vent.

Localités : la Verpillière, Limonest, mont Cindre, *r. r.*

Explication des figures : pl. XVI, fig. 5 et 6, *A. Lympharum,* de la Verpillière; de grandeur naturelle.

Ammonites metallarius (Nov. sp.).

(Pl. XVI, fig. 2, 3, 4.)

Testa compressa, carinata, anfractibus compressis, ad umbilicum pseudo tuberculatis ; costis numerosis, flexuosis, irregularibus manipulatim coactis, ad carinam latis ac comparibus ; carina alta, sejuncta.

Dimensions : diamètre, 82 millimètres ; largeur du dernier tour, 40/00 ; épaisseur, 25/00 ; ombilic, 29/00.

Coquille comprimée, carénée, largement ombiliquée, composée de cinq tours comprimés, arrondis sur les flancs, ornés de vingt protubérances allongées, irrégulières, sur l'ombilic, d'où partent des faisceaux serrés de côtes flexueuses, inégales, groupées par deux ou par trois; ces côtes, peu saillantes, dirigées d'abord en avant, se recourbent ensuite en arrière et reviennent contre la carène en avant par une courbe très-prononcée elles deviennent alors bien plus largement arrondies et plus régulières.

La carène, séparée des flancs, est forte et haute de 2 à 3 millimètres; l'ombilic assez profond est arrondi, non anguleux. Les tours sont recouverts sur les sept douzièmes de leur largeur.

Cette belle et rare espèce pourrait se confondre avec l'*A. Ogerieni* décrite plus loin et munie aussi d'une quille élevée, mais cette dernière porte de vrais tubercules et non des protubérances irréguliè-

res, ses trois premiers tours sont lisses et surtout les côtes beaucoup
plus régulières, groupées presque toutes par deux, sont sans comparaison plus droites, moins flottantes et beaucoup moins dirigées
en avant contre la carène. Les lobes sont inconnus.

Localités : la Verpillière, Serrières-de-Briord, r.

Explication des figures : pl. XVI, fig. 2, *A. metallarius*, de
la Verpillière. Fig. 3 et 4, autre fragment de la même espèce,
aussi de la Verpillière, pour montrer la carène.

Ammonites insignis (Schubler Zieten).

(Pl. XVII, fig. 1 à 5; pl. XVIII, fig. 1 et 2.)

1830. Zieten, *Ammonites insignis*. (*Würtemberg*, pl. 15, fig. 2.)
1842. D'Orbigny, *Ammonites insignis*. (*Paléontologie française*,
p. 347, pl. 112.)
1856. Oppel, *Ammonites insignis*. (*Die Juraformation*, p. 370.)
1858. Quenstedt, *Ammonites insignis*. (*Der Jura*, pl. 40, fig. 4 et 5.)

Ammonite plus ou moins comprimée, carénée, ornée sur l'ombilic d'un grand nombre de tubercules donnant naissance le plus ordinairement à deux côtes arrondies, régulières, presque droites, qui
s'infléchissent un peu en avant, en arrivant sur le contour extérieur.

La carène, assez large, n'a aucune saillie, et c'est là un des meil-
leurs caractères pour distinguer l'*A. insignis* des espèces assez nombreuses dont les ornements sont analogues.

Peu d'espèces sont plus variables dans leurs proportions et le
nombre des côtes, au point qu'il est absolument impossible de
donner des nombres qui indiquent les rapports de largeur, de forme
et d'épaisseur des tours, tandis que le facies général et la disposition des lobes ne permettent pas la séparation de toutes les variétés
qui paraissent d'abord former autant d'espèces différentes.

La variété renflée, à tours triangulaires, est la plus ordinaire;
l'excellente figure de d'Orbigny et les proportions qu'il donne suffi-
ront pour la faire reconnaître.

L'on trouve quelquefois des spécimens qui, tout en montrant la forme triangulaire des tours, portent des ornements infiniment plus grossiers. Ainsi, sur un échantillon de 100 millimètres, je compte 16 tubercules seulement sur l'ombilic, tandis que sur les exemplaires ordinaires de la même taille on en compte plus de 28. Cette variété à côtes grossières, dont on trouvera la figure pl. XVII, fig. 4 et 5, paraît présenter, pour l'*A. insignis*, la même particularité que l'on remarque sur certains spécimens de l'*A. Amaltheus*, par exemple, ou de l'*A. Bechei*, si éloignés par les proportions exagérées de leurs ornements du type de l'espèce, et présentant de si étranges variations; voici les proportions que donne cette variété à grosses côtes :

Diamètre : 100 millimètres; largeur du dernier tour, 40/00; épaisseur, 37/00; ombilic, 35/00.

L'on remarquera qu'ici, comme dans la variété ordinaire à côtes fines, les tubercules donnent naissance tantôt à deux, tantôt à trois côtes.

Il est une autre variété très-remarquable, à côtes fines, et surtout singulière par la forme de ses tours qui n'ont pas une coupe triangulaire mais parfaitement elliptique et à peine légèrement plus épais sur l'ombilic que vers le contour siphonal. Cette variété présente une circonstance singulière : au diamètre de 140 à 160 millimètres le moule porte une dépression circulaire, large, profonde, arrondie, comme une empreinte que laisserait la pression des doigts sur une matière pâteuse; cette dépression sur le moule indique forcément un étranglement large et bien marqué à l'intérieur de la coquille ; ce qu'il y a de remarquable c'est que cet étranglement, toujours placé dans la partie encore cloisonnée des tours, est toujours unique et ne se répète pas ni avant ni après. De plus, ce n'est certainement pas le résultat d'un accident, puisque la même dépression se remarque, à la même place, sur un certain nombre d'échantillons de la même forme. Aussi j'étais presque décidé à considérer cette magnifique variété de l'*A. insignis* comme une espèce à part, lorsque, en examinant les échantillons de la collection de l'École des mines de

Paris, j'ai pu voir la même large dépression sur un échantillon dont
les tours se rapprochaient par leur forme anguleuse de l'espèce type,
et j'ai été forcé de considérer cet ornement comme pouvant servir à
caractériser accidentellement non la variété à tours elliptiques, mais
l'espèce en général, et comme du reste les lobes paraissent très-con-
formes à ceux donnés dans la *Paléontologie française*, il paraît convenable de faire figurer ce type à tours parallèles comme une simple
variété de l'*A. insignis*. Voici les proportions de cette variété :

> Diamètre, 180 millimètres; largeur du dernier tour, 30/00;
> épaisseur, 19/00; ombilic, 45/00.

Les tours portent sur l'ombilic 31 à 36 tubercules donnant naissance à 2 côtes droites, régulières, arrondies, qui ne s'infléchissent
un peu en avant qu'en arrivant contre la carène; très-rarement
l'on peut compter 3 côtes par tubercule.

Les tours sont recouverts sur les trois sep'ièmes de leur largeur;
la carène petite, très-peu saillante.

Les cloisons étaient peu nombreuses; sur un exemplaire de
140 millimètres je n'en compte que 15 au dernier tour; elles
étaient extraordinairement minces, à en juger par les contours d'une
finesse remarquable qu'elles tracent à la surface des moules.

Il faut noter encore que les lobes paraissent aussi régulièrement
marqués sur la large dépression annulaire que sur le reste du
moule.

Toujours de grande taille, mes échantillons de cette variété de
180 millimètres de diamètre sont cloisonnés jusqu'à l'extrémité du
dernier tour.

On trouvera, pl. XVIII, fig. 1 et 2, le dessin d'un exemplaire de
cette variété.

Je dois mentionner aussi un échantillon de la Verpillière, encore
plus éloigné par ses proportions de l'*A. insignis* type.

> Diamètre : 140 millimètres; largeur du dernier tour, 24,00;
> épaisseur, 14/00; ombilic, 55,00. Il porte 44 tubercules
> sur le dernier tour.

Enfin l'on trouve, pl. XVII, fig. 1 et 2, le dessin d'un beau frag-

ment d'*A. insignis*, de Saint-Julien de Jonzy, qui paraît appartenir
à une autre variété de la même espèce, coupé tout à fait carrément
sur l'ombilic, et remarquable par la position de ses tubercules placés
tout à fait sur l'angle intérieur des tours ; le dessin des lobes que
porte ce fragment, comme l'indique la figure, ne permet pas de séparer cette variété du vrai type de l'*A. insignis*.

Localités : Saint-Cyr, Poleymieux, Saint-Fortunat, Saint-
Romain, Limas, la Verpillière, Semur, Saint-Julien, Saint-
Nizier, Charnay, Fressac, Mortiès, *c*. Vaux, Fevroux (Ain). Col-
lection du musée de Lyon.

Explications des figures : pl. XVII, fig. 1, fragment d'*A. insignis* à tours carrés, de Saint-Julien. Fig. 2, lobes du même
échantillon. Fig. 3, fragment à tours étroits, de Saint-Fortunat.
Fig. 4 et 5, *A. insignis*, de Saint-Nizier. Pl. XVIII, fig. 1 et 2,
A. insignis, de Semur.

Ammonites variabilis (D'Orbigny).

1845. D'Orbigny, *Ammonites variabilis*. (*Paléontologie française*,
    p. 350, pl. 113.)
1852. Chapuis et Dewalque, *Ammonites variabilis*. (*Fossiles du
    Luxembourg*, pl. 9, fig. 2.)
1856. Oppel, *Ammonites variabilis*. (*Die Juraformation*, p. 370.)

Dimensions : diamètre, 74 millimètres ; largeur du dernier
tour, 40/00 ; épaisseur, 20/00 ; ombilic, 27,00.

Coquille comprimée, carénée, à grand ombilic ; spire composée
de 6 tours comprimés mais convexes sur les flancs, ornés de 25 tubercules un peu allongés sur l'ombilic, d'où partent des groupes de
2 ou 3 côtes arrondies, flexueuses, peu saillantes et assez inégales.

Le trait important qui, avec la forte compression du tour, sert à
distinguer l'*A. variabilis*, est la hauteur de sa carène, très-mince,

fragile et à côtés parallèles. Sur un échantillon de 100 millimètres, je mesure une carène, bien séparée des flancs, de 4 millimètres de hauteur, et qui n'a pas plus de 1 millimètre d'épaisseur. Cet ornement, malheureusement très-peu solide, ne se montre que rarement conservé. Cette quille n'est certainement pas arrondie, comme le disent, par erreur, MM. Chapuis et Dewalque.

Le dessin des lobes, donné par d'Orbigny, paraît très-correct. On remarque d'assez grandes différences dans le nombre des côtes et des tubercules; cependant les grandes variations qui avaient frappé d'Orbigny tenaient plutôt à ce que cet auteur comprenait sous le nom d'*A. variabilis* plusieurs espèces qui en ont été séparées depuis.

Localités : Poleymieux, Saint-Romain, Marcigny, Saint-Nizier, la Verpillière. Abondante à Villebois et à Serrières-de-Briord.

Ammonites Ogerieni (Nov. sp.).

(Pl. XIX, fig. 3 à 6.)

Testa compressa, carinata, usque ad quartum anfractus omnino lævigata; anfractibus compressis, convexis, transversim costatis, costis subrectis, regularibus, ad umbilicum bifurcatis, tuberculiferis, externi incrassatis, latis; carina tenui, elevata.

Dimensions : diamètre, 69 millimètres ; largeur du dernier tour, 42/00 ; épaisseur, 26/00 ; ombilic, 27/00.

Coquille comprimée, carénée, assez largement ombiliquée; spire composée de 5 tours comprimés, convexes sur les flancs et dont la plus grande épaisseur est sur le milieu; ces tours sont ornés, près de l'ombilic, de tubercules peu marqués, donnant chacun naissance à 2 ou 3 côtes arrondies, droites, qui vont en s'élargissant jusqu'à la carène où elles se montrent très-régulières et très-légèrement infléchies en avant. La carène est peu épaisse, bien séparée du flanc et élevée. Aucun angle sur l'ombilic où les tours se recouvrent par un contour largement arrondi.

Les tours, recouverts sur la moitié de leur largeur, ne portent aucun ornement jusqu'au diamètre de 12 millimètres.

Les lobes diffèrent beaucoup de ceux de l'*A. variabilis*, surtout dans la partie rapprochée de la suture ; ils sont moins déliés, moins découpés et se rapprochent de ceux de l'*A. radians*.

L'*A. Ogerieni* se distingue de l'*A. insignis* par la forme de ses tours, ses lobes et sa haute carène ; de l'*A. variabilis* par ses tours plus renflés, la régularité et la direction de ses côtes, sa carène moins effilée et moins haute, par ses lobes et par l'absence d'ornements sur ses premiers tours.

Cette jolie espèce est plus répandue que l'*A. variabilis*, avec laquelle elle paraît avoir été toujours confondue. Elle paraît arriver rarement à une grande taille ; cependant un échantillon de Moiré, qui fait partie de la collection Thiollière, indique une Ammonite de plus de 120 millimètres. Ce n'est qu'un moule et les ornements y sont pourtant encore bien indiqués.

Localités : Saint-Romain, Saint-Fortunat, Moiré, la Vorpillière, Salins, Cuers, Fressac, Mortiès.

Explication des figures : pl. XIX, fig. 3 et 4, *A. Ogerieni*, de la Vorpillière. Fig. 5, même espèce, de Saint-Romain. Fig. 6, lobes de grandeur naturelle, de Moiré.

Ammonites Allobrogensis (Nov. sp.).

(Pl. XIX, fig. 1 et 2.)

Testa compressa, carinata, late umbilicata, anfractibus rotundatis, costatis, costis regularibus, subflexuosis interculatis ; carina tenui, altiuscula.

Dimensions : diamètre, 50 millimètres ; largeur du dernier tour, 33,00 ; épaisseur, 28,00 ; ombilic, 44,00.

Coquille comprimée dans son ensemble, carénée et largement ombiliquée ; spire composée de 5 tours arrondis un peu plus hauts qu'épais, ornés sur l'ombilic de 24 à 25 côtes saillantes qui prennent un petit tubercule rond, un peu avant d'arriver au tiers de leur largeur et là se partagent régulièrement en 3 côtes de même importance, qui continuent avec une très-légère inflexion en avant; les tours, recouverts à moitié, tombent sans former aucun angle dans l'ombilic qui est profond. Carène médiocrement haute, mince et très-bien séparée des flancs.

L'*A. Allobrogensis* est bien séparée de l'*A. variabilis* par ses proportions, sa carène moins élevée, ses tubercules placés moins près de l'ombilic, ses côtes saillantes et régulières. Elle diffère de l'*A. Ogerieni* par ces mêmes caractères, par les tours intérieurs couverts de côtes, et par le nombre bien plus considérable de ses tubercules.

Localités : un seul exemplaire, de la Verpillière. Collection de M. E. Pellat, *r. r.*

Explication des figures : pl. XIX, fig. 1 et 2, *A. Allobrogensis*, de la Verpillière.

Ammonites Comensis (V. Buch).

(Pl. XX, fig. 1 et 2.)

1831. V. Buch, *Ammonites Comensis*. (*Pétrifications remarquables*, p. 3, pl. 2, fig. 1 et 3.)
1856. Oppel, *Ammonites Comensis*. (*Die Juraformation*, p. 86 '.)

Dimensions : diamètre, 68 millimètres; largeur du dernier tour, 34/00; épaisseur, 26/00; ombilic, 40/00.

Coquille comprimée, carénée, à large ombilic; spire composée de 5 tours, un peu plus hauts que larges, peu convexes sur les flancs, aussi épais vers le contour siphonal que près de l'ombilic. Ils portent sur le dernier 21 tubercules, donnant naissance tantôt à 2, tantôt à 3 côtes rondes, saillantes, peu flexueuses, qui vont rejoindre la carène en se portant un peu en avant; la carène peu élevée est accompagnée de deux indices de sillons ; les tours tombent dans l'ombilic brusquement mais sans former d'angle.

Les tours sont recouverts sur le tiers à peine de leur largeur.

Les dessins donnés par MM. de Hauer, Chapuis et Dewalque, ne représentent certainement pas l'*A. Comensis*, qui paraît avoir été méconnue par d'Orbigny, Quenstedt et la plupart des auteurs.

Elle est très-rapprochée de l'*A. Lilli* (Von Hauer), mais ses côtes sont plus flexueuses, moins larges, et elle ne présente aucune de ces irrégularités singulières qui caractérisent toujours l'*A. Lilli*, surtout dans ses 4 premiers tours intérieurs.

Localités : la Verpillière, *r. r.* Au-dessus de Bex (d'après d'Orbigny).

Explication des figures : pl. XX, fig. 1, *A. Comensis*, de la Verpillière. Fig, 2, coupe d'un tour, de la même.

Ammonites Escheri (V. Hauer).

(Pl. XIX, fig. 7.)

1856. V. Hauer. *Ammonites Escheri. (Cephalopoden der nordost. Alpen*, p. 30, pl. X, fig. 1-3.)

Dimensions : diamètre, 30 millimètres ; largeur du dernier tour, 37/00 ; épaisseur, 36/00 ; ombilic, 33/00.

Petite espèce comprimée dans son ensemble mais assez épaisse carénée, largement ombiliquée. Spire composée de tours un peu plus hauts qu'épais, plats sur les côtés, ornés sur l'ombilic de tubercules peu nombreux, qui donnent naissance à des groupes assez irréguliers de côtes très-sinueuses, falciformes ; la partie qui relie ces groupes aux tubercules est ordinairement très-effacée. Petite carène très-distincte.

Je n'ai que des échantillons de petite taille.

Localités : Saint-Romain, Saint-Fortunat, la Verpillière.

Explication des figures : pl. XIX, fig. 7, *A. Escheri*, de la Verpillière, de grandeur naturelle.

Les six espèces d'Ammonites que nous allons étudier, paraissent former une famille, un groupe naturel bien séparé de celui des *A. insignis*, *variabilis*, et de leurs dérivés. Carénées et ornées de tubercules sur l'ombilic, elles se distinguent par la difformité de leurs ornements ; leurs côtes présentent des nodosités irrégulières, plus ou moins saillantes, des renflements bizarres qui remplacent les tubercules, à intervalles souvent inégaux. Ce caractère est surtout bien marqué sur les tours intérieurs. Cette famille pourrait être désignée sous le nom d'*A. podagrosi*, d'après la forme bizarre, maladive et lourdement renflée d'une partie de leurs ornements. Il est à remarquer que les espèces que je comprends dans le groupe des *podagrosi*, c'est-à-dire les *A. Lilli*, *Erbaensis*, *malagma*, *hirolensis*, *rheumatisans* et *navis*, offrent un caractère commun à toutes sans exception, c'est qu'en arrivant au diamètre de 8 à 10 centimètres elles prennent de grosses côtes simples, plus ou moins flexueuses.

Ammonites Lilli (V. Hauer).

(Pl. XXI, fig. 1 et 2.)

1855. V. Hauer. *Ammonites Lilli (Cephalopoden der nordöstl. Alpen*, p. 40, pl. VIII, fig. 1-3.)
1855. Oppel. *Ammonites Iserensis. (Die Juraformation*, p. 369.)

Dimensions : diamètre, 262 millimètres ; largeur du dernier tour, 25/00 ; épaisseur, 21/00 ; ombilic, 54/00.

Coquille épaisse, comprimée dans son ensemble, carénée et très-largement ombiliquée. Spire composée de 7 à 8 tours, un peu plus hauts qu'épais, ornés jusqu'au diamètre de 100 millimètres de tubercules irréguliers, placés sur l'ombilic et donnant naissance à des côtes rondes saillantes, un peu cintrées en arrière, entremêlées, sans aucun ordre régulier, de côtes de même grosseur, mais simples et sans tubercules ; la bifurcation est épaisse, les tubercules ou nodosités paraissent souvent comme écrasées : au diamètre de 100 millimètres un nouveau régime d'ornements s'établit, et l'on ne voit plus que des côtes simples, égales, arrondies, décrivant une légère courbe en arrière et disparaissant avant d'arriver à la carène. Je compte 48 de ces côtes sur un tour de 130 millimètres. Ces ornements continuent, sans modification, jusqu'au plus grand diamètre connu.

Les tours, un peu renflés sur les flancs, sont recouverts sur un cinquième de leur largeur. La carène, non accompagnée de sillon, est large, arrondie, et ne présente qu'une saillie très-médiocre.

Je dois mentionner encore un bel échantillon, de la Verpillière, qui, tout en présentant la plupart des caractères de l'*A. Lilli*, s'en éloigne cependant sous plusieurs rapports : cette Ammonite est plus comprimée, ses tours ne sont pas déprimés sur le contour siphonal, de plus elle porte une forte et haute carène. Voici ses proportions.

Diamètre, 105 millimètres ; hauteur du dernier tour, 32/00 ; épaisseur, 21/00 ; ombilic, 45/00.

On pourrait la considérer comme une variété très-ouverte de l'*A. navis ;* je n'en donne pas le dessin, pour ne pas trop multiplier les figures. Faut-il y voir une espèce nouvelle placée entre l'*A. Lilli* et l'*A. navis ?*

Dans les plus grands exemplaires, les tours deviennent un peu comprimés extérieurement et conservent leur plus grande épaisseur sur l'ombilic où ils tombent par un contour arrondi assez brusque.

Le siphon est gros, bien enveloppé par les lobes et indépendant de la carène.

Les lobes sont bien ceux figurés par M. de Hauer et concordent, ainsi que les proportions, avec l'Ammonite figurée d'*Adneth*.

L'*A. Lilli*, qui, par ses nodosités irrégulières, doit rentrer dans la famille des *podagrosi*, est celle de tout le groupe qui montre ces difformités caractéristiques de la manière la moins marquée ; elle

n'est pas rare dans les minerais de fer de la Verpillière, qui en a
fourni de magnifiques échantillons.

Localités : Saint-Fortunat, Saint-Romain, Charnay (collection Thiollière), Saint-Nizier, la Verpillière, Hières.

Explication des figures : pl. XXI, fig. 1 et 2, *A. Lilli*, de la
Verpillière, de grandeur naturelle.

Ammonites Erbaensis (V. HAUER).

(Pl. XXIII, fig. 1 et 2.)

1856. V. Hauer. *Ammonites Erbaensis. (Ueber die Cephalopoden
der nordost. Alpen*, p. 42, fig. 10-14.)

Dimensions : diamètre, 166 millimètres ; largeur du dernier
tour, 26/00 ; épaisseur, 25/00 ; ombilic, 51/00.

Coquille comprimée dans son ensemble, carénée, très-largement
ombiliquée ; spire composée de 7 tours renflés, à peu près aussi
épais que larges, de forme un peu carrée, ornés de côtes grosses,
arrondies, boursouflées, irrégulières, au nombre de 34 sur le dernier tour. Une grande partie de ces côtes est réunie sur l'ombilic,
par 2 ou par 3, en formant une nodosité empâtée, informe. Au diamètre de 100 à 110 millimètres, les côtes deviennent simples, restent très-grosses, irrégulières, et décrivent une courbe en arrière
bien prononcée.

Contour extérieur déprimé, portant une carène large et haute de
2 à 3 millimètres, accompagnée de 2 sillons peu profonds. Au diamètre de 130 millimètres, les sillons s'effacent, la quille s'abaisse
tout en restant saillante.

L'ombilic est grand, profond, coupé presque perpendiculairement ;
les tours sont recouverts sur le quart de leur largeur.

Cette curieuse espèce, qui n'est pas très-rare dans le bassin du
Rhône, est celle qui montre de la manière la plus exagérée les orne-

ments caractéristiques du groupe des *podagrosi* ; l'irrégularité de ses côtes persiste jusqu'à la plus grande taille et jamais ses tours extérieurs ne présentent l'apparence régulière de ceux de l'*A. Lilli.* Circonstance curieuse, je remarque que les deux ou trois premiers tours sont couverts de côtes fines, arquées et disposées sans aucun désordre ; mais dès que la coquille dépasse 12 millimètres les irrégularités se montrent. Ce détail n'est pas visible sur les figures de M. de Hauer.

Localités : Saint-Romain, Poleymieux, Villebois, la Verpillière, Charnay, Puget-de-Cuers (collection de M. Jaubert).

Explication des figures : pl. XXIII, fig. 1 et 2, *A. Erbaensis* (Von Hauer), de la Verpillière, de grandeur naturelle.

Ammonites malagma (Nov. sp.).

(Pl. XXII, fig. 1 à 4.)

Testa compressa, carinata, late umbilicata, anfractibus compressis, conveniusculis, costatis ; ad umbilicum tumoribus irregulariter inflatis, bifurcatis, interdum costis simplicibus passim ornatis, carina angusta, per magna.

Dimensions : variété comprimée, diamètre, 143 millimètres ; largeur du dernier tour, 35/00 ; épaisseur, 15/00 ; ombilic, 37/00. Variété déprimée ; diamètre, 155 millimètres ; largeur du dernier tour, 30/00 ; épaisseur, 24/00 ; ombilic, 48/00.

Coquille plus ou moins comprimée, largement ombiliquée, carénée ; spire composée de 6 tours plus hauts qu'épais, ornés, sur l'ombilic, de 8 à 15 nodosités difformes, irrégulières, donnant naissance à deux grosses côtes, fortement divergentes dès leur séparation, arrondies, plus ou moins flexueuses, un peu atténuées en arrivant sur le contour siphonal ; ces nodosités alternent avec des côtes simples, de même importance, mais sans suivre de règles précises. Dans ces bifurcations on remarque que c'est toujours la côte qui est en avant qui est la plus volumineuse; ce régime d'ornements en groupes irréguliers cesse brusquement au diamètre de 90 à 110 millimètres. Il ne reste plus alors que des côtes flexueuses, irrégulières et moins saillantes.

La carène persiste, mince et très-haute (4 à 5 millimètres) jusqu'à la plus grande taille. Les tours sont recouverts sur la moitié de leur largeur.

Les lobes, médiocrement fouillés, se font remarquer par la grandeur du premier lobe latéral, la hauteur de la première selle et le peu de développement des lobes auxiliaires.

Comme on le verra par les dimensions données, il y a deux variétés : l'une comprimée, l'autre déprimée, que l'on rencontre surtout dans les minerais de fer du département de l'Ain et à Saint-Romain.

La compression, le recouvrement des tours et sa très-haute carène sont les caractères qui séparent l'*A. malagma* des Ammonites que nous venons de décrire; les ornements sont tout à fait analogues à ceux de l'*A. Erbaensis*, mais un peu moins exagérés dans leurs difformités. Il y a des exemplaires cependant (voir la fig. 1, pl. XXII) qui offrent un aspect des plus singuliers.

Localités : Saint-Romain, Saint-Fortunat, Poleymieux, Villebois, Serrières-de-Briord, la Verpillière, *r*.

Explication des figures : pl. XXII, fig. 1, *A. malagma*, de Serrières-de-Briord. Fig. 2, fragment de la même espèce, de Saint-Romain. Fig. 3 et 4, coupe et lobes pris sur le même échantillon.

Ammonites Tirolensis (V. HAUER).

(Pl. XXIV, fig. 1 et 2.)

1856. V. Hauer, *Ammonites Tirolensis.* (*Ueber die Cephalopoden der Nordost. Alpen*, p. 41, pl. VII, fig. 1 à 3.)

Dimensions : diamètre, 146 millimètres ; largeur du dernier tour, 25/00 ; épaisseur, 22/00 ; ombilic, 53/00.

Coquille comprimée, carénée, très-largement ombiliquée ; spire composée de 7 tours, plus hauts qu'épais, de forme carrée, absolument plats sur les flancs. Ces tours sont ornés de côtes irrégulières simples, séparées à des intervalles inégaux par des tubercules saillants, difformes, placés tout à fait sur l'angle et donnant naissance à 2 côtes un peu plus volumineuses que les autres ; en avant de chacune de ces bifurcations il y a comme un indice de sillon.

Au diamètre de 90 millimètres les nodosités s'affaiblissent et toutes les côtes restent simples, peu marquées à leur départ, se dirigeant ensuite fortement en arrière, puis se portant en avant par une courbe rapide.

La carène large, arrondie, saillante, est accompagnée de 2 sillons, mais au diamètre de 120 millimètres le contour siphonal cesse d'être coupé carrément, la quille devient plus large, les sillons disparaissent et la forme devient anguleuse.

Les tours sont recouverts sur le quart de leur largeur tout au plus. L'ombilic est profond et coupé carrément sans montrer d'angle vif. Lobes invisibles.

Ses ornements, rapprochés de ceux des espèces que je viens de décrire, la placent dans le groupe des *podagrosi*, mais permettent de la séparer sûrement des autres Ammonites de la même famille ; d'ailleurs la forme de ses tours la sépare nettement.

L'*A. Tirolensis* paraît fort rare partout, aussi bien dans notre région que dans les Alpes du Tyrol, où M. de Hauer n'a pu recueillir qu'un échantillon en fragments. Elle n'est encore connue que du calcaire rouge de Waidring, près Horsen, et du minerai de fer de la Verpillière.

Le bel échantillon figuré provient de la collection Thiollière, réunie maintenant à celle du musée de Lyon.

Localités : la Verpillière, 2 exemplaires.

Explication des figures : pl. XXIV, fig. 1 et 2, *A. Tirolensis*, de la Verpillière.

Ammonites rheumatisans (Nov. sp.).

(Pl. XXV, fig. 1 et 2.)

Testa compressa, carinata, late umbilicata, anfractibus com-
pressis, convexiusculis, externa parte depressis, costatis;
costis rectis, inæqualibus nunc simplicibus, nunc geminatis,
ad umbilicum confluentibus, carina mediocri, angustata
septis.

Dimensions : diamètre, 285 millimètres; largeur du dernier tour,
23/00; épaisseur, 16/00; ombilic, 57/00.

Coquille de grande taille, comprimée, carénée, très-largement
ombiliquée. Spire formée de tours nombreux, bien plus hauts
qu'épais, les flancs parallèles, légèrement convexes, ornés d'un
nombre variable de côtes droites, irrégulières; après une série de
3 ou 4 côtes simples, inégales, on remarque 1 ou 2 côtes bifurquées
sur l'ombilic où elles se réunissent par un tubercule peu saillant;
ces côtes sont plus volumineuses, irrégulièrement renflées et se continuent ainsi jusqu'au sommet du tour. Les ornements que nous
venons de décrire se voient sur les 5 premiers tours; sur le sixième
je n'observe plus de nodosités sur l'ombilic, mais des côtes rondes,
droites, dont deux de temps en temps se montrent plus fortes et séparées par un sillon plus profond; enfin, sur le septième tour, l'on
ne remarque plus que de grosses côtes rondes, un peu inégales, rectilignes, qui s'effacent sur le contour siphonal et sur l'ombilic.

L'ombilic est des plus grands; les tours y tombent brusquement,
mais sans angle. Les tours ne sont recouverts que sur la sixième
partie de leur largeur; la carène étroite, peu élevée, ne devient sur
le dernier tour qu'un cordon à peine saillant sur un angle arrondi
et surbaissé. Les lobes ne se laissent pas observer assez bien pour
être décrits.

Cette belle espèce, de la famille des *podagrosi*, se distingue par ses tours hauts et comprimés et surtout peu recouverts, et par l'énormité de son ombilic ; l'*A. Tirolensis*, avec laquelle il semble d'abord qu'on pourrait la confondre, a des ornements fort différents cependant, car ses côtes sont sinueuses et fortement cintrées à tous les âges, tandis que celles de l'*A. Rheumatisans* sont toutes invariablement droites, malgré leur irrégularité et leurs boursouflures alternantes.

Localités : un seul échantillon recueilli à Poleymieux, par M. Albert Falsan, *r. r.*

Explication des figures : pl. XXV, fig. 1 et 2, *A. Rheumatisans*, de Poleymieux.

Ammonites navis (Nov. sp.).

(Pl. XX, fig. 5 à 6.)

Testa compressa, crassa, carinata ; anfractibus convexis, transversim costatis ; costis rectis, rotundatis, ad umbilicum bifurcatis, tuberculiferis, externe incrassatis, latis, paululum flexuosis, passim leviter prominentibus ; carina crassa, per elevata.

Dimensions : diamètre, 80/00 ; largeur du dernier tour, 37/00 ; épaisseur, 30/00 ; ombilic, 35/00.

Coquille comprimée dans son ensemble, mais robuste, carénée, ombiliquée ; spire composée de tours convexes sur les flancs, ornés sur l'ombilic de tubercules assez forts, peu réguliers et donnant naissance à des groupes de 2 ou 3 côtes larges, arrondies, droites, qui deviennent plus régulières et s'infléchissent un peu en avant, en arrivant sur le contour extérieur. Malgré son aspect régulier, on peut constater dans ses ornements une tendance à prendre l'allure irrégulière de ceux de la famille des *podagrosi*. On aperçoit çà et là des côtes un peu plus larges et plus saillantes que les autres, d'autres au contraire un peu plus petites;l es tours intérieurs portent partout de petites nodosités fortement marquées ; ces caractères permettent de distinguer l'*A. navis* de l'*A. Ogeriani* dont l'aspect général est très-rapproché.

Les lobes, pl. XX, fig. 5, sont remarquables par la forme grêle, allongée et mal dirigée de la première selle latérale ; l'irrégularité de ce détail, qui me laissait des doutes, paraît cependant confirmée par l'observation.

L'ombilic est profond, de grandeur moyenne ; les tours sont recouverts sur la moitié de leur largeur; la carène forte, très-haute, est tout à fait séparée des flancs. Les Ammonites, munies d'une carène saillante, ne la conservent pas, ordinairement, dans un âge avancé, quand les ornements arrivent à s'oblitérer; il paraît qu'il n'en était pas de même pour l'*A. navis ;* sur un fragment d'un spécimen de très-grande taille, on voit la carène haute de 5 millimètres et bien conformée, quoique les côtes aient perdu presque toute leur saillie.

L'*A. navis*, par ses ornements irréguliers, appartient encore au groupe des *podagrosi*, quoique les caractères de ce groupe y soient faiblement marqués.

Localités : Saint-Romain, la Verpillière, Poleymieux, *r. r.*

Explication des figures : pl. XX, fig. 3 et 4, *A. navis*, moule de Poleymieux (collection Thiollière). Fig. 5, lobes du même spécimen. Fig. 6, *A. navis*, fragment de la Verpillière, avec son test.

Ammonites annulatus (Sowerby).

(Pl. XXVI, fig. 3 et 4.)

1818. Sowerby, *Ammonites annulatus*. (*Mineral. Conch.*, pl. 222.)
1856. Oppel, *Ammonites annulatus*. (*Die Juraform.*, p. 375.)

Dimensions : diamètre, 86 millimètres; largeur du dernier tour, 23/00 ; épaisseur, 21/00 ; ombilic, 62/00.

Coquille non carénée, comprimée et très-largement ombiliquée; spire composée de 7 tours arrondis, un peu comprimés et peu convexes sur les flancs ornés sur le dernier de 63 côtes saillantes, droites, qui se bifurquent très-régulièrement aux deux tiers de la largeur; en arrivant sur le contour extérieur, ces côtes, très-saillantes, décrivent un sinus marqué en avant; on voit quelquefois une côte simple, mais c'est une rare exception. Les côtes sont très-fines, régulières et serrées sur les tours intérieurs.

Les tours se recouvrent sur un peu plus que le quart de leur largeur ; cependant l'on ne peut apercevoir la bifurcation que sur l'avant-dernier tour, et cette partie des ornements reste cachée pour les tours intérieurs.

La figure donnée par d'Orbigny, pl. 76, fig. 1 et 2, me paraît trop irrégulière dans ses bifurcations pour appartenir à notre espèce, le dessin d'ailleurs manque de précision. Quant à l'Ammonite décrite par Quenstedt sous le nom d'*annulatus* (*Céphal.*, pl. 13, fig. 11), elle me paraît se rapporter à l'*A. anguinus*.

Le magnifique exemplaire de la Verpillière, dont je donne le dessin et qui est entièrement muni de son test, permettra de comparer les carractèes de cette espèce embarrassante. On remarquera que, sans former un tubercule marqué, les bifurcations donnent lieu cependant à une petite protubérance qui manque absolument dans l'*A. anguinus*.

Localités : la Verpillière, Villebois, Saint-Nizier, commune à Crussol, *r. r.*

Explication des figures : pl. XXVI, fig. 3 et 4, *A. annulatus*, de la Verpillière, de grandeur naturelle.

Ammonites anguinus (REINECKE).

1815. Reinecke, *Argonauta anguinus*. (*Nautilos et argonautas*, fig. 73.)
1849. Quenstedt, *Ammonites annulatus*. (*Cephalop.*, pl. 13, fig. 11.)
1856. Oppel, *Ammonites anguinus*. (*Die Juraform.*, p. 374.)

Dimensions (sur un échantillon de Whitby) : diamètre, 65 millimètres ; largeur du dernier tour, 23/00 ; épaisseur, 21/00 ; ombilic, 61/00.

Coquille comprimée, non carénée, très-largement ombiliquée. Spire composée de 8 tours ronds, presque aussi épais que hauts, ornés de côtes arrondies, saillantes, très-fines, dirigées en avant, et dont la moitié à peu près se bifurquent ; cette séparation a cela de singulier qu'elle a lieu à des distances différentes de l'ombilic, depuis la moitié de la largeur des tours jusqu'aux trois quarts de cette largeur, de plus, elle ne donne lieu à aucune apparence de surélévation ; les côtes ont le même aspect, toujours serrées, régulières depuis leur naissance sur l'ombilic, il en résulte que leur bifurcation échappe très-facilement à l'observateur. Les côtes forment sur le contour siphonal un sinus en avant très-largement sinueux et dont l'inflexion ou la courbure commence sur les côtés du tour aux trois quarts de la largeur.

L'ombilic est peu profond et laisse voir la bifurcation des côtes sur le premier tour intérieur seulement ; les tours, très-arrondis, sont recouverts sur le quart à peine de leur largeur.

Cette belle espèce, profondément séparée des Ammonites analogues du lias supérieur, paraît très-rare dans le bassin du Rhône et je n'en ai pas d'échantillons assez sûrs pour en donner une bonne figure. Les échantillons anglais de Whitby sont seuls bien caractérisés.

Localités : Limas, la Verpillière, Rome-Château, collection de M. Pellat, *r. r.*

Ammonites communis (SOWERBY).

(Pl. XXVI, fig. 1 et 2.)

1818. Sowerby, *Ammonites communis. (Mineral. conchol.*, pl. 107, fig. 2 et 3.)
1844. D'Orbigny, *Ammonites communis. (Paléont. franç.*, pl. 108.)
1849. Quenstedt, *Ammonites communis. (Cephal.*, pl. 13, fig. 8.)

Dimensions : diamètre, 66 millimètres; largeur du dernier tour, 24/00 ; épaisseur, 23/00 ; ombilic, 56/00.

Coquille comprimée dans son ensemble, non carénée, largement ombiliquée. Spire formée de 6 tours, presque aussi épais que hauts, arrondis mais légèrement comprimés, ornés de côtes rondes, droites, saillantes, qui se partagent aux trois cinquièmes de la largeur et passent sur le contour extérieur sans inflexion en avant; là elles se montrent larges, arrondies, saillantes et régulières.

L'ombilic est assez profond, les tours sont recouverts sur le quart de leur largeur. La bifurcation des côtes paraît tout à fait cachée sur les tours recouverts ; les premiers tours portent des côtes bien moins fines et bien moins serrées que les *A. annulatus* et *anguinus*. L'*A. communis* s'en distingue nettement d'ailleurs, par ses côtes plus fortes, toujours bifurquées et passant sur le contour siphonal sans sinus.

Sur le bel exemplaire de la Verpillière, dont je donne le dessin, la fin du dernier tour est ornée d'une manière très-irrégulière.

Localités : la Verpillière, Crussol, r.

Explication des figures : pl. XXVI, fig. 1 et 2, *A. communis*, de la Verpillière.

Ammonites Holandrei (D'ORBIGNY).

(Pl. XXVII, fig. 1 à 3.)

1822. Schlotheim, *Ammonites annulatus*. (*Nachtr.*, pl. IX, fig. 1
    (non Sowerby).
1842. D'Orbigny, *Ammonites Holandrei*. (*Paléont. franç.*, p. 330,
    pl. 105.)
1856. Oppel, *Ammonites Holandrei*. (*Die Juraform.*, p. 371.)

Dimensions : diamètre, 55 millimètres; largeur du dernier
tour, 29/00; épaisseur, 26/00; ombilic, 53/00.

Coquille comprimée, non carénée, largement ombiliquée; spire
formée de tours plus hauts qu'épais, un peu carrés, couverts de
côtes fines, saillantes, se portant un peu en avant, subflexueuses,
ornées d'un petit tubercule aux deux tiers de la hauteur du tour; là
une bonne partie des côtes se bifurquent et toutes décrivent en avant
un sinus plutôt anguleux qu'arrondi. Le recouvrement des tours est
petit. Cette jolie espèce se distingue bien de l'*A. annulatus* par la
forme de son contour extérieur qui est rétréci, par l'allure de ses
côtes et surtout par les petits tubercules qu'elles portent toutes aux
deux tiers de la largeur : malheureusement ce dernier caractère
n'est pas toujours facile à distinguer.

J'ai rencontré l'*A. Holandrei* abondante à Saint-Christophe en
Brionnais, à la partie tout à fait inférieure de la zone, avec les Posi-
donomies, au contact supérieur du lias moyen.

Je donne, pl. XXVII, fig. 2 et 3, le dessin d'un petit fragment de
Saint-Romain, curieux par ses côtes, qui sont presque toutes simples. On y remarque, sur l'avant-dernier tour, des épines très-visibles, ce qui est bien opposé à la description de l'espèce que donne
d'Orbigny, qui dit que les côtes se bifurquent sans former de pointe
à leur réunion.

Localités : Saint-Romain, Limas, la Verpillière, Saint-Christophe.

Explication des figures : pl. XXVII, fig. 1, *A. Holandrei*, de la Verpillière. Fig. 2 et 3, fragment de Saint-Romain, montrant des côtes simples et des épines.

Ammonites crassus (Phillips).

(Pl. XXVII, fig. 5 à 11; pl. XXVIII, fig. 1 et 2.)

1829. Phillips, *Ammonites crassus*. (*Yorkshire*, pl. 12, fig. 15.)
1842. D'Orbigny, *Ammonites raquinianus*. (*Paléont. franç.*, p. 332, pl. 106.)
1856. Oppel, *Ammonites crassus*. (*Die Juraform.*, p. 376.)
1858. Quenstedt, *Ammonites crassus*. (*Der Jura*, p. 251, pl. 36, fig. 1 et 2).

Dimensions au diamètre de 30 millimètres : largeur du dernier tour, 30/00; épaisseur, 50/00; ombilic, 43/00
Au diamètre de 51 millimètres : largeur du dernier tour, 22/00; épaisseur, 27/00; ombilic, 52/00.

Coquille épaisse, presque globuleuse dans le jeune âge, puis comprimée dans son ensemble, ombiliquée, non carénée; spire formée de tours bien plus épais que larges et très-déprimés jusqu'au diamètre de 30 millimètres, ensuite tout à coup les proportions changent, l'épaisseur des tours diminue beaucoup, restant toujours cependant supérieure à leur largeur; les tours sont ornés de côtes nombreuses, minces, saillantes, rectilignes, qui portent un petit tubercule saillant et se bifurquent d'abord à la moitié, plus tard aux deux tiers de la largeur du tour; cette bifurcation donne naissance tantôt à 3 côtes, tantôt à 2 côtes saillantes, très-régulières, qui passent sur le contour extérieur sans la moindre déviation; cette partie de la coquille est largement arrondie.

Lorsque l'Ammonite forme sa bouche, ce qui arrive ordinairement pour l'*A. crassus*, au diamètre de 50 à 60 millimètres, on voit le recouvrement des tours qui était, en commençant, de la moitié, diminuer progressivement, de plus, l'épaisseur du dernier tour, au lieu d'augmenter, diminue, au point que ce dernier tour à son extrémité est moins épais que le tour qu'il recouvre ; les côtes, sans changer de forme, deviennent plus espacées, sauf les 4 dernières, qui se rapprochent tout à coup pour former la bouche.

La partie de la coquille, qui forme la loge, qui a toujours au moins un tour entier, tout en conservant ses côtes latérales, devient absolument lisse sur le contour extérieur et, circonstance curieuse, les côtes reparaissent sur cette partie extérieure pendant l'espace de 8 à 10 millimètres, tout à fait à l'extrémité de la coquille.

Le test était fort mince, car les ornements sont aussi marqués, les côtes aussi coupantes sur les moules que sur les exemplaires munis de leur test.

L'*A. crassus* arrivait à une taille moyenne de 50 millimètres ; quelquefois, mais rarement, à un diamètre de 80 millimètres.

Les cloisons fines et très-rapprochées rendent l'étude des lobes difficile. On peut constater que le lobe siphonal, étroit, descend beaucoup plus bas que tous les autres. Quand le test est bien conservé, les petits tubercules portent de véritables épines qui paraissent dans l'ombilic.

Dans les gisements si riches de l'Isère et de Saône-et-Loire, je n'ai jamais rencontré l'*A. Raquinianus* de la taille indiquée par d'Orbigny, pl. 106, fig. 1 et 2, avec l'ensemble de ses ornements non modifiés, mais l'examen d'un très-grand nombre d'échantillons m'a appris à ne rien conclure trop vite pour une région, et je regarde néanmoins l'*A. Raquinianus* comme devant être réunie à l'*A. crassus* (Phillips).

L'*A. crassus* est sans contredit l'espèce de tout le groupe auquel elle appartient la plus importante, la plus répandue et la plus caractéristique.

Le rétrécissement du dernier tour et l'oblitération des côtes que l'on observe alors sur le contour extérieur, ainsi que la forme si déprimée des 5 premiers tours permettent de la reconnaître assez facilement à tous les âges.

Je dois dire que la variété déprimée, à tours épais, ne m'a jamais fourni d'échantillons montrant les détails significatifs et les modifications du dernier tour. Faut-il voir dans cette exception le motif de faire des deux variétés de l'*A. crassus* deux espèces à part?

Localités : Saint-Fortunat, Poleymieux, Saint-Romain, la Verpillière, Villebois, Semur, Saint Julien, Saint-Nizier, Fressac, Aix, Mortiès, Cuers, Salins, *c. c.*

Explication des figures : pl. XXVII, fig. 5, 6 et 7, *A. crassus*, de la Verpillière, avec sa bouche. Fig. 8 et 9, *A. crassus*, de la Verpillière, variété épaisse. Fig. 10 et 11, *A. crassus*, moule de Saint-Nizier, avec sa loge. Pl. XXVIII, fig. 1, *A. crassus*, moule de Marcigny. Fig. 2, *A. crassus*, de la Verpillière, avec les côtes du dernier tour très-espacées.

Ammonites mucronatus (D'ORBIGNY).

(Pl. XXVIII, fig. 3 et 4.)

1842. D'Orbigny, *Ammonites mucronatus (Paléont. franç.*, p. 328, pl. 104, fig. 4 à 8.)
1856. Oppel, *Ammonites mucronatus. (Die Juraform.*, p. 376.)

Dimensions : diamètre, 23 millimètres ; largeur du dernier tour, 29/00 ; épaisseur, 34/00 ; ombilic, 51/00.

Coquille petite, comprimée dans son ensemble, largement ombiliquée. Spire formée de 5 tours déprimés, ornés de côtes droites, minces, saillantes, régulières, dirigées dans le sens du rayon, et qui portent en arrivant au haut du tour un petit tubercule épineux; là elles se bifurquent en s'écartant brusquement l'une de l'autre et vont rejoindre le tubercule opposé en s'infléchissant légèrement en avant. On remarque quelques côtes simples, entremêlées et qui portent comme les autres un tubercule épineux de même importance : la dépression longitudinale, linéaire, médiane, signalée par d'Orbigny, se montre rarement.

L'*A. mucronatus*, moins commune que l'*A. crassus*, se rencontre dans les mêmes couches, elle en diffère par ses proportions, son contour extérieur moins arrondi, jamais lisse, et le petit sinus en avant que les côtes y décrivent ; son accroissement régulièrement progressif, dans tous les sens, tandis que chez l'*A. crassus* la section du dernier tour, près de la bouche, est notablement plus petite que la section de l'avant-dernier tour.

M. Kœchlin-Schlumberger [1], dans la communication faite par lui, en 1854, à la Société géologique, ne tient pas compte de ce fait, dans la comparaison qu'il établit entre les *A. Raquinianus (crassus)* et *mucronatus*. Il est probable que les exemplaires de l'*A. crassus*, qu'il avait recueillis à Mende, étaient incomplets et ne pouvaient dès lors lui révéler ce changement dans le développement normal des tours. Cet observateur si judicieux n'aurait pas manqué d'apprécier un détail si important, s'il avait eu sous la main les échantillons de l'Isère et de Saône-et-Loire.

Un bel échantillon (moule), recueilli tout récemment à Marcigny, me met à même d'étudier quelques détails de plus ; le diamètre est de 28 millimètres ; largeur et épaisseur du dernier tour, 28/00 ; ombilic, 49/00. Cette Ammonite montre l'extrémité de la loge qui comprenait les 4/5e du dernier tour, les côtes en approchant de la bouche se montrent plus serrées, le nombre des côtes simples augmente. Sur le contour extérieur ces côtes restent partout bien marquées et saillantes, contrairement à ce que l'on observe chez l'*A. crassus*, dont toute la partie non cloisonnée offre une surface absolument lisse sur le contour siphonal.

Localités : Saint-Romain, Saint-Fortunat, Poleymieux, Saint-Julien, Semur, la Verpillière, Villebois, Fressac, Salins, Saint-Rambert, Vaux-Fevroux (Ain), Marcigny.

Explication des figures : pl. XXVIII, fig. 3 et 4, *A. mucronatus*, de la Verpillière, de grandeur naturelle.

[1] Coupe géologique des environs de Mende. *Bulletin de la Société géologique*, vol. XI ; 1854 ; note 4, p. 686.

Ammonites subarmatus (YOUNG et BIRD).

(Pl. XXVIII, fig. 6 a 9.)

1822. Young et Bird, *Ammonites subarmatus. (A geological Survey*, pl. 14, fig. 8.)
1823. Sowerby, *Ammonites subarmatus* et *Ammonites fibulatus. (Mineral. Conchol.*, pl. 407.)
1844. D'Orbigny, *Ammonites subarmatus. (Paléont. franç.*, pl. 77.)
1846. Catullo, *Ammonites bicingulatus. (Memoria geognostico-paleozoica sulle Alpi Venete*, p. 133, pl. VI, fig. 3.)
1856. Oppel, *Ammonites subarmatus. (Die Juraform.*, p. 377.)

Dimensions : diamètre, 68 millimètres ; largeur du dernier tour, 22/00 ; épaisseur, 22/00 ; ombilic, 60/00.

Variété déprimée : diamètre, 76 millimètres ; largeur du dernier tour, 23/00 ; épaisseur, 31/00 ; ombilic, 59/00.

Coquille plus ou moins comprimée dans son ensemble, très-largement ombiliquée ; spire composée de 6 à 7 tours aussi épais que hauts ; se recouvrant en contacts arrondis, ornés d'un grand nombre de côtes droites, minces, coupantes sur les moules, séparées par des intervalles arrondis et plus larges qu'elles-mêmes ; la plupart de ces côtes se réunissent en haut du tour et donnent naissance à un tubercule épineux, d'où partent 2 ou 3 côtes tout à fait semblables qui passent, sans aucune inflexion sur le contour extérieur ; les côtes simples ne se distinguent en rien des côtes doublées. Les tubercules portent une épine, longue de 4 à 8 millimètres, de forme élancée, carénée, qui vient se coucher sur le tour suivant ; ces épines ne paraissent pas posées sur le tubercule mais ne sont que la continuation, sans aucune solution de continuité, d'une des 2 côtes qui forment le petit groupe, et c'est toujours la côte en arrière qui se prolonge ainsi pour former l'épine. Ces épines sont visibles depuis les premiers tours, sur les exemplaires bien conservés. On peut voir, dans la collection des Frères Maristes de Saint-Genis, des exem-

plaires de l'*A. subarmatus* dont le diamètre ne dépasse pas 13 millimètres, portant 5 tours qui montrent déjà tous les caractères de
l'espèce. Les épines sont intactes en place. Les groupes épineux sont
au nombre de 30 sur le dernier tour d'un échantillon de 84 millimètres que j'ai sous les yeux. Il arrive souvent que les tubercules ne
sont pas exactement opposés sur les deux côtés de l'Ammonite, et
l'on voit alors d'un côté un groupe muni de deux côtes qui appartiennent de l'autre côté à deux groupes différents ; les côtes simples
ne portent qu'un tubercule épineux, mince, allongé, mais sans
épine.

Sur les moules ou quand l'épine a disparu, les tubercules prennent l'aspect d'un petit bouton rond, à l'extrémité d'une gance ; de
là le nom de *fibulatus,* choisi par Sowerby.

Il y a beaucoup d'irrégularité dans le nombre des côtes simples
qui viennent s'insérer entre les groupes, et sur quelques exemplaires,
ces côtes simples disparaissent complétement.

La loge occupe un tour entier ; mes échantillons ne me permettent
pas de comparer les lobes.

Je regarde comme impossible de séparer les *A. subarmatus* et
fibulatus; les ornements sont semblables et une différence dans
l'épaisseur des tours ne peut pas seule motiver l'établissement de
deux espèces différentes ; il faut donc admettre pour l'*A. subarmatus*
une variété comprimée, pl. XXVIII, fig. 6 et 7, et une variété déprimée ; ce fait se reproduit d'ailleurs pour un très-grand nombre
d'Ammonites ; quant au choix du nom, les figures de Sowerby sont
trop confuses pour en rien tirer de concluant, et le beau dessin
donné par d'Orbigny paraît généralement adopté pour le type de
l'*A. subarmatus.*

On trouvera, pl. XXVIII, fig. 8 et 9, le dessin d'un spécimen d'un
type fort rare et que j'inscris encore comme variété de l'*A. subarmatus ;* la forme générale s'accorde bien, mais les côtes sont unifor-
mément distribuées par deux, sans côtes simples intercalées. Les
côtes sont plus fortes, les tubercules aussi, et ils sont placés tout à
fait sur le contour extérieur qu'ils occupent en partie, et l'on voit
distinctement une ligne médiane, comme sur certains exemplaires

de l'*A. mucronatus*. Il faudrait rencontrer d'autres échantillons semblables pour décider s'il convient de considérer cette variété comme une espèce nouvelle.

Enfin, j'ai recueilli dans le minerai de fer de la Verpillière deux ou trois gros fragments, tout à fait exceptionnels par leur grande taille, qui présentent cependant tous les caractères de l'*A. subarmatus*. La seule différence à noter est un mouvement légèrement flexueux des côtes, caractère en opposition avec l'allure habituelle de l'espèce ; les tours sont plus hauts qu'épais ; malheureusement ces fragments sont en mauvais état, et pas un n'a conservé ses tours intérieurs. Je les inscris provisoirement sous le nom de *subarmatus*, jusqu'à ce que l'on obtienne des matériaux plus significatifs. Le diamètre de ces Ammonites dépassait 160 millimètres.

Localités : Saint-Romain, Limas (collection Thiollière), Limas (collection Pellat), abondante à la Verpillière, Crussol.

Explication des figures : pl. XXVIII, fig. 6 et 7, *A. subarmatus*, de la Verpillière, variété comprimée, même planche. Fig. 8 et 9, fragment d'*A. subarmatus*, de la Verpillière, sans côtes simples.

Ammonites Bollensis (ZIETEN).

1830. Zieten, *Ammonites Bollensis*. (*Wurtemb.*, pl. 12, fig. 3.)
1849. Quenstedt, *Ammonites Bollensis*. (*Cephalopoden*, pl. 13, fig. 13.)
1858. Quenstedt, *Ammonites Bollensis* (*Der Jura*, pl. 36, fig. 5.)

Dimensions : diamètre, 30 millimètres ; largeur du dernier tour, 30/00 ; épaisseur, 33/00 ; ombilic, 47/00.

Coquille comprimée dans son ensemble, largement ombiliquée ; spire formée de tours anguleux, plus épais sur le contour extérieur qui est presque plat. Les tours ne forment pas de gradins marqués dans l'ombilic, mais sans aucune convexité tombent en formant un entonnoir régulier, où les tours ne sont séparés que par une suture peu profonde. Les tours sont pliés à angle vif sur le haut du tour. Les tubercules ne sont pas régulièrement opposés de chaque côté de la coquille, mais alternent. Les ornements sont semblables à ceux de l'*A. subarmatus,* mais les côtes forment un petit sinus en avant sur le contour siphonal.

Ce type paraît assez bien séparé par la forme de ses tours. Ses ornements sont moins réguliers, plus grossiers que ceux de l'*A. subarmatus,* tout en étant moins saillants ; il me paraît que les figures données de l'*A. Bollensis* le représentent assez bien.

Je n'ai qu'un exemplaire de petite taille de cette espèce ; mais j'ai recueilli à la Verpillière un autre spécimen de grande taille, de la même forme, et qui malheureusement est égaré, ce qui m'empêche de donner une figure convenable. Les figures d'Ammonites comprimées provenant des schistes de Boll offrent peu de précision. Il en résulte que l'*A. Bollensis* ne peut pas être considérée comme une espèce parfaitement sûre.

Localités : la Verpillière, *r. r.*

Ammonites Desplacei (D'ORBIGNY).

(Pl. XXVII, fig. 4.)

1842. D'Orbigny, *Ammonites Desplacei. (Paléont. franç.,* p. 334, pl. 107.)
1856. Oppel, *Ammonites Desplacei. (Die Juraform.,* p. 377.)

Dimensions : diamètre, 50 millimètres ; largeur du dernier tour, 26/00 ; épaisseur, 26/00 ; ombilic, 51/00.

Coquille comprimée dans son ensemble, largement ombiliquée ; spire composée de 6 tours aussi hauts qu'épais, peu renflés sur les flancs, un peu plus sur le contour extérieur ; ornés de côtes fines, coupantes, droites, un peu penchées en avant ; ces côtes se réunissent par deux, rarement par trois, pour former un tubercule aux deux tiers de la largeur; de chacun de ces tubercules partent des groupes de 3 côtes qui traversent très-saillantes le contour extérieur en décrivant une petite courbe en avant. On remarque un bon nombre de côtes simples intercalées, quelques autres se bifurquent sans prendre aucun tubercule.

Les tours se recouvrent sur un cinquième à peine de leur largeur; les 4 premiers sont couverts de côtes fines, droites et très-serrées, sans aucune apparence d'épines, qui donnent à cette partie de la coquille une apparence des plus caractéristiques.

Localités : Saint-Romain, la Verpillière, Fressac, Mortiès, Cuers, r. r.

Explication des figures : pl. XXVII, fig. 4, A. Desplacei, de la Verpillière.

Ammonites Braunianus (D'Orbigny).

(Pl. XXVIII, fig. 5.)

1842. D'Orbigny, Ammonites Braunianus. (Paléont. franç., pl. 104, fig. 1 à 3.)
1856. Oppel, Ammonites Braunianus. (Die Juraform., p. 375.)

Dimensions : diamètre, 99 millimètres; largeur du dernier tour, 21/00; épaisseur, 16/00; ombilic, 51/00.

Autre exemplaire : diamètre, 88 millimètres ; largeur du dernier tour, 23/00 ; épaisseur, 18/00 ; ombilic, 53/00.
Ces nombres sont très-sûrs et pris sur des échantillons fort bien conservés.

Coquille comprimée, très-largement ombiliquée; spire composée de 8 tours comprimés, à côtés droits et parallèles, bien plus hauts qu'épais, ornés sur le dernier de 90 côtes minces, rectilignes, régulières, dirigées un peu en avant; ces côtes, après avoir parcouru les sept huitièmes de la largeur, prennent un petit tubercule allongé, épineux, qui donne naissance à 2 côtes nouvelles qui passent sans déviation sur le contour extérieur; l'ombilic peu profond est très-grand. Les tours les plus intérieurs ont les côtes à peine plus petites que les autres; il en résulte dans l'ensemble un aspect d'uniformité et de régularité frappant; on remarque quelques côtes entremêlées qui restent simples : elles portent comme les autres une protubérance épineuse.

Les tours sont faiblement recouverts, assez cependant pour cacher les épines.

Cette belle Ammonite forme très-certainement une espèce distincte; ses ornements invariables et la grande compression de ses tours la font reconnaître facilement.

Localités : Limas, la Verpillière, c.

Explication des figures : pl. XXVIII, fig. 5, *A. Braunianus*, de la Verpillière, de grandeur naturelle.

Ammonites heterophyllus (SOWERBY).

1819. Sowerby, *Ammonites heterophyllus. (Mineral. conchol.*, pl. 266.)
1842. D'Orbigny, *Ammonites heterophyllus. (Paléontologie franç.*, p. 329, pl. 109.)
1856. Oppel, *Ammonites heterophyllus. (Die Juraform.*, p. 371.)
1858. Quenstedt, *Ammonites heterophyllus. (Der Jura*, p. 252, pl. 36, fig. 4.)

Dimensions : diamètre, 235 millimètres; largeur du dernier tour, 58/00; épaisseur, 32/00; ombilic, 4/00.

Coquille comprimée, globuleuse, non carénée, avec un ombilic presque fermé. Spire composée de tours très-embrassants, ovales, arrondis, comprimés, dont la plus grande épaisseur est au tiers infé-rieur de la largeur, et notablement plus larges que la moitié totale de la coquille. Toute la surface est couverte de fines lignes rayonnantes, simples, à peine flexueuses, qui se portent en avant près du contour extérieur, où elles passent en décrivant un contour largement arrondi en avant. Ces lignes rayonnantes ne prennent pas plus d'importance dans les très-grands exemplaires; seulement les intervalles qui les séparent deviennent un peu plus grands. Ces lignes semblent avoir une tendance à se grouper en faisceaux; il serait plus exact de dire que l'on peut observer des ondulations rayonnantes formées çà et là sur la surface de certains exemplaires; ces dépressions sont toujours très-faiblement marquées. Les moules montrent des dépressions rayonnantes bien indiquées qui correspondent à l'alignement des selles; la coquille est épaisse.

Cette coquille est le véritable *A. heterophyllus* de Sowerby, très-différent de l'*A. zetes* du lias moyen. Les échantillons de grande taille, de la Verpillière, sont remarquablement beaux, soit par leur forme bien conservée, soit par la perfection des détails de leurs ornements : pour ne pas trop multiplier les planches je n'en donne pas de figure, d'ailleurs celles données par d'Orbigny sont des plus correctes et suffisent pour bien caractériser l'espèce.

Sur quelques exemplaires de moyenne grandeur on remarque 6 à 7 dépressions rayonnantes, très-légères sur le dernier tour, qui se terminent sur le contour siphonal par une saillie arrondie formant sinus en avant; comme tous les autres caractères restent immuables, je considère cette particularité comme une variété accidentelle de l'*A. heterophyllus*.

Localités : Saint-Romain, Saint-Fortunat, la Verpillière, Saint-Rambert, Semur, Crussol, Fressac, Vals, près Anduze, Saint-Brès, Beaumont, près Digne, Chaudon, collection de M. Garnier, Saint-Azey, près Lamure (Isère), collection Lory, *c*.

Ammonites Nilssoni (Hébert).

1842. D'Orbigny, *Ammonites Calypso.* *(Paléontologie franç.,*
     p. 342, pl. 110, fig. 3.)
1856. Oppel, *Ammonites Calypso.* *(Die Juraform.,* p. 372.)
1866. Hébert, *Ammonites Nilssoni.* *(Bulletin de la Soc. géol.,*
     2e série, t. XXIII, p. 526.)

Dimensions : diamètre, 26 millimètres ; largeur du dernier
tour, 54/00 ; épaisseur, 34/00 ; ombilic, 10/00.

Petite coquille comprimée, non carénée, avec petit ombilic ; spire
composée de tours lisses, comprimés, arrondis extérieurement et
légèrement renflés sur les flancs, ornés par tours de 5 à 6 sillons
profonds, flexueux, bien marqués sur l'ombilic d'où ils partent en
se dirigeant en avant ; en passant sur le contour siphonal ils s'élargissent un peu en s'arrondissant en avant ; je n'ai jamais pu observer de traces de côtes.

Très-bien figurée par d'Orbigny, sous le nom d'*A. Calypso ;* elle
est assez abondante dans toutes les régions où le lias supérieur
montre un facies alpin.

Localités : la Verpillière, Saint-Brès, Lacanan, près Anduze,
Mortiès, Fressac, Beaumont, c.

Ammonites Atlas (NOV. SP.).

(Pl. XXX, fig. 4 à 6.)

*Testa globosa, compressa, anfractibus convexis, externa parte
late rotundatis, transversim costatis ; costis rectis, irregularibus,
ad umbilicum vix notatis ; umbilico per angustato.*

Dimensions : diamètre, 68 millimètres ; largeur du dernier
tour, 58/00 ; épaisseur, 43/00 ; ombilic, 5/00.

Coquille globuleuse, épaisse, non carénée, à petit ombilic ; spire formée de tours épais, convexes, largement arrondis sur le contour extérieur, de forme elliptique et dont la plus grande épaisseur se montre sur le milieu de la largeur ; ces tours sont ornés de côtes rayonnantes arrondies, droites, peu saillantes, irrégulières, très-mal marquées près de l'ombilic, un peu plus fortes vers le contour extérieur qu'elles traversent sans déviation : mes échantillons en assez mauvais état ne me permettent pas d'indiquer des détails plus précis, ni les lobes : les côtes paraissent dirigées un peu en avant.

Cette espèce paraît bien séparée de l'*A. heterophyllus* par ses tours plus épais et par ses ornements.

Localités : la Verpillière, Fressac, r. r.

Explication des figures : pl. XXX, fig. 4, *A. Atlas*, de la Verpillière. Fig. 5 et 6, *A. Atlas*, de Fressac.

Ammonites sternalis (V. Buch).

1836. V. Buch, *Ammonites lentirularis.* (*Mém. sur les Ammonites*, pl. 1, fig. 3.)
1842. D'Orbigny, *Ammonites sternalis* (*Paléontologie française*, p. 345, pl. III.)
1856. Oppel, *Ammonites sternalis.* (*Die Juraformation*, p. 371.)
1858. Quenstedt, *Ammonites sternalis.* (*Der Jura*, pl. 40, fig. 2.)

Je n'ai rien à ajouter, pour l'*A. sternalis*, aux détails fort exacts que donne d'Orbigny, dont les figures sont aussi très-correctes.

Il faut remarquer cependant que la selle latérale, que d'Orbigny indique comme étant moins haute que la selle dorsale (siphonale), me paraît au contraire plus élevée : le dessin des lobes donné par d'Orbigny et d'accord avec son texte pour ce détail est donc à vérifier. Cette vérification n'est pas aussi facile que l'on pourrait le croire, à cause du rapprochement très-grand des cloisons qui se chevauchent et amènent ainsi une fâcheuse confusion.

Localités : Saint-Romain, la Verpillière, Salins, Besançon, Privas, Fressac, Saint-Brès, Mortiès, r.

Ammonites subcarinatus (Young et Bird. sp.).

1822. Young et Bird, *Nautilus subcarinatus. (Yorkshire*, 2e édit., pl. 13, fig. 9.)

1829. Phillips, *Ammonites sulcarinatus. (Yorkshire*, pl. 13, fig. 3.)

1846. Catullo, *Ammonites Venantii. (Appendice al catalogo degli Ammonit. delle Alpi Venete*, pl. 13, fig. 3.)

1856. Oppel, *Ammonites subcarinatus. (Die Juraformation*, p. 371.)

1862. Oppel, *Ammonites subcarinatus. (Paleontologische Mittheilungen*, p. 140, pl. 44, fig. 1 et 2.)

Dimensions : diamètre, 93 millimètres; largeur du dernier tour, 41/00; épaisseur, 36/00; ombilic, 26/00.

Coquille comprimée dans son ensemble, carénée, à ombilic moyen. Spire composée de tours épais, convexes sur les flancs, tronqués sur le contour extérieur où l'on remarque une carène étroite, peu élevée, accompagnée de deux très-larges méplats, un peu concaves; les côtes transverses sont minces, peu saillantes et droites; sur un de mes échantillons, elles paraissent même décrire une courbe légèrement arrondie en arrière ; les premières figures données par Young, Bird et Phillips, représentent l'ombilic trop étroit; il faut s'en tenir, pour ce détail, comme pour le reste, aux dessins donnés par Oppel.

L'*A. subcarinatus* occupe la partie la plus profonde de la zone. Un échantillon de grande taille a été trouvé par M. Lemesle dans les marnes noires inférieures du chantier du Moine, près de la Verpillière, et c'est le seul de cette rare espèce que je connaisse de cette localité. Cependant, d'après Oppel, le musée paléontologique de Berlin possède un échantillon de l'*A. subcarinatus,* du minerai de fer de la Verpillière.

Mes échantillons ne sont pas en assez bon état pour que je puisse en donner utilement le dessin.

Localités : Saint-Romain, la Verpillière, Salins (d'après Oppel), le Blaymard (Lozère), collection de M. Jaubert, r. r.

Ammonites Jurensis (ZIETEN).

1830. Zieten, *Ammonites Jurensis*. *(Würtemberg*, pl. 68, fig. 1.)
1842. D'Orbigny, *Ammonites Jurensis*. *(Paléontologie française*, p. 318, pl. 100.)
1856. Oppel, *Ammonites Jurensis*. *(Die Juraformation*, p. 373.)
1858. Quenstedt, *Ammonites Jurensis*. *(Der Jura*, pl. 40, fig. 1.)

Dimensions : diamètre, 136 millimètres; largeur du dernier tour, 48/00; épaisseur, 40/00; ombilic, 23/00.

Coquille globuleuse, comprimée, non carénée. Spire composée de tours arrondis, croissant très-rapidement, couverts de lignes rayonnantes ou plutôt de petits sillons rapprochés, peu profonds, droits et séparés les uns des autres d'une manière tout à fait irrégulière. Je ne sais pas si ces ornements se continuaient, passé le diamètre de 100 millimètres. On remarque de plus, sur les portions bien conservées, des traces de ces petits festons qui forment les ornements beaucoup plus apparents de l'*A. cornucopiæ*, accusant ainsi un proche degré de parenté entre les deux espèces. Un beau fragment de Saint-Romain permet d'apercevoir avec les détails de surface la couleur encore conservée du test qui paraît avoir été une nuance de bois assez claire et uniforme.

L'inspection de mes échantillons me démontre que l'*A. Jurensis* avait comme beaucoup d'autres Ammonites deux formes un peu différentes par leurs proportions, l'une plus comprimée, l'autre plus épaisse et plus embrassante.

Le trait le plus remarquable de cette espèce est la grande épaisseur du test; cette épaisseur est énorme, surtout dans l'ombilic, et sa présence change l'aspect de cette partie de la coquille et même les proportions de recouvrement des tours. Garni de son test, l'ombilic est profond, étroit, presque lisse, les tours s'y recouvrent sans former de ressauts et la suture est peu marquée.

Il importe de rectifier une erreur qui se trouve dans le texte de d'Orbigny : on lit en effet (p. 318) : recouvrement des tours, 4/00, c'est 12/00 qu'il faut lire, car les tours, quand le test existe, sont recouverts sur les deux tiers de leur largeur. Je remarque aussi qu'Oppel (*Die Juraformation*, p. 373), met un point de doute pour la figure 1 et 2 de la planche 100 de la *Paléontologie française ;* ce doute n'est pas fondé et ces figures représentent bien l'*A. Jurensis*, variété un peu comprimée et dépourvue de son test dans l'ombilic.

L'*A. Jurensis* caractérise partout la partie la plus supérieure de la zone à *A. bifrons ;* elle est assez rare à la Verpillière et très-abondante sur d'autres points, comme par exemple à Saint-Romain et dans les beaux gisements des environs de Charlieu, où elle se présente de très-grande taille ; mais en moules et ornée de lobes parfaitement distincts. C'est une des espèces les plus importantes et des plus caractéristiques.

Localités : Saint-Romain, Saint-Fortunat, Poleymieux, Limas, la Verpillière, Saint-Julien, Charlieu, c.

Ammonites Trautscholdi (OPPEL).

(Pl. XXXII, fig. 1 à 4.)

1862. Oppel, *Ammonites Trautscholdi*. (*Mittheilungen*, p. 143, pl. 43, fig. 2 et 3.)

Dimensions : diamètre, 36 millimètres ; largeur du dernier tour, 34/00 ; épaisseur, 31/00 ; ombilic, 39/00.

Coquille comprimée, non carénée, à ombilic d'une moyenne grandeur ; spire composée de 5 tours plus hauts qu'épais, peu convexes sur les flancs, arrondis sur le contour extérieur, ornés partout de petites lignes rayonnantes, bien distinctes.; on remarque sur le dernier tour un sillon large, profond, arrondi, qui ne se reproduit que très-rarement sur le second tour et jamais sur les tours intérieurs. On ne voit pas cette dépression sur l'échantillon entier dont je donne le dessin, mais elle est très-énergiquement marquée sur d'autres spécimens.

Sur un seul exemplaire, aussi de la Verpillière, communiqué par mon ami M. Pellat, on voit, sur le dernier tour, deux dépressions annulaires qui se suivent à une distance moindre qu'un quart de tour.

Localités : Saint-Romain, la Verpillière, ma collection et collection Pellat, *r. r.*

Explication des figures : pl. XXXII, fig. 1 et 2, *A. Trautscholdi*, de la Verpillière, grandeur naturelle. Fig. 3 et 4, autre exemplaire de la même localité, collection de M. Pellat.

Ammonites cornucopiæ (Young et Bird).

(Pl. XXIX, fig. 4, 2, 3.)

1822. Young et Bird, *Ammonites cornucopiæ. (Geological Survey*, pl. XII, fig. 6.)
1830. Zieten, *Ammonites fimbriatus. (Würtemberg*, pl. XII, fig. 1.)
1842. D'Orbigny, *Ammonites cornucopiæ. (Paléontologie française*, p. 310, pl. 99, fig. 1, 2, 3.)
1856. Oppel, *Ammonites cornucopiæ. (Die Juraformation*, p. 373.)

Dimensions : diamètre, 260 millimètres ; largeur du dernier tour, 34/00 ; épaisseur, 34/00 ; ombilic, 38,00.

Coquille comprimée dans son ensemble, non carénée, largement ombiliquée ; spire composée de tours ronds, se recouvrant à peine et peu nombreux pour un grand diamètre en raison de la progression rapide de leur développement. Ces tours sont couverts de lignes rayonnantes irrégulières, dont quelques-unes, un peu plus saillantes, portent comme une frange dirigée en arrière ; la coquille est de plus couverte de lignes spirales irrégulières, interrompues, qui forment en croisant les lignes rayonnantes une série de dépressions carrées à contours saillants ; souvent les lignes frangées sont placées sur un angle un peu saillant et l'Ammonite prend alors un contour polygonal.

Je n'ai jamais rencontré les sillons dont parle d'Orbigny sur les exemplaires jeunes de l'*A. cornucopiæ*. Tous les échantillons que j'ai pu observer m'ont paru très-semblables pour leurs ornements aux exemplaires adultes, toutes proportions gardées.

Les tours ronds ne sont jamais comprimés et l'on remarque presque toujours que l'épaisseur dépasse le diamètre vertical. Le grand spécimen dont je donne les proportions est un des plus comprimés, et cependant les tours ont leurs deux diamètres parfaitement égaux.

Les lobes, dont on trouvera un dessin très-exact, pl. XXIX, fig. 3, pris sur un spécimen de Charlieu, se rapportent parfaitement, non à ceux donnés par d'Orbigny (pl. 99), pour l'*A. cornucopiæ*, mais bien à ceux donnés pour l'*A. fimbriatus* (pl. 98). Cette confusion est d'autant plus inexplicable que d'Orbigny avait entre les mains les beaux échantillons provenant de cette localité de Charlieu (Saint-Nizier).

L'*A. cornucopiæ* m'a fourni l'occasion d'observer un fait très-intéressant et des plus rares : celui d'un animal qui est venu faire adhérer sa coquille à celle d'une Ammonite de cette espèce, pendant la vie de celle-ci. En brisant une *A. cornucopiæ*, de la Verpillière, d'une taille moyenne, j'ai trouvé deux exemplaires d'une petite Discine, en très-bon état, posés sur le contour extérieur du Céphalopode et qui se sont trouvés emprisonnés quand l'Ammonite les a recouverts en construisant le tour suivant : cette portion du tour extérieur donne sur la partie légèrement concave de son contour inférieur l'empreinte en creux, très-nette, des deux petites Discines, dont je donnerai la description et les figures plus loin. Je ne connais pas de faits analogues, du moins je n'en vois de relations nulle part. Il y a, dans les circonstances qui ont pu mettre en rapport de la sorte deux animaux marins si différents et d'habitudes si opposées, un enseignement à noter et dont pourra profiter un jour celui qui voudra entreprendre l'histoire si intéressante des *Ammonitidés ;* par une chance des plus singulières, c'est sur l'*A. cornucopiæ*, celle de toutes les Ammonites jurassiques qui présente la plus petite surface recouverte, que nous pouvons observer ce fait.

L'*A. cornucopiæ* est une des espèces les plus répandues et les plus importantes de la zone ; elle accompagne partout l'*A. bifrons* et se rencontre de toutes les tailles. Les minerais de la Verpillière en fournissent de très-nombreux et de très-beaux échantillons, qui dépassent quelquefois le diamètre de 400 millimètres. Leur test est bien conservé et jamais elles ne paraissent avoir subi la moindre altération dans leur forme.

Localités : partout, *c. c.*

Explication des figures : pl. XXIX, fig. 1, *A. cornucopiæ*, de la Verpillière. Fig. 2, autre exemplaire, même localité, vu par derrière. Fig. 3, *A. cornucopiæ*, lobes de grandeur naturelle,[1] pris sur un spécimen de Charlieu.

Ammonites sublineatus (OPPEL).

(Pl. XXX, fig. 1 et 2.)

1856. Oppel, *Ammonites sublineatus.* (*Die Juraformation*, p. 373.)
1862. Oppel, *Ammonites sublineatus.* (*Mittheilungen*, p. 142, pl. 43, fig. 4, 5. 6.)

Dimensions, moule : diamètre, 70 millimètres ; largeur du dernier tour, 38/00 ; épaisseur, 47/00 ; ombilic, 39/00.

Autre, avec le test : diamètre, 57 millimètres ; largeur du dernier tour, 40/00 ; épaisseur, 60/00 ; ombilic, 35/00.

Coquille très-épaisse, très-déprimée, avec ombilic profond, non carénée ; spire composée de tours arrondis, déprimés, beaucoup plus épais que hauts, ayant la forme d'une ellipse transverse ; le contour extérieur peu convexe ; les tours se recouvrent simplement en contact, l'ombilic des plus profonds. Les ornements sont ceux de l'*A. cornucopiæ*, mais les tours intérieurs, jusqu'au diamètre de 30 millimètres, laissent voir des côtes simples, droites, arrondies, qui perdent beaucoup de leur saillie en passant sur le contour siphonal.

Les lobes sont très-exactement semblables à ceux de l'*A. cornucopiæ* (v. pl. XXIX, fig. 3).

Cette similitude s'observe jusque dans les moindres détails ; j'y vois une raison de plus pour affirmer l'erreur où était d'Orbigny, en attribuant ces lobes si caractéristiques à l'*A. fimbriatus*, du lias moyen.

C'est avec raison qu'Oppel a séparé cette espèce de l'*A. cornucopiæ*, avec laquelle elle se rencontre dans les mêmes gisements, mais beaucoup plus rarement. L'exemplaire dont je donne le dessin, pl. XXX, est une des formes les plus extrêmes. L'échantillon n'a subi aucune déformation.

Localités : Saint-Romain, la Verpillière, Marcigny, Salins, Givrey (Saône-et-Loire), collection Pellat, *r.*

Explication des figures : pl. XXX, fig. 1 et 2. *A. sublineatus*, de la Verpillière.

Ammonites rubescens (Nov. sp.).

(Pl. XXIX, fig. 4 et 5.)

Testa discoidea, compressa ; anfractibus rotundatis, numerosis, subcompressis, lœvigatis, lineis radiantibus vix perspicuis ornatis ; umbilico lato, profundo.

Dimensions : diamètre : 56 millimètres; largeur du dernier tour, 32/00 ; épaisseur, 30/00 ; ombilic, 47/00.

Coquille discoïdale, comprimée, très-largement ombiliquée, non carénée. Spire composée de tours nombreux, ronds, à peine un peu comprimés ; les tours qui paraissent sans ornements sont cependant recouverts de très-petites lignes rayonnantes, à peine visibles, décrivant un sinus dont la convexité est en avant ; on remarque de plus des traces de dépression annulaires, irrégulièrement placées.

L'ombilic est profond, les tours y forment des gradins bien marqués mais légèrement arrondis. Le test est des plus minces. La loge occupe les deux tiers du dernier tour et ne paraît pas complète.

Les lobes inconnus.

Cette jolie Ammonite, assez rapprochée, mais bien distincte de l'*A. Trautscholdi*, est encore plus rare que cette dernière ; je ne la connais que par deux exemplaires de la Verpillière et deux de Crussol. Le spécimen dont je donne le dessin est heureusement d'une excellente conservation.

Localités : la Verpillière, ma collection et collection Thiollière (au Muséum), Crussol, *r. r.*

Explication des figures : pl. XXIX, fig. 4 et 5, *A. rubescens*, de la Verpillière, grandeur naturelle.

Ammonites funiculus (Nov. sp.).

(Pl. XXXI, fig. 4 à 7.)

Testa inflata, rotundata, subcompressa; anfractibus latis rotundatis, lateribus per convexis, transversim costatis, costis atque intermediis striatis; haud regulariter dispositis, subangulosis.

Dimensions : diamètre, 33 millimètres; largeur du dernier tour, 33/00 ; épaisseur, 41/00 ; ombilic, 40/00.

Coquille de petite taille, comprimée dans son ensemble, non carénée, à ombilic assez grand. Spire composée de 5 tours, largement arrondis, plus épais que hauts, ornés sur le dernier tour seu-

lement de 18 à 30 côtes rondes, saillantes, quelquefois un peu
anguleuses, bien développées sur le contour extérieur qu'elles traversent sans aucune inflexion ; ces côtes droites et formant anneau
paraissent composées d'un faisceau de lignes plus petites qui se
montrent également dans les intervalles ; bouche arrondie précédée
de 2 ou 3 côtes plus petites, se portant en avant sur le contour extérieur et suivies d'un sillon rond, circulaire, à bords bien marqués ;
les tours intérieurs ne montrent pas de côtes saillantes et semblent
se rapprocher alors des ornements de l'*A. cornucopiæ* jeune. Les
tours sont recouverts sur le quart de leur largeur tout au plus.

Cette jolie Ammonite est très-commune dans les minerais de la
Verpillière, dans la zone à *A. bifrons*, et très-rare dans les autres
gisements. Ce niveau est bien au-dessous de celui de l'*A. torulosus*,
dont les ornements sont assez semblables, mais cette dernière espèce est toujours beaucoup plus grande, plus comprimée et a le recouvrement des tours beaucoup plus considérable ; on pourrait encore
confondre l'*A. Funiculus* avec les *A. Jurensis, cornucopiæ* ou *sublineatus* jeunes, mais il est une circonstance qui empêche ce rapprochement : c'est la taille toujours petite de l'*A. Funiculus*, que l'on
trouve toujours munie de sa bouche, lorsqu'elle arrive à la fin de
son tour costulé et au diamètre de 31 à 33 millimètres.

La coquille paraît fort épaisse, solide et toujours fortement engagée dans sa gangue. Je n'ai jamais pu observer les lobes.

Oppel cite l'*A. torulosus*, de la Verpillière, mais comme celle-ci est
à peu près introuvable dans ce gisement, je ne doute pas que les
échantillons qu'il inscrit sous ce nom appartiennent à l'*A. Funiculus*.

Localités : la Verpillière, *c. c.*, Saint-Romain, *r.*

Explication des figures : pl. XXXI, fig. 4 et 5, *A. Funiculus*,
de la Verpillière, grandeur naturelle. Fig. 6 et 7, autre exemplaire, même localité.

Ammonites Germaini (D'ORBIGNY).

1830. Zieten, *Ammonites interruptus. (Würtemberg*, pl. XV,
fig. 3.)
1844. D'Orbigny, *Ammonites Germaini. (Paléontologie française,*
pl. 101.)
1856. Oppel, *Ammonites Germaini. (Die Juraformation*, p. 374.)
1869. Brauns, *Ammonites Germaini. (Der Mittlere Jura*, p. 102.)

Dimensions : diamètre, 38 millimètres; largeur du dernier
tour, 38/00; épaisseur, 32/00; ombilic, 35/00.

Coquille comprimée dans son ensemble, non carénée, à ombilic
moyen. Spire composée de 6 tours arrondis, un peu plus hauts
qu'épais et se recouvrant sur le quart de leur largeur. Ces tours sont
couverts de lignes rayonnantes, simples, peu saillantes, peu régulières, qui passent sans inflexion sur le contour extérieur. On observe
de plus de fortes dépressions annulaires au nombre de 7 à 10 par
tour; ces dépressions ou sillons sont arrondis et très-profonds sur
les moules. Contrairement aux figures données par d'Orbigny, je
remarque sur mes échantillons que les 3 premiers tours intérieurs
ne portent aucun sillon et paraissent lisses.

Rarement le diamètre passe 40 millimètres.

Localités : Poleymieux, Serres, la Verpillière, Saint-Julien,
Salins, *r.*

Ammonites hircinus (SCHLOTHEIM).

1750. Knorr. *(Sammlung von Merkwundigkeiten*, part. II, pl. 1,
fig. 1 et 2, et pl. A, fig. 12.)
1820. Schlotheim, *Ammonites hircinus. (Petrefactenkunde*, p.72.)

1830. Zieten, *Ammonites oblique-interruptus*. *(Würtemberg,* pl. 15, fig. 4.)

1856. Oppel, *Ammonites hircinus*. *(Die Juraformation,* p. 374.)

1858. Quenstedt, *Ammonites hircinus*. *(Der Jura,* pl. 40, fig. 3 et 8.)

Dimensions : diamètre, 66 millimètres; largeur du dernier tour, 36/00; épaisseur, 31/00; ombilic, 32/00.

Coquille comprimée, non carénée, à ombilic moyen. Spire composée de tours arrondis, comprimés, plus étroits sur le contour extérieur, ornés de très-fortes côtes arrondies, formées de faisceaux de côtes plus petites. Ces côtes, au nombre de 33 sur le dernier tour, sont séparées par des sillons fortement taillés, surtout sur les moules; elles vont en augmentant depuis l'ombilic, se dirigent en avant du rayon et décrivent sur le contour siphonal une petite courbe en avant, se montrant sur cette partie de la coquille très-larges, très-saillantes.

Les tours sont recouverts sur la moitié de leur largeur.

L'*A. hircinus* se rencontre très-rarement dans le bassin du Rhône. Elle diffère grandement de l'*A. Germaini*, autant par la forme de ses tours, rétrécis extérieurement, que par ses ornements.

La plupart des auteurs, en citant les premières figures données de cette Ammonite, mentionnent la figure 12, pl. A, 2e partie du bel atlas de Knorr, sans parler des fig. 1 et 2 de la pl. 1 du même atlas qui sont beaucoup plus significatives. Cette omission surprend d'autant plus que la pl. 1 figure dans l'atlas parmi les planches à Ammonites et à deux pages de distance de la pl. A.

Localités : la Verpillière, *r. r.*

Ma collection et collection Thiollière, au musée de Lyon; collection Pellat.

Ammonites Regleyi (Thiollière, m.).

(Pl. XXXI, fig. 8 et 9.)

Dimensions : diamètre, 49 millimètres; largeur du dernier tour, 31/00; épaisseur, 30/00; ombilic, 40/00.

Coquille comprimée dans son ensemble, de petite taille, largement ombiliquée. Spire composée de 6 à 7 tours arrondis, à peine plus hauts qu'épais, ornés en travers de côtes droites, minces, coupantes, et qui prennent plus de saillie à mesure qu'elles s'éloignent de l'ombilic; elles sont très-élevées en arrivant sur le contour extérieur; là les côtes sont interrompues par un sillon étroit d'une profondeur médiocre; les côtes, coupées brusquement par ce sillon, s'élèvent de chaque côté en formant une lamelle anguleuse presque épineuse

Les côtes, au nombre de 45 sur le dernier tour, sont séparées par de petites vallées profondes, arrondies et plus larges qu'elles-mêmes. Les tours sont recouverts sur la cinquième partie de leur largeur.

Cette curieuse Ammonite a été nommée par V. Thiollière dès 1854, comme l'indiquent ses étiquettes; malheureusement notre ami fut surpris par la mort avant d'en avoir publié la description.

L'*A. Regleyi* montre plutôt la forme d'une Ammonite de la craie inférieure que du lias; l'espèce, toujours petite, est remarquablement régulière, soit pour ses proportions, soit pour ses ornements. L'*A. scissus*, que Benecke a décrite de la partie la plus profonde de l'oolithe inférieure, se distingue de l'*A. Regleyi* par les sulcations annulaires de ses tours qui paraissent manquer absolument chez cette dernière, et par quelques différences dans les proportions; il faudrait cependant pouvoir comparer les deux espèces au même diamètre pour se prononcer avec certitude sur la réunion ou la séparation des deux espèces.

L'*A. Regleyi* se trouve aussi en dehors du bassin du Rhône; j'ai eu l'occasion de voir, dans la collection de M. Fabre, de Mende, de très-petits exemplaires (9 à 10 millimètres) du département de la Lozère et d'une très-belle conservation.

Localités : la Verpillière, r. r., ma collection et collection de M. Pellat, Villebois ; collection Falsan.

Explication des figures : pl. XXXI, fig. 8 et 9, *A. Reyleyi*, de la Verpillière, grandeur naturelle.

Ammonites Argelliezi (Reynès).

(Pl. XXXII, fig. 5 et 6.)

1868. Reynès, *Ammonites Argelliezi*. (*Géologie et Paléontologie aveyronaises*, pl. 105, pl. VI, fig. 3.)

Dimensions : diamètre, 22 millimètres ; largeur du dernier tour, 54/00 ; épaisseur, 36/00 ; ombilic, 9/00.

Petite coquille comprimée, globuleuse, non carénée, à ombilic étroit. Spire composée de tours renflés, embrassants, ornés de côtes rayonnantes au nombre de 17 sur le dernier ; ces côtes perdent un peu de leur saillie quand elles ont passé le milieu des flancs ; elles ne disparaissent pas entièrement en haut des tours.
L'ombilic est étroit et profond.

Localités : le Blaymard ; collection des Frères Maristes de Saint-Genis, r. r.

Explication des figures : pl. XXXII, fig. 5 et 6, *A. Argelliezi*, du Blaymard, grossie.

Ammonites pupulus (Nov. sp.).

(Pl. XXXII, fig. 7, 8 et 9.)

Testa per exigua, compressa, non carinata; anfractibus depressis, angustatis, sub costatis, in medio nodis distantibus ornatis.

Dimensions : diamètre, 8 millimètres 1/2; largeur du dernier tour, 18/00 ; épaisseur, 49/00 ; ombilic, 69/00.

Très-petite coquille, comprimée dans son ensemble, non carénée, très-largement ombiliquée. Spire formée de 5 tours beaucoup plus épais que hauts et recouverts sur les deux cinquièmes de leur largeur, saillants sur les flancs et arrondis sur le contour extérieur ; ornés de tubercules gros relativement, irrégulièrement placés sur le milieu du tour. Une côte indécise, à peine visible, relie ces nodosités en passant sur la partie extérieure. La surface paraît toujours polie et brillante.

Cette curieuse petite espèce a toutes les apparences d'un *strapavolus;* elle montre quelque ressemblance avec l'*A. Venarensis* d'Oppel, du lias moyen, dont les tours sont bien moins déprimés. Le nombre des tours, pour un si petit diamètre, peut faire supposer qu'elle est adulte, les échantillons ne s'écartent jamais de la taille de 8 à 9 millimètres. Cependant l'on peut observer des traces de lobes jusqu'à l'extrémité du dernier tour.

Localités : la Verpillière, *r. r.*, environs du Blaymard, *c.*, de la collection des Frères Maristes.

Explication des figures : pl. XXXII, fig. 7 et 8, *A. pupulus,* de la Verpillière, grossie cinq fois. Fig. 9, le même, grandeur naturelle.

Ammonites Gervaisi (Reynès).

1868. Reynès. *Ammonites Gervaisi (Géologie Aveyronaise*, pl. 105, pl. VI, fig. 4.)

Dimensions : diamètre, 18 millimètres; largeur du dernier tour, 30/00; épaisseur, 30/00; ombilic, 50/00.

Petite coquille comprimée dans son ensemble, non carénée, largement ombiliquée. Spire formée de 5 tours ronds, se recouvrant en contact, ornés sur les flancs de 40 côtes arrondies, régulières, décrivant un sinus convexe en avant et qui disparaissent en arrivant sur le contour siphonal qui reste lisse.

Les tours, sur mon échantillon, sont plus ronds et un peu moins comprimés que ceux de l'Ammonite figurée par M. Reynès.

Localités : Crussol, un seul échantillon.

Ammonites Leonciæ (Nov. sp.).

(Pl. XXXIII, fig. 1 et 2.)

Testa compressa, carinata, late umbilicata anfractibus compressis, costatis; lateribus convexis; costis irregularibus, in medio interdum bifurcatis, tuberculatis, tuberculis inaequalibus, spiniformibus; costis supra evanescentibus; carina sub acuta.

Diamètre. 210 millimètres; largeur du dernier tour, 29/00; épaisseur, 12/00; ombilic, 43/00. (Ces chiffres ne résultant pas de mesures directes ne doivent pas être considérés comme très-sûrs.)

Coquille comprimée, de grande taille, carénée et largement ombiliquée. Spire composée de tours beaucoup plus hauts que larges, très-comprimés et cependant convexes sur les flancs ; ces tours sont ornés, par tour, de 20 à 24 grosses côtes, légèrement cintrées en arrière, très-irrégulières et irrégulièrement espacées ; la plupart portent sur le milieu du tour une très-grosse protubérance épineuse ; à partir de ce tubercule les côtes se bifurquent, quelquefois cependant elles restent simples. Les côtes, peu marquées en bas du tour et surtout en haut, sont au contraire très-saillantes sur le milieu ; la carène ne paraît pas avoir été très-aiguë, toutefois sa forme réelle est inconnue, l'unique échantillon de l'espèce n'étant qu'un moule.

Les tours paraissent être recouverts sur le quart de leur largeur.

Cette singulière espèce provient d'une région où le lias supérieur n'avait pas encore été reconnu d'une manière sûre. M. Jaubert a récemment trouvé sur un point peu éloigné de Gap, au milieu d'une masse de marnes de couleur foncée, un petit affleurement d'une couche pleine de concrétions de même couleur avec des débris de fossiles du lias supérieur, parmi lesquels le beau fragment d'Ammonite que je viens de décrire. Dans la même couche, il a recueilli des fragments de Nautiles, les *A. heterophyllus* et *cornucopiæ*, l'*inoceramus cinctus* et la *posidonomia Bromi ;* ainsi l'*A. Leonciæ* appartient au niveau le plus profond de la zone à *A. bifrons.*

Comme je n'ai à ma disposition que le fragment figuré, les proportions indiquées ne sont qu'approchées et résultent d'un calcul qui n'a rien de rigoureux.

Pour la forme et les ornements, l'*A. Leonciæ* s'éloigne beaucoup de toutes les espèces déjà décrites ; je ne connais que l'*A. Sowerbyi* de la partie moyenne du bajocien qui s'en rapproche un peu.

Localités : Gap, collection de M. Jaubert, *r. r.*

Explication des figures : pl. XXXIII, fig. 1, *A. Leonciæ*, de Gap, fragment grandeur naturelle. Fig. 2, coupe d'un tour.

APTYCHUS

Les Aptychus manquent presque absolument dans les gisements de l'Isère et du Mont-d'Or de Lyon, gisements où les Ammonites sont cependant si variées, si nombreuses et d'une belle conservation.

Aptychus Elasma (V. Meyer).

(Pl. XXXII, fig. 10.)

1831. V. Meyer, *Aptychus Elasma*. *(Academiœ Cæsarœ Leopoldino-Carolinœ*, vol. XV, pl. LX, fig. 2-7.)
1836. Roemer, *Aptychus Elasma*. *(Die Versteinerunngen (Nachtrag)*, p. 51, pl. 19, fig. 25.)
1841. Coquand, *Aptychus Elasma*. (Mémoire sur les Aptychus, *Bulletin de la Société géologique de France*, t. XII, pl. 9, fig. 4.)

Aptychus d'assez grande taille ; longueur, 45 millimètres, largeur, 15 millimètres ; allongé, étroit, couvert de fines lignes concentriques ; on remarque un pli ou ressaut très-net et très-marqué, descendant du sommet presque verticalement en s'éloignant toujours de plus en plus du bord vertical; la partie large de l'Aptychus n'est pas très-saillante ; l'angle que forme le bord supérieur avec le côté vertical est droit.

Localités : mont de Rome-Château (Saône-et-Loire). Collection de M. Pellat.

Explication des figures : pl. XXXII, fig. 10, *Aptychus Elasma*, de Rome-Château, grandeur naturelle.

COUP D'ŒIL SUR LES AMMONITES

Les Ammonites de la zone à *A. bifrons*, dans le bassin du Rhône, forment une subdivision importante, parmi les fossiles de ce niveau. En effet, leur nombre, qui certainement est loin d'être complétement connu, arrive à 66 espèces, toutes bien caractérisées et dont quelques-unes seulement trouvent des formes analogues dans le lias moyen ; il est bien remarquable qu'aucune de ces espèces ne se propage dans la zone supérieure à *A. opalinus*, dont le niveau est si rapproché, et que toutes ces coquilles, aux formes si belles et si variées, se montrent tout à coup, pour s'éteindre dans la même zone, après un temps très-court relativement, car la zone à *A. bifrons* n'offre pas une grande épaisseur de terrains déposés.

La famille qui domine est celle des *falciferi*, qui fournit un grand nombre d'espèces aussi variées par les ornements que par leurs proportions et la forme de leur carène.

Je crois qu'il serait convenable de ne comprendre dans le groupe des *falciferi* que les Ammonites qui sont ornées de côtes en forme de faucille commençant sur l'ombilic par une partie droite et se terminant par une courbe très-arrondie. Les espèces de ce groupe, ainsi limité, se borneraient, pour notre niveau, aux *A. subplanatus, bicarinatus, falcifer* et *discoides*, en excluant les Ammonites qui n'ont que des côtes simplement sinueuses comme l'*A. radians*, etc.

La petite famille comprenant les Ammonites qui se distinguent par l'irrégularité de leurs côtes alourdies et comme boursouflées, par un état maladif, et que j'ai réunies sous le nom de *podagrosi*, ne compte que 6 espèces, mais qui paraissent former un groupe assez naturel ; elles sont toutes carénées et assez largement ombiliquées ; toutes paraissent avoir subi, comme l'indique la forme lourdement renflée de leurs ornements, une influence spéciale et profonde, puisque les lois de symétrie et de répétition régulière des détails y sont faussées, contrairement à ce qui s'observe dans toutes les autres espèces d'Ammonites. Cette famille a fait son apparition et s'est éteinte dans la zone ; du moins je ne vois aucune forme analogue signalée dans la zone à *A. opalinus*, ni dans les formations qui lui ont succédé. On pourrait peut-être rattacher à cette famille deux Ammonites du lias inférieur qui se font remarquer aussi par l'irrégularité et la bizarrerie de leur ornementation, je veux parler des *A. Sinemuriensis* et *Oosteri ;* mais encore faut-il remarquer que les irrégularités des ornements ne sont pas accentuées et dirigées dans ces deux espèces comme dans le groupe des *podagrosi* du lias supérieur.

La famille des *planulati* comprend une dizaine d'espèces dont quelques-unes sont remarquables par leurs formes ou par l'abondance et le nombre de leurs spécimens.

Peut-être n'est-il pas hors de propos de signaler les espèces qui ne se montrent généralement que dans les régions où le lias prend un caractère alpin et que l'on ne rencontre pas dans la partie nord du bassin du Rhône, ce sont les Ammonites : *Levisoni*, *Emilianus*, *Comensis*, *Nilssoni*, *Atlas*, *rubescens*, *Agelliezi*, *pupulus* et *Leonciæ.*

Il est à remarquer que la zone ammonitifère du lias supérieur des Alpes de Lombardie (Como, Erba), qui a fourni à M. de Hauer la plupart des espèces remarquables que nous avons retrouvées dans le bassin du Rhône, se trouve placée dans les mêmes conditions géographiques que la zone qui comprend les gisements de la Verpillière, Villebois, etc.; en effet, les villes de Lyon et de Como sont placées très-exactement à la même latitude.

GASTÉROPODES

Chemnitzia Repeliniana (D'ORBIGNY).

1847. D'Orbigny, *Chemnitzia Repeliniana.* (*Prodrome*, étage 9, n° 60.)
1850. D'Orbigny, *Chemnitzia Repeliniana.* (*Paléontologie française*, p. 39, pl. 238, fig. 2.)

Coquille allongée, sans ornements, de taille médiocre ; on pourrait la confondre avec la *Chemnitzia procera* des mêmes couches, dont les premiers tours ont la suture aussi unie et dont on trouve des exemplaires d'une forme aussi allongée, mais les proportions d'enroulement sont bien différentes ; en effet, tous mes échantillons de la *C. procera* montrent, pour la même taille, un nombre de tours bien plus petits que ceux indiqués pour la *C. Repeliniana*.

Localité : la Verpillière, *r. r.*

Chemnitzia Rhodani (D'ORBIGNY).

1847. D'Orbigny, *Chemnitzia Rhodani. (Prodrome*, étage 9, n° 60.)
1850. D'Orbigny, *Chemnitzia Rhodani. (Paléontologie française*, p. 39, pl. 238, fig. 3.)

Petite coquille très-allongée, aciculée, ornée de petites côtes transverses, droites.

Espèce des plus rares et dont je n'ai pu recueillir que des fragments.

Localités : Mont-d'Or lyonnais, Poleymieux, *r. r.*

Chemnitzia procera (DESLONCHAMPS).

(Pl. XXXIV, fig. 1 et 2.)

1842. E. Deslongchamps, *Chemnitzia procera. (Mémoires de la Société Linnéenne de Normandie*, t. VII, p. 222, pl. XII, fig. 5 et 6.)
1850. D'Orbigny, *Chemnitzia procera. (Paléontologie française*, p. 41, pl. 239, fig. 2 et 3, sous le nom de *turris*.)

Dimensions : longueur , 104 millimètres; angle spiral, 16 degrés.

La hauteur des tours est au diamètre comme 80 est à 100.

Coquille de grande taille, allongée, conique. Spire formée d'un angle régulier, composée de 12 tours très-légèrement convexes, couverts de stries d'accroissement qui se groupent en faisceaux sur la convexité du dernier tour.

La suture est simple et peu marquée sur les 7 premiers tours, dans les suivants, on remarque une petite dépression formée par un méplat étroit, placé tantôt en bas, tantôt en haut des tours. Je remarque dans mes échantillons que la bouche paraît plus arrondie que sur ceux figurés par d'Orbigny.

On est surpris de retrouver dans le Calvados, à un niveau aussi élevé que la partie supérieure du bajocien, une coquille aussi caractéristique de la zone à *A. bifrons;* je ne remarque aucune différence essentielle entre les espèces des deux formations. Le fait est d'autant plus singulier que la *C. procera* n'a été signalée ni dans la zone supérieure à *A. opalinus,* ni dans les zones les plus anciennes du bajocien, soit aux niveaux des *A. murchisonæ,* du *pecten personatus,* de l'*A. Sowerbyi,* qui ont précédé le dépôt des couches de Saint-Vigor.

Localités : Saint-Romain, la Verpillière; pas très-rare ; Crussol, de la collection de M. Garnier.

Explication des figures : pl. XXXIV, fig. 1, *C. procera*, de la Verpillière, grandeur naturelle. Fig. 2, fragment d'un autre exemplaire, même localité, vu du côté de la bouche.

Chemnitzia coronata (Nov. sp.).

(Pl. XXXIV, fig. 3.)

Testa turrita, per elongata; anfractibus subconvexis, elongatis, antice angulosis, lineis humilibus transversim notatis, in angulo spinulosis; apertura?

Coquille de forme très-allongée; angle spiral inconnu, mais très-

faible. Spire composée de tours plans, un peu concaves, et dont la
hauteur égale le diamètre, munis en avant d'un angle saillant sur
lequel se montrent de petits tubercules épineux, au nombre de 12
à 14 par tour; cette couronne de tubercules est placée aux trois
quarts de la hauteur; la coquille, en redescendant en avant contre la
suture, décrit une petite courbe légèrement concave, la suture est
simple et peu marquée; la surface est couverte de légères lignes
d'accroissement; les petits tubercules épineux ne sont pas parfaitement réguliers. Je n'ai qu'un fragment de cette jolie Chemnitzia,
fragment d'une belle conservation, mais qui ne me permet pas de
reconnaître la forme générale, ni celle de la bouche.

Localités : la Verpillière, *r. r.*

Explication des figures : pl. XXXIV, fig. 3, *C. coronata*,
fragment de la Verpillière, grandeur naturelle.

Chemnitzia ferrea (Nov. sp.).

(Pl. XXXV, fig. 8.)

Testa parva, subturrita; spira angulo 15°; anfractibus con-
vexis, transversim costatis, costis sub arcuatis, longitudinaliter
strialis; apertura ?

Dimensions : longueur calculée, 15 millimètres; diamètre,
3 millimètres 1/2.

Coquille de petite taille, turriculée. Spire formée d'un angle régulier, composée de tours arrondis, convexes, plus larges que hauts,
ornés par tour de 12 à 13 côtes transversales décrivant une courbe
dont la convexité est tournée en arrière; ces côtes assez régulières
sont croisées par des lignes longitudinales égales entre elles et qui
paraissent au nombre de 6.

Suture profonde; l'ouverture n'est pas visible sur mon unique
échantillon, mais elle paraît cependant un peu rétrécie en avant; la
forme rappelle celle des scalaires.

Localités : Mont-Cindre.

Explication des figures : pl. XXXV, fig. 8, *C. Terrea*, de Saint-Cyr, grandeur naturelle.

Chemnitzia lineata (Sowerby, sp.).

1819. Sowerby, *Melania lineata. (Mineral. concholog.*, pl. 218, fig. 1.)
1850. D'Orbigny, *Chemnitzia lineata. (Paléontologie française*, pl. 239, fig. 4 et 5.)

Dimensions : longueur, 14 millimètres ; diamètre, 5 millimètres 1/4 ; angle spiral, 24 degrés.

Petite coquille lisse, conique. Spire formée d'un angle régulier, composé de tours plus larges que hauts, légèrement convexes en dehors ; on ne voit pas de lignes d'accroissement, ce qui est dû sans doute à la petite taille de la coquille, qui est du reste bien conservée. Le sommet est très-aigu.

Localités : 1 seul échantillon de Crussol, ravin d'Enfer, dans les débris des fouilles, chemin du Tuleau, *r.*

Turritella anomala (Moore).

(Pl. XXXIV, fig. 4.)

1865. Moore, *Turritella anomala. (On the middle et upper lias of the south-west of England*, p. 96, pl. 4, fig. 18.)

Dimensions : longueur calculée, 27 millimètres ; diamètre, 5 millimètres 1/2 ; angle spiral, 11 degrés.

Coquille turriculée, allongée. Spire formée d'un angle régulier, composé de 13 tours arrondis, convexes, un peu plus larges que hauts, ornés de 12 côtes transverses, un peu flexueuses et obliques,

croisées par des lignes longitudinales fines, régulières, au nombre
de 16 ; suture profonde ; les côtes sont saillantes et bien marquées sur les premiers tours, mais elles vont en s'atténuant en se
rapprochant de l'ouverture, et disparaissent presque totalement sur
les derniers tours en avant.

M, Moore décrit cette turritelle du lias moyen de Camerton ; sur
les bords du Rhône, à Crussol, elle appartient sûrement au lias
supérieur, sans erreur possible ; on n'a pas signalé de cette localité
un seul fossile qui appartienne au lias moyen.

Localité : Crussol, ravin d'Enfer (collection de M. Huguenin), r.

Explication des figures : pl. XXXIV, fig. 4, *Turritella anomala*, de Crussol, grossie.

Natica Pelops (D'ORBIGNY).

(Pl. XXXIV, fig. 5, 6, 7.)

1847. D'Orbigny, *Natica Pelops*. (*Prodrome*, étage 9, n° 67.)
1850. D'Orbigny, *Natica Pelops*. (*Paléontologie française*, p. 188,
     pl. 288, fig. 16–17.)
1856. Oppel, *Natica Pelops*. (*Die Juraformation*, p. 378.)
1857. Lycett. (*The Cotteswold hill's*, pl. III, fig. 10.)

Dimensions : longueur, 65 millimètres ; diamètre, 46 millimètres ; angle spiral, 88 degrés ; le dernier tour occupe les
71/00 de la longueur totale.

Coquille globuleuse, plus haute que large, non ombiliquée. Spire
formée d'un angle régulier, composé de 7 tours convexes, lisses,
coupés carrément en arrière ; cette partie de la coquille, séparée du
tour par un angle assez vif, forme un large méplat qui devient nettement concave chez les gros spécimens.

Bouche ovale, largement arrondie surtout en bas. Encroûtement
columellaire peu important ; la forme est constante et très-régulière.

La surface est couverte de fines lignes d'accroissement, qui, chez les très-grands individus, finissent par se grouper un peu en faisceau et s'infléchissent en arrière, en haut du tour, pour retomber dans la fente ombilicale.

On remarque souvent, quand le test est bien conservé, que la surface, sur la panse des tours, ne décrit pas une courbe régulière, mais qu'elle est formée d'une suite de bandelettes lisses, juxtaposées, comme si le contour extérieur était le résultat de la révolution d'un polygone à côtés petits et irréguliers ; la coquille présente l'aspect d'un fruit dont on aurait enlevé la pelure par petites lanières ; cette curieuse modification de la surface ne s'aperçoit plus dans les grands exemplaires et dès que la taille dépasse 30 millimètres.

La *Natica Pelops* est une des coquilles les plus importantes et les plus caractéristiques de la zone ; elle se trouve à peu près partout, non-seulement dans le bassin du Rhône, mais dans la plus grande partie de l'Europe ; le moule a été très-bien figuré par d'Orbigny, mais le dessin de la coquille n'a pas encore été donné. Cependant M. Lycett (*The Cotteswold hill's*, pl. III, fig. 10) donne une figure qui paraît se rapporter très-bien à la *Natica Pelops*, sans toutefois l'attribuer à une espèce définie. L'explication des planches, sans doute par erreur, ne fait pas mention de cette figure.

Localités : Saint-Romain, Saint-Fortunat, Poleymieux, la Verpillière, Fressac, *c.*

Explication des figures : pl. XXXIV, fig. 5, *Natica Pelops*, de la Verpillière ; le dessin est un peu plus petit que le modèle nᵒ 6 et 7, *N. Pelops*, même localité. Le dessinateur a indiqué par erreur, sur la fig. 6, des aspérités irrégulières qui n'existent pas sur le modèle. La coquille est lisse.

Natica Lemeslei (Nov. sp.).

Coquille de taille assez petite, bien plus haute que large ; tours ronds ; spire allongée. Voir, pour la description et la figure, à la partie du présent volume qui se rapporte à la zone supérieure, à *Ammonites opalinus ;* la *N. Lemeslei* se trouve dans les deux zones, mais elle est représentée, dans la zone supérieure, par de beaux échantillons.

Elle est infiniment plus rare que la *N. Pelops,*

Localité : la Verpillière, *r. r.*

Neritopsis philea (D'ORBIGNY).

(Pl. XXXIV, fig. 8, 9 et 10, et pl. XXXV, fig. 4 à 4.)

1850. D'Orbigny, *Neritopsis philea. (Paléontologie française,* p. 222, pl. 300, fig. 5 à 7.)

1855. Pictet, *Neritopsis philea. (Traité de paléontologie,* 2ᵉ édit., vol. III, p. 126.)

1858. E. Deslonchamps, *Peltarium unilobatum. (Bulletin de la Société Linnéenne de Normandie,* vol. III, p. 153.)

1865. Ch. Moore, *Neritopsis transversa. (On the middle et upper lias,* pl. 5, fig. 9 et 10.)

Dimensions : hauteur, 34 millimètres ; diamètre, 39 millimètres.

Coquille globuleuse, non ombiliquée, plus large que haute. Spire très-courte, composée de trois tours arrondis, convexes, croissant très-rapidement, ornés en long d'un grand nombre de petites côtes inégales, parmi lesquelles on en voit une douzaine plus saillantes que les autres et qui sont plus espacées à l'équateur de la coquille ; ces côtes longitudinales sont croisées par des lignes d'accroissement qui, sur les grands exemplaires, se groupent en faisceaux et forment alors de grosses côtes transverses, assez irrégulières, marquées surtout en arrière des tours contre la suture. Le dernier tour est énorme ; la bouche, ovale d'abord, devient plus ronde dans les grands exemplaires et présente alors un contour presque exactement circulaire.

D'après la note de M. J. Beaudoin, insérée dans le *Bulletin de la Société géologique,* à la date du 9 novembre 1868, il est impossible de conserver des doutes sur la véritable nature des corps singuliers décrits par MM. Deslongchamps, sous le nom de *Peltarion* (*Bulletin de la Société linnéenne de Normandie*, 1858, III° vol., p. 148). Il faut reconnaître que ces corps sont vraiment des opercules de Neritopsis ; or, comme dans les couches de Saint-Romain, on ne trouve que le *Neritopsis philea* et que l'on y trouve, en même temps, le *Peltarion unilobatum*, que M. Deslongchamps décrit du lias supérieur ; il est infiniment probable que ce Peltarion est une pièce organique qui appartient à notre Neritopsis, et dont la description doit être réunie à celle de cette coquille.

Les *Peltarion unilobatum*, que nous avons recueillis à Saint-Romain, mesurent une longueur de 14 millimètres sur une largeur de 18 millimètres, et cette taille est bien appropriée à celle des *Neritopsis* fournis par le même gisement : je donne les dessins, de grandeur naturelle, de ces *Peltarion*, vus de côtés différents, et je crois que ces figures vaudront mieux pour caractériser la forme de ces opercules qu'une description qu'il serait bien difficile de faire avec précision. Je n'ai pas eu la bonne fortune de trouver, comme M. Beaudoin, l'opercule encore en place dans la coquille.

On peut voir, dans le *Quarterly Journal of the geological Society*, année 1867, le dessin d'un *Peltarion*, pl. XVI, fig. 25 et 26, donné par M. Ch. Moore, sous le nom de *Chiton radiatum ;* mais ce *Peltarion* appartient au lias inférieur de Brocastle, et M. Moore décrit du même gisement un Neritopsis, circonstance qui vient appuyer la découverte de M. Beaudoin.

Localités : Saint-Romain, la Verpillière, *r. r.*

Explication des figures : pl. XXXIV, fig. 8, *N. philea*, de la Verpillière, du côté de la bouche, figure un peu trop petite. Fig. 9 et 10, autre exemplaire de la même localité, grandeur un peu réduite. Pl. XXXV, fig. 1 à 4, *N. philea*, de Saint-Romain, de grandeur naturelle. Opercule (*peltarium*).

Neritopsis Hebertana (D'ORBIGNY).

(Pl. XXXV, fig. 5, 6 et 7.)

1850. D'Orbigny, *Neritopsis Hebertana*. *(Paléontologie française,*
p. 221, pl. 300, fig. 1 à 4.)

Dimensions : longueur, 17 millimètres ; diamètre, 20 millimètres.

Coquille globuleuse, plus large que haute, non ombiliquée. Spire
des plus courtes, sans aucune proportion avec l'énorme développement du dernier tour ; les tours ronds portent sur le dernier 9 côtes
transverses, qui semblent formées de faisceaux de côtes ou lignes
plus petites ; ces côtes sont croisées par quatre lignes saillantes
longitudinales et une grande quantité de lignes beaucoup plus
fines ; les entrecroisements de ces deux systèmes sont marqués par
de grosses nodosités saillantes, irrégulières.

La bouche, dont les bords sont coupants, est tout à fait projetée
en dehors ; sa forme est ronde et semble même un peu déprimée.

Le bel échantillon de Crussol, dont je donne la figure, est un peu
différent, dans le détail des ornements, de celui figuré par d'Orbigny,
de Fontaine-Etoupe-Four ; mais l'ensemble est si caractéristique, si
ressemblant, que je le réunis, sans hésitation, au *N. Hebertana.*

Localités : Crussol, ravin d'Enfer, *r.* De la collection de
M. Huguenin, *r.*

Explication des figures : pl. XXXV, fig. 5, 6 et 7, *N. Hebertana*, Crussol (collection de M. Garnier), grandeur naturelle.

Avellana cancellata (E. Dumortier).

(Pl. XXXV, fig. 9 et 10.)

1870. E. Dumortier, *Avellana cancellata. (Journal de Conchyliologie*, 3e série, t. X, p. 307, pl. XI, fig. 1. *(Note sur une nouvelle espèce d'Avellana du lias supérieur.)*

Dimensions : longueur, 12 millimètres; diamètre, 8 millimètres 1/2.

Petite coquille globuleuse, épaisse, ventrue. Spire formée d'un angle convexe, composé de 6 tours convexes, dont le dernier occupe à peu près la moitié de la longueur totale de la coquille. Les tours sont partout couverts de lignes longitudinales, croisées par des lignes transverses d'égale importance; il en résulte une surface fort régulièrement quadrillée et assez différente par ses ornements de celle des *avellana* de la craie.

La bouche est courte, resserrée, arquée extérieurement et pourvue d'un bourrelet saillant en dehors; la columelle encroûtée porte un gros pli à sa partie supérieure. L'état des échantillons ne permet pas de distinguer si le labre avait des plis à l'intérieur.

Depuis ma note de 1870, M. Huguenin a pu recueillir encore à Crussol 4 petits exemplaires de l'*Avellana cancellata.* Ce gisement du ravin d'Enfer laisse voir les couches du lias supérieur sur une étendue si restreinte et les recherches y sont si difficiles, qu'il y a lieu d'être surpris d'y rencontrer un certain nombre d'exemplaires d'une coquille aussi rare que l'*A. cancellata.*

D'après de nouvelles observations, il serait bien possible que l'*A. cancellata* se rencontrât aussi dans la zone à *Ammonites opalinus.*

Localités : la Verpillière, dans le minerai de fer, *r. r.*, ma collection; Crussol, collection de M. Garnier.

Explication des figures : pl. XXXV, fig. 9 et 10, *A. cancellata*, de la Verpillière, grossie.

Turbo Bertheloti (D'ORBIGNY).

1850. D'Orbigny, *Turbo Bertheloti*. *(Paléontologie française,*
    p. 337, pl. 328, fig. 7 et 8.)
1856. Oppel, *Turbo Bertheloti*. *(Die Juraformation*, p. 378.)

Dimensions : longueur, 60 millimètres; diamètre, 40 millimètres ; angle spiral, 39 degrés.

Coquille toujours senestre, allongée, non ombiliquée. Spire formée d'un angle concave, composé de 10 tours convexes, portant
sur le milieu une rangée de fortes nodosités, saillantes, séparées par
un sillon spiral peu profond et au nombre de 11 environ par tour ;
le tout est recouvert par un grand nombre de fines lignes spirales ;
les tours portent en avant, à leur extrémité supérieure, une carène
saillante, presque coupante; le dessus du dernier tour, un peu convexe, est couvert de lignes spirales, fines, qu'il est très-rare de pouvoir observer.

Bouche ronde, petite, évasée, oblique. L'angle sutural est très-
prononcé.

Les 4 premiers tours ne portent pas de nodosités ; cette partie de
la coquille, très-fragile, est fort mince et acuminée. La coquille était
fort épaisse.

Cette belle espèce a été figurée par d'Orbigny, avec une grande
exactitude, ce qui me dispense d'en donner un dessin.

Malgré l'observation d'Oppel, qui dit que le niveau du *Turbo Bertheloti* n'est pas encore bien fixé, il appartient sans aucun doute à
la zone de l'*Ammonites bifrons*.

Cette coquille a beaucoup de rapports avec le *Turbo Hornesi*, décrit par M. Ch. Moore, du même horizon, et provenant de Compton ;
ce Turbo est également senestre; voir : *On the middle et upper lias*,
p. 94, pl. 6, fig. 7 et 8.

Localités : la Verpillière, Serres, Crussol, Privas.

Turbo subduplicatus (d'Orbigny).

Voir, pour la description et la synonimie, dans les Gastéropodes de la zone supérieure.

Ce Turbo, excessivement rare dans la zone à *A. bifrons*, se rencontre, au contraire, très-communément et partout, dans la zone à *A. opalinus*, dont il est un des fossiles les plus caractéristiques.

Localité : la Verpillière, *r. r.*

Turbo madidus (Nov. sp.).

(Pl. XXXV, fig. 11 à 14.)

Testa conica, umbilicata ; spira angulo 80°. anfractibus convexis, rotundatis , longitudinaliter lineatis, lineis crebris vacillantibus, tuberculis parvis ac irregularibus ad peripheriam notatis, paululum rugosis; superficie tanquam vellicata. Apertura rotundata.

Dimensions : hauteur, 15 millimètres; diamètre, 14 à 16 millimètres.

Coquille conique, globuleuse, ombiliquée, ordinairement un peu plus large que haute. Spire formée d'un angle un peu convexe, composée de tours ronds, couverts en long de lignes saillantes, petites, alternant avec d'autres un peu plus petites ; toutes ces lignes fines, en gardant leur direction spirale, ont une allure un peu tremblée ; il y a de petits plis transverses, irréguliers, toujours plus saillants en haut et en bas du tour.

Le test paraît mince et fragile, il est presque impossible d'obtenir des échantillons complets ; la coquille ridée en travers est appliquée sur le moule intérieur comme le ferait un tissu mouillé qui forme de petits plis irréguliers en séchant.

Ouverture ronde. Les proportions changent quelquefois; quand la coquille s'allonge, l'ombilic devient moins ouvert, mais les ornements ne changent pas.

Localités : Saint-Romain, Poleymieux, Marcigny, c.

Explication des figures : pl. XXXV, fig. 11 à 13, *Turbo Madidus*, de Saint-Romain, grandeur naturelle. Fig. 14, grossissement d'une partie de la surface.

Turbo Garnieri (Nov. sp.).

(Pl. XXXV, fig. 15 à 17.)

Testa globosa, conica, imperforata; spira brevi angulo 84°. Anfractibus rotundatis, lævigatis, sutura vix perspicua; apertura rotundata.

Dimensions : hauteur, 11 millimètres ; diamètre, 11 millimètres.

Petite coquille globuleuse, lisse, brillante, sans ombilic. Spire formée d'un angle presque régulier, à peine convexe, composée de 3 tours lisses, convexes et non anguleux en avant. Le dernier est bien plus grand que la moitié de la coquille.

Bouche ronde. simple; columelle avec une très-petite callosité et l'indice seulement d'une fente ombilicale; la coquille paraît épaisse.

Voisin du *Trochus Acmon* d'Orbigny et du *T. nudus*, Münster, notre Turbo en diffère par sa spire bien plus raccourcie, sa suture effacée, à peine visible; le manque d'ombilic le sépare du *T. Belus* d'Orbigny.

Localités : la Verpillière, ma collection ; Crussol, un seul échantillon d'une conservation parfaite, de la collection de M. Garnier, r. r.

Explication des figures : pl. XXXV, fig. 15 à 17, *Turbo Gar-*

nieri, de Crussol, de grandeur naturelle, de la collection de M. Garnier.

Trochus Falconneti (Nov. sp.).

(Pl. XXXVII, fig. 14, 15 et 16.)

Testa conica imperforata, supra angulosa; anfractibus complanatis longitudinaliter 3 costatis; costis tuberculatis, rugosis, ultimo anfractu supra levigato; apertura sub rotundata depressa.

Dimensions : longueur, 18 millimètres; diamètre, 14 millimètres; angle spiral, 43 degrés.

Petite coquille conique, imperforée, plus longue que large. Spire formée d'un angle régulier, composée de tours plats, ornés en long de 3 lignes de tubercules rugueux, saillants, serrés, un peu irréguliers; la série médiane semble un peu plus saillante que les autres. Les tubercules sont plutôt des lamelles squameuses en forme de croissant.

Le dernier tour, plat en avant, paraît dépourvu d'ornement; l'ombilic est fermé ou tout au plus indiqué par une toute petite ouverture.

Il est très-difficile de distinguer la suture; les ornements sont rudes et même grossiers, eu égard à la petitesse de la coquille.

Cette jolie espèce a été recueillie par M. Mathieu Falconnet dans les débris de galeries d'essais, sur le chemin qui mène du ravin d'Enfer à Tuleau.

Localités : Crussol, r. r., ma collection.

Explication des figures : pl. XXXVII, fig. 14 à 15, *Trochus Falconneti*, de Crussol, grandeur naturelle. Fig. 16, portion du test grossi.

Discohelix Dunkeri (Moore).

(Pl. XXXV, fig. 18 et 19.)

1865. Ch. Moore, *Discohelix Dunkeri*. *(On the middle et upper lias, p. 85, pl. 8, fig. 28 et 29.)*

Dimensions : hauteur, 11 millimètres ; diamètre, 30 millimètres.

Coquille petite, presque enroulée sur un même plan, très-largement ombiliquée ; concave des deux côtés. Spire rentrante, formée d'un grand nombre de tours de forme presque carrée, plus larges et arrondis extérieurement ; sur l'angle supérieur et inférieur des tours, une série de tubercules très-saillants sans être épineux, forme comme une crête verticale très-caractéristique ; toute la surface est couverte de petites lignes spirales assez régulières, qui paraissent un peu ondoyantes sur les côtés des tours. La suture est si peu marquée, du côté de la spire, qu'il est difficile de la distinguer.

Localités : Saint-Fortunat, Limonest, la Verpillière, le Blaymard, *r. r.*

Explication des figures : pl. XXXV, fig. 18, *Discohelix Dunkeri*, de Limonest, de grandeur naturelle, vue du côté de l'ombilic ; de la collection de l'École des mines. Fig. 19, le même, vu du côté de la bouche.

Solarium Helenæ (Nov. sp.)

(Pl. XXXVI, fig. 1 à 4.)

Testa conica, globata, late umbilicata. anfractibus convexis, lineis crebris longitudinaliter notatis, infra tuberculosis ; umbilico per profundo, tuberculis in angulo adornato.

Dimensions : hauteur, 12 millimètres ; diamètre, 16 millimètres.

Petite coquille déprimée, globuleuse ; ombilic peu large pour le genre et très-profond. Spire formée d'un angle très-convexe à sommet obtus, composée de tours arrondis, ornés partout de fines lignes longitudinales portant en arrière une série de petits tubercules saillants, en forme de perles, au nombre de 18 sur le dernier tour ; en se rapprochant du sommet, ces perles diminuent beaucoup de volume, et la spire se termine non en pointe mais en dôme arrondi.

L'ombilic profond est coupé perpendiculairement ; il est bordé d'une couronne de fortes crénelures au nombre de 12 sur le dernier tour.

Les tours sont quelquefois ornés de gros plis irréguliers transverses, qui dominent alors les lignes spirales régulières. Bouche ronde, un peu comprimée.

Je ne connais de cette jolie coquille qu'un exemplaire, que j'ai recueilli à la Verpillière, et deux autres, du Blaymard, qui sont dans la collection des Frères Maristes de Saint-Genis.

Localités : la Verpillière, le Blaymard, r. r.

Explication des figures : pl. XXXVI, fig. 1 et 3, *Solarium Helenae*, de la Verpillière, de grandeur naturelle. Fig. 4, grossissement d'une partie des ornements.

Encyclus capitaneus (M. *in* GOLF. SP.)

1844. Goldfuss, *Turbo capitaneus. (Petrefacta*, pl. 194, fig. 1.)
1850. D'Orbigny, *Turbo capitaneus. (Paléontologie française*, p. 341, pl. 329, fig. 7 et 8.)
1860. E. Deslongchamps, *Encyclus capitaneus. (Bulletin de la Société linnéenne de Normandie*, vol. V, p. 140.)

L'*Encyclus capitaneus* est, avec la *Natica Pelops*, le Gastéropode le plus important et le plus caractéristique du lias supérieur ; très-répandu dans la zone inférieure, on le retrouve encore quelquefois dans la zone à *A. opalinus*.

Les figures et la description données par d'Orbigny sont très-fidèles et rendent inutiles d'autres détails. La longueur arrive parfois à 70 millimètres. Les côtes spirales qui ornent en avant le dernier tour ne sont pas toujours au nombre de 7. Il est plus vrai de dire qu'on en peut compter de 5 à 7. De plus les rides transversales se dirigent fortement en arrière en partant de la suture.

Il arrive quelquefois que les lignes spirales chargées de perles ne sont plus que des arêtes saillantes sans ornements ; j'ai sous les yeux un spécimen de Veyras, sans aucune espèce de tubercules et qui pour tout le reste ne peut pas se distinguer de l'espèce.

Localités : partout; très-abondant dans les minerais de fer de la Verpillière, *c. c.*

Encyclus pinguis (E. Deslonchamps).

1860. E. Deslonchamps, *Encyclus pinguis*. (*Bulletin de la Société linnéenne de Normandie*, vol. V, pl. 11, fig. 7.)

Coquille globuleuse, ovale. Spire formée de tours arrondis, dont le dernier occupe la moitié de la longueur totale; ces tours portent 4 petites carènes longitudinales saillantes, dont les deux qui occupent le milieu des tours montrent une série de petites perles. Des stries d'accroissement obliques garnissent tous les intervalles des carènes ; la bouche est ronde et de grande dimension.

Mes échantillons sont trop insuffisants pour donner une bonne description.

Localités : la Verpillière, *r. r.*

Encyclus Philiasus (D'ORBIGNY, SP.).

1850. D'Orbigny, *Purpurina Philiasus.* (*Paléontologie française*, pl. 329, fig. 12-14.)
1860. E. Deslongchamps, *Encyclus Philiasus.* (*Bulletin de la Société linnéenne de Normandie*, vol. V, p. 140.)

Dimensions : longueur, 15 millimètres; diamètre, 8 millimètres.

Coquille petite, allongée, pyramidale. Spire formant un angle régulier, composée de 5 tours anguleux, portant un rang de petites
perles sur une carène saillante, et un autre en arrière près de la
suture. Le dernier tour occupant la moitié de la longueur totale est
couvert en avant de plis concentriques granulés.

Localités : Saint-Romain, Chapelle des Buis, près de Besançon, *r*.

Purpurina Bellona (D'ORBIGNY).

1850. D'Orbigny, *Purpurina Bellona.* (*Paléontologie française*,
pl. 331, fig. 1 et 3 (sans description).

Coquille fort rare, qui paraît cependant se rencontrer à plusieurs
niveaux ; d'Orbigny l'indique de l'oolithe inférieure, M. Deslongchamps la cite de l'oolithe ferrugineuse du Calvados et les échantillons que j'ai recueillis appartiennent à la zone de l'*A. bifrons ;* ces
échantillons ne sont que des fragments trop peu clairs pour qu'il me
soit possible d'ajouter aucun détail.

Localités : Poleymieux, la Verpillière, Crussol, *r. r.*

Purpurina ornatissima (MOORE).

(Pl. XXXVI, fig. 5.)

1865. Ch. Moore, *Purpurina ornatissima. (On the middle lias of the south-west of England*, p. 89, pl. 5, fig. 20-21.)

Coquille un peu globuleuse, plus longue que large. Spire composée de tours assez convexes, se recouvrant en gradins, couverts de nombreuses lignes longitudinales et de côtes transverses, droites, saillantes, assez espacées, au nombre de 14 environ par tour; ces côtes sont plus masquées en arrière contre la suture et s'évanouissent en avant sur le dernier tour.

D'après M. Moore, le sommet est acuminé, l'ouverture ovale et le bord mince; cette espèce me paraît différer du *P. Bellona* par sa taille plus grande et ses proportions plus élancées, mais surtout par le nombre de ses côtes bien moindre et leur effacement en avant sur le dernier tour.

La *Purpurina ornatissima*, rarissime à la Verpillière, paraît être fort rare aussi en Angleterre et d'une taille moindre que mon échantillon figuré.

Localité : la Verpillière, *r. r.*

Explication des figures : pl. XXXVI, fig. 5, *Purpurina ornatissima*, fragment de la Verpillière, grandeur naturelle.

Onustus heliacus (D'ORBIGNY, sp.).

1850. D'Orbigny, *Trochus heliacus. (Paléontologie française*, p. 269, pl. 311, fig. 8 et 10.)

1860. E. Deslongchamps, *Onustus heliacus. (Bulletin de la Société linnéenne de Normandie*, vol. V, p. 132.)

1865. Ch. Moore, *Onustus spinosus*. *(On the middle et upper lias,*
    p. 87, pl. 4, fig. 21.)

Dimensions : hauteur, 16 millimètres ; diamètre, 29 millimètres.

Coquille bien plus large que haute, munie d'une fossette ombilicale profonde, si ce n'est pas un véritable ombilic. Spire formée d'un
angle régulier non concave, comme celui du *trochus (onustus) la-
mellosus ;* côtes minces, pincées, un peu obliques ; leur nombre est
assez variable, ainsi que la largeur de la coquille ; angle du bord
saillant coupant. L'excellente figure donnée par d'Orbigny est très-
correcte.

Localités : Saint-Fortunat, Saint-Romain, Poleymieux,
Saint-Nizier, ma collection et collection de M. Falsan, la Verpillière.

Cirrus Fourneti (E. DUMORTIER).

(Pl. XXXVI, fig. 9.)

1860. E. Dumortier, *Cirrus Fourneti*. *(Annales de la Société im-
        périale d'Agriculture de Lyon,* 3ᵉ série, vol. IV, p. 489,
        pl. 2.)

Dimensions : hauteur, 33 millimètres ; diamètre, 31 millimètres.

Coquille turbinée, à enroulement senestre. Spire formée d'un
angle très-concave, composée de 8 tours, plats en commençant, puis
largement arrondis, dont le dernier montre un développement
énorme et porte 16 à 17 côtes transverses, saillantes, irrégulières ;
toute la coquille est couverte d'une multitude de petites lignes spirales, régulières, qui passent sur les côtes ou nodosités.
    Bouche ronde, entière ; ombilic grand, infundibuliforme. Ce n'est
que sur le cinquième tour que les nodosités commencent à se mon-

trer, en même temps que la forme de la spire s'élargit et que les tours deviennent plus arrondis.

Cette coquille est des plus rares : depuis 1860, époque où j'en ai donné la description et la figure, M. Garnier en a recueilli un bel exemplaire à Crussol, de la même grandeur exactement que celui qui figurait dans la collection de M. Fournet. Le dessin que je donne est pris sur cet échantillon de Crussol. Voyez dans ma note (*loc. cit.*) les détails donnés sur le genre *Cirrus.*

Localités : la Verpillière, collection Fournet, Crussol, ravin d'Enfer, collection Garnier, *r. r.*

Explication des figures : pl. XXXVI, fig. 9, *Cirrus Fourneti,* de Crussol, grandeur naturelle.

Pleurotomaria Grasana (D'ORBIGNY).

1850. D'Orbigny, *Pleurotomaria Grasana. (Paléontologie française,* p. 436, pl. 360, fig. 1 à 4.)
1856. Oppel, *Pleurotomaria Grasana. (Die Juraform.,* p. 378.)

Dimensions : longueur, 55 millimètres; diamètre, 50 millimètres; angle spiral, 58 degrés.

Pleurotomaire de taille assez grande, abondant dans les minerais de fer de l'Isère ; il est souvent difficile de le distinguer du *Pleurotomaria Sibylla,* qui est cependant toujours plus allongé. La spire forme toujours un angle un peu concave.

Localités : Saint-Romain, la Verpillière, Crussol, Privas.

Pleurotomaria Sibylla (D'ORBIGNY).

1850. D'Orbigny, *Pleurotomaria Sibrilla. (Paléontologie française,* p. 442, pl. 363, fig. 1 à 7.)

Dimensions : longueur, 39 millimètres ; diamètre, 30 millimètres, angle spiral, 50 degrés.

Coquille bien plus longue que large, non ombiliquée. Spire formée d'un angle régulier, le dernier tour n'est pas plat en avant mais légèrement convexe et couvert de fines lignes spirales.; le centre est déprimé, donnant un indice d'ombilic. Il s'en faut de beaucoup que la bande du sinus fasse toujours fortement saillie.

L'angle en avant du dernier tour est souvent très-marqué en saillie sur toute la spire, principalement dans les exemplaires de grande taille.

Localités : la Verpillière, Crussol, c.

Pleurotomaria Repeliniana (D'ORBIGNY).

1850. D'Orbigny, *Pleurotomaria Repeliniana. (Paléontologie française,* p. 435, pl. 359.)

Dimensions : longueur, 55 millimètres ; diamètre, 50 millimètres ; angle spiral, 67 degrés.

Coquille d'assez grande taille, presque aussi large que haute, sans ouverture ombilicale. Spire formée d'un angle régulier, composée de 8 tours, larges, convexes, couverts partout de très-fines lignes spirales, croisées par des lignes d'accroissement fines et obliques ; la bandelette du sinus n'est pas toujours aussi nettement excavée que le dit d'Orbigny. On lit encore dans la description de la *Paléontologie française* que la bouche est triangulaire, il serait plus exact de dire qu'elle est d'une forme rhomboédrique, comme l'indique sa fig. 1, pl. 359, de d'Orbigny.

Localités : la Verpillière, c., ma collection et celle de M. Pellat.

Pleurotomaria Bertheloti (D'ORBIGNY).

1850. D'Orbigny, *Pleurotomaria Bertheloti. (Paléontologie française*, p. 439, pl. 361, fig. 6 à 10.)

Dimensions : hauteur, 62 millimètres : diamètre, 58 millimètres.

Coquille trochoïde, un peu plus longue que large avec un petit
ombilic; l'angle spiral de mes échantillons va à 60 degrés et diffère
un peu du nombre indiqué par d'Orbigny. Spire formée d'un angle
un peu convexe, composée de tours larges, convexes, ornés partout
de fines lignes spirales, un peu inégales; bandelette du sinus au
tiers supérieur, de moyenne grandeur et peu saillante.

Localités : la Verpillière, Serres, Privas, Crussol, r.

Pleurotomaria Isarensis (D'ORBIGNY).

1850. D'Orbigny, *Pleurotomaria Isarensis. (Paléontologie française*, p. 440, pl. 362, fig. 1 à 5.)

Dimensions : hauteur, 52 millimètres; diamètre, 54 millimètres; ouverture de l'angle spiral, 78 degrés.

Coquille trochoïde, non ombiliquée, un peu plus large que longue
(d'Orbigny dit le contraire, par erreur, je le suppose). Spire formée
d'un angle régulier, composée de tours assez larges, convexes, couverts partout de côtes minces, saillantes, très-inégales; la bandelette du sinus étroite, saillante, est posée sur le milieu du tour et
peut être facilement confondue avec les côtes spirales; le dessus du
dernier tour est renflé et couvert de côtes semblables à celles du
reste de la coquille.

La bouche, ronde, est certainement un peu moins déprimée, surtout contre la columelle, que ne l'indique la figure de d'Orbigny.

Le *Pleurotomaria Isarensis* se distingue entre tous par la bande saillante de son sinus, mais principalement par l'aspect rude et grossier de son ornementation ; cette particularité qui frappe à première vue, le rend beaucoup plus adhérent à la gangue et fait qu'il est des plus rares de rencontrer de cette espèce de bons échantillons, nettement dégagés.

Localités : la Verpillière.

Pleurotomaria Perseus (D'ORBIGNY).

1850. D'Orbigny, *Pleurotomaria Perseus. (Paléontologie française*, p. 437, pl. 360, fig. 6 à 10.)

Coquille trochoïde, plus longue que large, non ombiliquée. Spire formée d'un angle régulier, composée de tours assez larges, couverts en long de petites lignes inégales ; bandelette du sinus excavée, lisse, peu apparente, placée au tiers supérieur ; les tours portent en avant un bourrelet arrondi qui reste en saillie sur la spire ; le dernier tour est à peine un peu convexe, en avant, et porte des stries concentriques régulières, surtout à la partie extérieure.

Les échantillons que j'ai recueillis de cette espèce ne sont pas en très-bon état.

Localités : la Verpillière, *r*.

Pleurotomaria Serena (D'ORBIGNY).

1850. D'Orbigny, *Pleurotomaria Serena. (Paléontologie française*, p. 438, pl. 361, fig. 1 à 5.)

Coquille trochoïde, plus longue que large, ombiliquée. Spire formée d'un angle régulier, composée de tours larges, convexes, à peu près lisses ; bande du sinus convexe, au tiers supérieur.

Cette espèce, très-rapprochée du *Pleurotomoria Bertheloti*, paraît rare. Je n'ai que des échantillons insuffisants. L'aspect de la bandelette est loin de présenter une régularité caractéristique.

Localités : la Verpillière, *r*.

Pleurotomaria Rosalia (d'Orbigny).

1850. D'Orbigny, *Pleurotomaria Rosalia. (Paléontologie française*, p. 441, pl. 362, fig. 6 à 10.)

Coquille qui doit être réunie, je pense, au *Pleurotomaria Isarensis*, dont elle ne paraît être qu'une variété plus allongée. Je n'ai pas d'échantillons assez satisfaisants pour me permettre de trancher la question.

Localités : la Verpillière, *r*.

Pleurotomaria Zetes (d'Orbigny).

1850. D'Orbigny, *Pleurotomaria Zetes. (Paléontologie française*, p. 443, pl. 363, fig. 8 à 11.)

Dimensions : hauteur, 24 millimètres ; diamètre, 34 millimètres ; angle spiral, 90 degrés.

Coquille trochoïde, conique, surbaissée, bien moins haute que large. Spire formée d'un angle régulier, composée de tours peu convexes, ornés en long de sillons fins, inégaux ; bandelette saillante, lisse, à la partie supérieure des tours. De fines stries rayonnantes, un

peu obliques, se montrent très-bien, surtout contre la suture, à la
partie inférieure des tours. Ombilic peu certain.

Localités : la Verpillière. *r.*

Pleurotomaria subdecorata (MUNSTER).

1844. Münster *in* Goldf., *Pleurotomaria subdecorata. (Petrefact.,*
pl. 185, fig. 3.)
1850. D'Orbigny , *Pleurotomaria subdecorata. (Paléontologie
française*, p. 445, pl. 364, fig. 1 à 6.)

Dimensions : hauteur, 30 millimètres; diamètre, 34 millimètres; angle spiral, 78 à 82 degrés.

Coquille plus large que haute, avec un indice d'ombilic. Spire
formée d'un angle régulier, composée de tours un peu convexes,
striés en long; des lignes obliques transverses, fines, mais fortement
gravées en relief se montrent, plus marquées en arrière des tours.
Je ne vois que la différence dans les proportions qui permette de
distinguer cette espèce du *Pleurotomaria zetes*.

Localités : la Verpillière, *r.*

Pleurotomaria Joannis (NOV. SP.).

(Pl. XXXVI, fig. 10 et 11.)

*Testa conica, trochiformi, imperforata ; anfractibus convexis,
longitudinaliter lineatis, transversimque oblique striatis, toro
rotundato externe, in angulo munitis ; fascia sinus subconvexa
lata.*

Dimensions : longueur, 67 millimètres ; diamètre, 60 millimètres; angle spiral, 55 degrés.

Coquille conique, épaisse, un peu plus haute que large, non ombiliquée. Spire formée d'un angle régulier, composée de tours un peu convexes, couverts de lignes longitudinales peu marquées, croisées par des stries transverses très-obliques ; la bande du sinus, de argeur moyenne, est peu saillante, mais convexe et bien délimitée. On y voit des stries longitudinales ; elle est placée un peu plus haut que le milieu du tour.

Chaque tour est orné, sur l'angle en avant, d'un cordon rond, en forme de bourrelet, couvert de lignes régulières, mais irrégulièrement espacées. Chaque tour, en se superposant au tour précédent, laisse ce cordon à découvert et ces bourrelets en saillie donnent à la coquille un aspect caractéristique, depuis les premiers tours.

La bouche paraît avoir été carrée avec les angles arrondis. La bande du sinus, qui semble d'abord placée fort en haut du tour, occupe en réalité la partie à peu près moyenne, parce que le bourrelet, largement arrondi, tient une place notable dans l'épaisseur du tour.

Localités : la Verpillière, r., ma collection et collection des Frères de la Doctrine Chrétienne, de Lyon.

Explication des figures : pl. XXXVI, fig. 10 et 11, *Pleurotomaria Joannis*, de la Verpillière, de grandeur naturelle.

Pleurotomaria Mulsanti (V. THIOLLIÈRE).

(Pl. XXXVII, fig. 12 et 13.)
1850. V. Thiollière, *Pleurotomaria Mulsanti (menusa).*

Dimensions : longueur calculée, 26 millimètres ; diamètre, 19 millimètres ; angle spiral, 36 degrés.

Nombre de tours, 12.

Coquille conique, régulière, sans ombilic, bien plus longue que large. Spire formée d'un angle régulier, composée de tours très-nombreux, déprimés, plats, couverts sur toute leur surface de petites lignes longitudinales ; les tours portent contre la suture, en haut et en bas, un très-léger renflement ; il en résulte que la suture est placée sur une saillie circulaire et le profil des tours sur la spire montre une surface légèrement évidée.

La bandelette du sinus, qui ne fait aucune saillie, se trouve placée un peu plus haut que le milieu du tour ; le dessus du dernier tour est plat et couvert de lignes concentriques d'une remarquable régularité.

Les tours sont très-nombreux, la bouche, très-déprimée, a une forme ovale transverse, irrégulière.

Le *Pleurotomaria Mulsanti*, par la forme de ses tours, par celle de son angle spiral, par son aspect conique régulier, ne peut être confondu avec aucun autre : c'est un type tout à fait à part ; l'échantillon unique connu de l'espèce et que je fais figurer, a été recueilli par V. Thiollière et figure dans sa collection, qui fait partie actuellement du musée de Lyon. Cet échantillon n'est malheureusement pas complet et les premiers tours manquent ; il est du reste parfaitement conservé ; l'étiquette, de la main de V. Thiollière, porte en toutes lettres et à deux endroits différents le nom de *Pleurotomaria Mulsanti*, nom que nous sommes deux fois heureux de conserver à cette coquille remarquable.

Localités : la Verpillière, *r. r.*

Explication des figures : pl. XXXVII, fig. 12. *Pleurotomaria Mulsanti* (V. Thiollière), de la Verpillière, grandeur naturelle. Fig. 13, grossissement d'une portion du test.

Pleurotomaria Gaudryana (D'ORBIGNY).

1850. D'Orbigny, *Pleurotomaria Gaudryana*. (*Paléontologie française*, p. 447, pl. 364, fig. 11 et 12.)

Coquille plus longue que large, conique, non ombiliquée. Spire formée d'un angle régulier, composée de tours anguleux en gradins, striés en long et plissés en travers ; bouche un peu carrée transverse ; bande du sinus placée sur l'angle des tours et striée en long, avec des côtes transverses imbriquées.

Cette forme, qui se rapproche beaucoup des Pleurotomaires du Jurassique moyen et supérieur, a été recueillie à Limas, par M. Gaudry. Coquille des plus rares, que je n'ai jamais rencontrée et que je ne connais que par la description de d'Orbigny.

Localités : Limas, *r. r.*

Pleurotomaria araneosa (E. Deslonchamps).

> 1844. E. Deslongchamps, *Pleurotomaria araneosa*, var. *reticulata.* (*Mémoires de la Société Linnéenne de Normandie*, vol. VIII, p. 88, pl. XV, fig. 1.)

Dimensions : hauteur, 68 millimètres ; diamètre, 70 millimètres ; angle spiral, 83 degrés.

Coquille trochoïde, de grande taille, à peu près aussi haute que large, avec un ombilic des plus petits. Spire formée d'un angle un peu convexe, composée de 8 tours anguleux, en gradins, pourvus en avant et en arrière de forts tubercules ; des lignes longitudinales couvrent ces nodosités et toute la surface ; bouche ronde, un peu carrée ; bande du sinus large, déprimée et placée sur le milieu des tours. Le dernier tour en avant est couvert de côtes rayonnantes, flexueuses, que mon échantillon ne permet pas de bien distinguer.

Cette forme est des plus rares ; on voit dans la collection des Frères Maristes de Saint-Genis, un magnifique échantillon de ce Pleurotomaire provenant de la Verpillière. Les détails des ornements en sont malheureusement un peu oblitérés.

Localités : la Verpillière, *r. r.*

Pleurotomaria Philocles (D'ORBIGNY).

(Pl. XXXVII, fig. 1 et 2.)

1850. D'Orbigny, *Pleurotomaria Philocles. (Paléontologie fran·
çaise,* p. 444, pl. 363, fig. 12 à 16.)

Dimensions : hauteur, 20 millimètres ; diamètre, 36 millimètres ; ouverture de l'angle spiral, 105 degrés.

Coquille très-déprimée, à large ombilic. Spire formée d'un angle
régulier, composée de tours plats, couverts partout de lignes longitudinales serrées, bordés en avant, sur l'angle, d'un fort bourrelet
arrondi et un peu au-dessous montrant la bandelette du sinus formant un petit cordon saillant, lisse.

Le dernier tour en avant montre une surface assez renflée et très-
nettement séparée du bourrelet ; on remarque partout des indices
de plis rayonnants peu distincts et les lignes spirales fines qui ne
manquent nulle part.

La taille de mes échantillons est un peu plus grande que celle du
spécimen figuré dans la *Paléontologie française,* et l'on peut constater que la bande du sinus est un peu plus séparée du bourrelet que
cela n'est indiqué dans les figures de d'Orbigny.

Localités : la Verpillière, *r.*

Explication des figures : pl. XXXVII, fig. 1 et 2, *Pleurotomaria Philoclès,* de la Verpillière, grandeur naturelle.

Pleurotomaria Theresæ (Nov. sp.).

(Pl. XXXVII, fig. 3 et 4.)

*Testa depressa, umbilico parvo ; spira angulo 88°. Anfracti-
bus subconvexis, infra lineis transversis crebris, supra autem*

*longitudinalibus ornatis ; basi concentrice striata, lineisque ra-
diantibus frequentissimis decussata ; apertura triangulari.*

Dimensions : hauteur, 15 millimètres ; diamètre, 19 millimètres.

Coquille de petite taille, avec un petit ombilic, plus large que
haute. Spire formée d'un angle un peu convexe, composée de tours
épais, légèrement convexes, recouverts partout de lignes spirales
fines, serrées et régulières ; dans la partie inférieure des tours ces
lignes sont croisées par de petites rides transversales. Au-dessus de
la bande du sinus les lignes spirales sont dominantes ; le dernier
tour anguleux au pourtour et un peu renflé montre une légère dépression contre la carène, puis un renflement circulaire. Toute cette
partie est couverte de fines rides rayonnantes qui croisent les lignes
spirales, d'où résulte une ornementation fort élégante et fort régulière.

La bandelette du sinus, rapprochée du haut du tour, est bien cir-
conscrite par deux petites lignes saillantes ; elle est excavée et ornée
d'une ligne médiane.

Ombilic petit ; bouche triangulaire.

Localités : la Verpillière, *r. r.*

Explication des figures : pl. XXXVII. fig. 3 et 4, *Pleurotomaria Theresæ,* de la Verpillière, de grandeur naturelle.

Pleurotomaria Ameliæ (Nov. sp.).

(Pl. XXXVII, fig. 5 et 6.)

*Testa depressa, subdiscoidea, umbilicata apice acuto ; an-
fractibus convexiusculis, longitudinaliter striatis, externe subangulosis ; fascia sinus humili, ante posita ; basi convexa lineis
concentrice ornata.*

Dimensions : longueur, 17 millimètres ; diamètre, 29 millimètres ; angle spiral, 90 degrés, pour les premiers tours.

Coquille de petite taille, trochoïde, déprimée et assez largement
ombiliquée. Spire formée d'un angle irrégulier, concave dans son
ensemble, composée de tours un peu convexes, subanguleux à
l'extérieur et couverts de lignes spirales ; la bande du sinus peu marquée est placée aux deux tiers supérieurs des tours. Le dernier en
avant est renflé circulairement et couvert de lignes spirales.

Le sommet de la coquille est acuminé ; l'angle spiral est alors de
90 degrés ; les deux derniers tours se développent davantage en largeur et l'angle spiral devient plus ouvert.

Le *Pleurotomaria Ameliæ* se distingue du *P. Philocles* par ses
ornements et surtout par la forme de sa bandelette.

Localités : la Verpillière, *r. r.*, collection Thiollière.

Explication des figures : pl. XXXVII, fig. 5 et 6, *Pleurotomaria Ameliæ*, de la Verpillière, grandeur naturelle.

Pleurotomaria Priam (Nov. sp.).

(Pl. XXXVI, fig. 6 à 8.)

*Testa elongato-conica, trochiformi, imperforata ; anfracti-
bus complanatis, antice humili funiculo munitis, longitudinaliter lineatis, ultimo externe complanato, supra concentrice regulariter sulcato ; apertura depressa.*

Dimensions : longueur calculée, 42 millimètres ; diamètre,
30 millimètres ; angle spiral, 44 degrés.

Coquille conique, bien plus longue que large. Spire formée d'un
angle régulier, composé de tours plats, couverts de lignes spirales
grasses, un peu irrégulières, recoupées par de très-fines lignes
transverses, sinueuses, et dont la convexité est dirigée en avant. Ces

tours sont munis, à la partie supérieure, d'un petit cordon rond qui marque en saillie la fin du tour.

La bandelette du sinus forme une légère saillie et se trouve placée un peu plus haut qu'à la moitié du tour.

La suture, presque imperceptible, est placée sur le cordon ou petit bourrelet supérieur du tour précédent ; ce cordon forme un petit ressaut sur le profil de la coquille dont l'angle spiral est des plus réguliers.

Le dernier tour, anguleux et déprimé en avant, porte des lignes spirales serrées, très-régulières, croisées par des stries rayonnantes beaucoup plus fines et rangées en faisceau.

Localités : la Verpillière, *r. r.*

Explication des figures : pl. XXXVI, fig. 6 et 7, *Pleurotomaria Priami,* de la Verpillière, grandeur naturelle. Fig. 8, grossissement d'une portion du test.

Pleurotomaria Debuchi (E. Deslonchamps).

1840. E. Deslongchamps, *Pleurotomaria Debuchi. (Mémoires de la Société Linnéenne de Normandie,* vol. VIII, p. 90, pl. XV, fig. 9.)

Dimensions : hauteur, 40 millimètres ; largeur, 60 millimètres ; angle spiral, 90 à 100 degrés.

Coquille trochiforme, à grand ombilic. Spire formée d'un angle régulier ou convexe, composée de tours arrondis, déprimés, ornés de plis rayonnants plus ou moins fortement marqués, formant sur l'angle, en arrière, une couronne de nodosités ; des stries spirales couvrent toute la surface, sans pouvoir être exactement comparables d'un exemplaire à un autre. Bande du sinus médiane, large, un peu excavée.

Le dernier tour est convexe en avant, mais offre au centre une dépression profonde avant d'atteindre l'ombilic; il est couvert de lignes spirales, croisées par des lignes d'accroissement et quelquefois par des plis flexueux, rayonnants, serrés.

Je n'ai de cette belle espèce que des échantillons mal conservés.

Localités : la Verpillière, Crussol, r.

Alaria reticulata (PIETTE).

1864. Piette, *Alaria reticulata. (Paléontologie française*, p. 27, pl. 1, fig. 15 et 16, et pl. 3, fig. 1 et 2.)

Petite coquille de 10 millimètres, fusiforme et turriculée, dont les tours sont carénés et réticulés.

Localités : Arresches, Chapelle-des-Buis, c.

Alaria Dumortieri (PIETTE).

1864. Piette, *Alaria Dumortieri. (Paléontologie française*, p. 24, pl. 2, fig. 5 à 7, et pl. 3, fig. 6.)

Petite coquille turriculée, fusiforme, de 14 millimètres de longueur; ornée de filets; les derniers tours carénés.

Localités : la Verpillière. r,

Cerithium Comma (M. *in* GOLD.).

(Pl. XXXVII, fig. 9.)

1844. Goldfuss, *Cerithium Comma. (Petrefacts*, p. 33, pl. 173, fig. 14.)

Dimensions : longueur calculée, 15 millimètres ; diamètre, 4 millimètres.

Coquille turriculée, allongée. Spire composée d'un grand nombre de tours plats, plus larges que hauts, ornés en arrière, contre la suture, de côtes transverses qui ne remontent pas jusqu'au tour suivant ; ces ornements s'affaiblissent à mesure que la coquille grandit et cessent d'être apparents sur les derniers.

La forme, les proportions et les ornements se rapportent trop bien à la figure donnée par Goldfuss, pour conserver des doutes sur l'identité de l'espèce.   .

Localités : Crussol, r., un seul échantillon de la collection de M. Garnier, r. r.

Explication des figures : pl. XXXVII, fig. 9, *Cerithium Comma*, de Crussol, grossie près de trois fois.

Cerithium Chantrei (Nov. sp.).

(Pl. XXXVII, fig. 10.)

1842. E. Deslongchamps, *Cerithium costulatum*. (*Mémoires de la Société Linnéenne de Normandie*, vol. VII, p. 199, pl. XI, fig. 12 et 13)

Dimensions : longueur calculée, 18 millimètres ; diamètre, 5 millimètres ; angle spiral, 12 degrés.

Coquille turriculée, allongée. Spire formée d'un angle régulier, composée de tours convexes, ornés en travers de 10 à 11 côtes verticales un peu obliques, sur lesquelles viennent passer un grand nombre de lignes longitudinales régulières.

Suture profonde, dernier tour mal conservé sur mes échantillons. Les tours persistent un peu plus convexes sur ceux-ci que sur l'exemplaire du Calvados.

-.Comme le nom de *Cerithium costulatum* a été donné depuis longtemps par Lamarck à une coquille tertiaire, je suis forcé de changer le nom donné par M. Deslongchamps.

Sur un échantillon de Saint-Romain, de la collection de M. Falsan, l'on remarque que l'angle spiral est plus ouvert que sur l'échantillon de Saint-Fortunat.

Localités : Saint-Fortunat, Saint-Romain, *r. r.*, de la collection Thiollière, au musée de Lyon, et de la collection de M. Falsan.

Explication des figures : pl. XXXVII, fig. 10, *Ceirthium Chantrei*, de Saint-Fortunat, grossi 3 fois.

Cerithium Thiollerei (Nov. sp.).

(Pl. XXXVII, fig. 7 et 8.)

Testa magna, turrita; anfractibus planatis, brevibus, costis nodulosis transversim notatis ; basi depressa ; apertura obliqua rotundata.

Dimensions : longueur calculée, 75 millimètres; diamètre 23 millimètres. La hauteur des tours ne dépasse pas le tiers du diamètre.

Coquille de grande taille, turriculée. Spire formée d'un angle régulier, plutôt légèrement concave, composée d'un grand nombre de tours plats, très-courts, se recouvrant en gradins et ornés, par tour, de 12 à 15 côtes transverses, larges, saillantes, occupant toute la largeur des tours ; suture bien marquée; le dernier tour, déprimé en avant porte un angle arrondi ; columelle non encroûtée, arrondie. Il y avait très-probablement des lignes spirales et des ornements que je ne puis décrire, vu l'état assez médiocre de mon unique échantillon.

Ce beau Cerithe figure dans la collection Thiollière (au musée de Lyon) ; il ne porte aucune étiquette, mais sa composition ferrugineuse, sa couleur et la place qu'il occupait dans les turoirs, parmi les Gastéropodes du lias supérieur, tout fait supposer qu'il provient des minerais de fer de la région rapprochée de Lyon.

Localité : *r. r.*

Explication des figures : pl. XXXVII, fig. 7 et 8, *Cerithium Thiollierei,* de grandeur naturelle.

Fusus liasicus (Nov. sp.).

(Pl. XXXVII, fig. 11.)

Testa oblonga, buccinoidea; spira breviuscula: apice acuta ; anfractibus carinatis, transversim costatis, in medio elevatis, lineis in æqualibus longitudinaliter decussatis ; ultimo anfractu spira longiore, sutura profunda, apertura ?

Dimensions : longueur, 25 millimètres; diamètre, 14 millimètres ; ouverture de l'angle spiral, 42 degrés.

Coquille ventrue, mais allongée, acuminée. Spire formée d'un angle régulier, composée de tours convexes, carénés, ornés de 14 côtes transverses, tuberculeuses, verticales, presque épineuses sur la partie saillante ; le tout est recouvert par des lignes longitudinales, alternantes, dont trois plus espacées et plus fortes sur la partie convexe des tours; la forme de l'ouverture, les rapports de longueur du dernier tour et par conséquent les proportions d'ensemble ne peuvent être observés sur mon unique échantillon, dont la conservation sous le rapport des détails de l'ornementation est parfaite, le genre ne peut pas être affirmés avec certitude.

Un très-beau fragment de Crussol paraît cependant se rapporter exactement à la même espèce.

Localités : la Verpillière, *r. r.*

Explication des figures : pl. XXXVII, fig. 11, *Fususliasicus,* de la Verpillière, de grandeur naturelle.

LAMELLIBRANCHES

Solen Solliesensis (Nov. sp.).

(Pl. XXXVIII, fig. 1 et 2.)

Testa elongato-augusta, subcylindracea, subarcuata cardine extremitate remoto, antice truncata, in medio inflata.

Dimensions : longueur, 23 millimètres ; largeur, 114 millimètres ; épaisseur, 15 millimètres (le moule).

Coquille très-élargie et des plus transverses, de grande taille ; le bord palléal arqué, la charnière tout à fait antérieure a laissé une empreinte très-visible d'une petite lame saillante; on reconnaît aussi les traces d'une carène rectiligne qui, partant du bord palléal sous le crochet, remonte en traversant obliquement toute la valve et vient rejoindre le bord cardinal du côté postérieur. Je n'ai malheureusement que deux moules intérieurs (calcaires) qui ne laissent pas bien apercevoir les détails; les empreintes musculaires sont oblitérées et les ornements du test invisibles.

Cette coquille curieuse est rapprochée par sa forme de la *Myoconcha Oxynoti* de Quenstedt, ainsi que de la *Myoconcha Jauberti* que j'ai décrite (3ᵉ partie de ces études, p. 282). En comparant mes échantillons aux figures que donne Agassiz, à la fin de ses études critiques (moules d'acéphales vivants), pl. 2 ᵇ, fig. 12, et 13, il est difficile de ne pas admettre ces échantillons dans le genre *Solen ;* la troncature surtout du moule, du côté antérieur, ne me semble pas pouvoir se concilier avec la forme que montrerait un moule intérieur d'un autre genre.

Le *Solen Solierensis* paraît très-rare et n'a été encore trouvé que deux fois, dans le lias supérieur du Var, par M. Jaubert, qui a bien voulu me le communiquer.

Localités : Solliès-Ville et Solliès-Toucas, *r. r.* (collection de de M. Jaubert *r.*)

Explication des figures : pl. XXXVIII, fig. 1 et 2, *Solen Solliesensis*, moule de Solliès-Toucas, collection de M. Jaubert, de grandeur naturelle.

Gastrochæna diaboli (Nov. sp.).

(Pl. XXXVIII, fig. 8.)

Petite espèce dont j'ignore la forme et que je ne connais que par les moules de la loge.

Ces moules, longs de 12 millimètres sur 5 de diamètre, ont la forme d'une petite olive ; ils ont été recueillis assez nombreux dans le lias supérieur du ravin d'Enfer, à Crussol, par M. Huquenin.

Localité : Crussol.

Explication des figures : pl. XXXVIII, fig. 8, *Gastrochæna diaboli*, moule d'un tube de Crussol, de la collection de M. Huquenin ; de grandeur naturelle.

Pholadomya acuta (AGASSIZ).

1840. Agassiz, *Pholadomya acuta. (Études critiques,* p. 70, pl. 4, fig. 1 et 3.)

Coquille rare, de taille moyenne, qui paraît être moins large que l'espèce décrite. Mes échantillons, sont mutilés et tronqués et ne me permettent pas d'inscrire avec certitude la *Pho. acuta* dans notre lias supérieur.

Localités : Saint-Romain, la Verpillière, *r. r.*

Pholadomya Voltzi (AGASSIZ).

1840. Agassiz, *Pholadomya Voltzi.* (*Études critiques*, p. 122, pl. 3ᶜ, fig. 1 à 9.)

Dimensions : longueur, 45 millimètres ; largeur, 80 millimètres ; épaisseur, 40 millimètres.

Je n'ai que des échantillons médiocres de cette coquille et qui mériterait à peine de fixer l'attention si les Pholadomyes n'étaient pas aussi rares dans la zone à *Ammonites bifrons.*

C'est une coquille renflée, très-large. Les crochets peu saillants sont presque tout à fait antérieurs : elle porte 8 à 9 côtes peu marquées ; le côté buccal est aussi largement arrondi que le côté postérieur.

Localités : Saint-Fortunat, Saint-Romain, *r. r.*

Pholadomya Solliesensis (Nov. sp.).

(PL. XXXVIII, fig. 3, 4, 5.)

Testa parva rotundata, inflata, subæquilatera radiatim costata ; costis 16 rectis, angustis, acutis, approximatis, in medio confertioribus umbonibus ; mediis, rectis.

Dimensions : longueur, 20 millimètres ; largeur, 19 millimètres ; épaisseur, 17 millimètres.

Coquille petite, globuleuse, de la grosseur d'une cerise, très-peu oblique, presque équilatérale ; crochets droits, placés au milieu ; les valves sont ornées de 16 plis serrées, fins, droits, un peu plus espacés du côté antérieur ; quoique la coquille montre une forme arrondie régulière, le bord palléal est assez oblique et remonte du côté antérieur. Le seul exemplaire que je possède de cette jolie

Pholadomye est fort bien conservé, mais un peu tronqué du côté postérieur. Je l'ai recueilli dans le lias supérieur de Solliès-Ville.

Localité : Solliès-Ville, *r. r.*

Explication des figures : pl. XXXVIII, fig. 4, 3, 5, *Pholadomya Solliesensis,* de grandeur naturelle. Échantillon recueilli par moi à Solliès-Ville.

Goniomya Knorri (AGASSIZ).

1771. Knorr. *(Supplément,* pl. 5, fig. 2.)
1840. Agassiz, *Goniomya Knorri. (Études critiques,* p. 15, pl. 1, fig. 11 à 17.)
1840. Münster *in* Goldfuss, *Lysianassa angulifera. (Petrefacta,* pl. 154, fig. 8.)
1858. Quenstedt, *Goniomya Vscripta opalina. (Der Jura,* p. 326, pl. 48, fig. 1.)
1870. Jaubert, *Goniomya Varusensis. (Manuscrits.)*

L'état de mes échantillons ne me permet pas de donner les dimensions. Cette coquille rare, mais que l'on retrouve cependant sur des points très-éloignés du bassin du Rhône, est subéquilatérale ; l'angle formé par ses côtes est peu ouvert, les côtes assez grosses, les crochets peu obliques sont aigus et saillants.

Localités : Saint-Romain, la Verpillière, Solliès-Toucas, quartier de Pierredon. Ma collection est celle de M. Jaubert.

Pleuromya Gruneri (Nov. sp.).

1840. Goldfuss, *Myacites elongatus. (Petrefact t,* p. 260, pl. 154, fig. 12.)

Dimensions : longueur, 28 millimètres ; largeur, 50 millimètres ; épaisseur, 23 millimètres.

Coquille assez renflée ; crochets petits, bien marqués, placés au quart antérieur ; un peu baillants à l'extrémité postérieure ; la coquille est couverte partout de rides concentriques, irrégulières.

Il règne beaucoup de confusion dans la synonymie du *Myacites elongatus*, mais la figure de Goldfuss rend bien la forme et les ornements de nos échantillons. Comme il y a une *Pleuromya elongata* (Agassiz), je suis forcé de chercher un nom différent.

Je ne puis inscrire notre coquille sous le nom de *P. striacula* (Agassiz), dont la forme s'accorde bien, mais cette dernière est dépourvue de rides concentriques.

Les *Pleuromya* manquent à peu près partout, dans la zone à *A. bifrons* et je n'en ai jamais rencontré ailleurs que dans le lias supérieur du Brionnais.

Localités : Semur, Saint-Julien de Jonzy, plus un échantillon douteux de Villebois.

Ceromya Varusensis (Nov. sp.).

(Pl. XXXVIII, fig. 6 et 7.)

Testa inflata, subæquilatera, cordata, globosa lævigata umbonibus proeminentibus, approximatis, paululum contortia, latere buccali subtruncato.

Dimensions : longueur, 60 millimètres ; largeur, 53 millimètres ; épaisseur, 48 millimètres.

Coquille globuleuse, quelquefois plus large que longue, mais assez variable dans sa forme ; parfaitement arrondie sur le contour palléal ; crochets minces, saillants et un peu contournés en avant, où la coquille montre une dépression constante ; je ne puis voir la trace d'aucun ornement ; la valve droite paraît être plus grande que la gauche ; la coquille bien fermée partout ; mes échantillons ne sont que des moules.

Localités : Mazauque, Solliès-Toucas, Cuers, Vallauris. Ma collection et celle de M. Jaubert.

Explication des figures : pl. XXXVIII, fig. 6 et 7, *Ceromya Varusensis*, moule de Solliès-Toucas, de grandeur naturelle, de la collection de M. Jaubert.

Ceromya caudata (Nov. sp.).

(Pl. XXXIX. fig. 1 et 2.)

Testa rotundata, inæquilatera, rostrata; concentrice regulariter plicata, latere buccali dilatata, latere anali producta, augustata; umbonibus contiguis.

Dimensions : longueur, 34 millimètres; largeur, 42 millimètres; épaisseur, 25 millimètres.

Coquille de taille moyenne, couvertes de plis concentriques réguliers; crochets un peu antérieurs, non contournés et en contact. Côté antérieur largement arrondi ; le contact des valves y forme un large contour coupant; côté anal rétréci, acuminé en forme de rostre comme chez certaines nucules. Contour palléal arrondi ; les valves semblent laisser un petit intervalle non fermé sur le prolongement du bord cardinal vers le rostre.

Comme la charnière est cachée, je ne puis pas m'assurer du genre.

M. Lycett décrit (*Cotteswold hill's*, pl. V, fig. 4), une *Ceromya Bajociana* qui montre plusieurs points de ressemblance avec notre fossile.

Je n'en connais que deux exemplaires.

Localités : la Verpillière, *r. r.*

Explication des figures : pl. XXXIX, fig. 1 et 2, *Ceromya caudata*, de la Verpillière, de grandeur naturelle.

Psammobia liasina (Nov. sp.).

(Pl. XXXVIII, fig. 9.)

Testa ovali-elongata, transversa, æquilatera lævigata, antice posticeque rotundata ; umbonibus prominulis submedianis.

Dimensions : longueur 14 millimètres; largeur 29 millimètres; épaisseur, 9 millimètres.

Coquille mince, comprimée, transverse, équilatérale, qui paraît tout à fait lisse; crochets médiants peu élevés; les deux côtés également arrondis ; l'échantillon unique que j'ai sous les yeux ne permet pas d'affirmer le genre.

Localité : la Verpillière, *r. r.*

Explication des figures : pl. XXXVIII, fig. 9, *Psammobia liasina*, de la Verpilière, de grandeur naturelle.

Cypricardia brevis (Wright).

(Pl. XXXIX, fig. 8 et 9).

1856. Wright, *Cypricardia brevis. (Upper lias sand. quaterly Journal of the G. S.*, vol., XII, p. 324.)
1857. J. Lycett, *Cypricardia brevis. (The Cotteswold hill's*, pl. 1, fig. 3.)

Dimensions : longueur, 38 millimètres; largeur, 45 millimètres; épaisseur, 27 millimètres.

Coquille trigone, assez épaisse; crochets élevés, contournés, anguleux, placés aux deux cinquièmes antérieurs et presque en contact; les valves ne portent d'autres ornements que de petites lignes d'accroissement (les moules sont tout à fait lisses), côté buccal arrondi, côté anal plus ou moins anguleux. Une carène anguleuse part des crochets du côté postérieur et descend obliquement jusqu'au bord palléal qui est droit ou très-faiblement arrondi. La largeur de la coquille varie et comme le test paraît être assez épais, les moules intérieures sont toujours plus larges relativement.

La coquille est exactement fermée partout.

La *Cypricardia brevis* prend une assez grande importance dans certaines régions du bassin du Rhône ; elle est très-abondante dans le lias supérieur du Charollais ; dans aucun de nos gisements elle n'a conservé son test et les nombreux échantillons que l'on recueille ne sont que des moules.

Localités : Saint-Romain, *r.*, Marcigny, Semur, Saint-Nizier, Saint-Christophe, Saint-Julien, Brienon, *c.*

Explications des figures : pl. XXXIX, fig. 8 et 9, *Cypricardia brevis*, moule de Saint-Julien, de grandeur naturelle.

Cypricardia Branoviensis (Nov. sp.).

(Pl. XXXIX, fig. 3.)

Testa compressa, oblongo-ovata, inequilatera, concentrice plicata ; latere buccali brevi, latere anali dilatato ; umbonibus haud prominentibus.

Dimensions : longueur, 25 millimètres ; largeur, 35 millimètres ; épaisseur, 15 millimètres.

Coquille comprimée, ovale, très-inéquilatérale, ornée de plis concentriques arrondis, assez réguliers au nombre de 18 à 20 ; crochets peu saillants, placés au quart de la largeur ; côté buccal court, arrondi, côté anal prolongé, largement arrondi et légèrement anguleux. Coquille épaisse munie à l'intérieur d'une petite lamelle qui descend du crochet du côté antérieur et qui est exactement indiquée sur le moule par une dépression sur les deux valves.

Impression palléale entière.

Les exemplaires munis de leur test étant en mauvais état, je donne le dessin du moule intérieur d'une bonne conservation.

Je ne l'ai jamais rencontrée que dans le lias supérieur du Brionnais.

Localité : Saint-Julien de Jonzy, S. Nizier.

Explication des figures : pl. XXXIX, fig. 3, *Cypricardia Brenoviensis*, de Saint-Julien ; moule intérieur de grandeur naturelle.

Cypricardia Dumortieri (JAUBERT).

(Pl. XXXIX. fig. 4, 5, 6.)

1868. Jaubert *(manuscrits)*, *Cypricardia Dumortieri*.

Dimensions : longueur, 19 millimètres ; largeur, 35 millimètres ; épaisseur, 19 millimètres.

Coquille transverse, trigone, renflée, lisse, très-inéquilatérale, aussi épaisse que longue ; les crochets placés tout à fait en avant, sont petits et en contact. Le côté antérieur est tronqué et arrondi, le côté postérieur, très-allongé, va former un angle aigu avec l'extrémité du bord palléal ; la région cardinale forme un area extraordinairement large et concave au fond de laquelle les valves s'unissent sans aucune modification de la surface. Le bord palléal est droit.

La forme singulière de cette coquille la sépare nettement des espèces décrites.

Localités : la Guirne, près de Solliès-Toucas (collection de M. Jaubert).

Explication des figures : pl. XXXIX, fig. 5 et 6, *Cypricardia*

Dumortieri, moule de Solliès-Toucas de grandeur naturelle, de la collection de M. Jaubert.

Unicardium Onesimei (Nov. sp.).

(Pl. XXXIX, fig. 11 et 12.)

Testa globosa, rotundata, inflata, æquilatera, concentrice rugoso costata; umbonibus medianis, rotundatis, prominentibus.

Dimensions : longueur, 38 millimètres ; largeur, 42 millimètres; épaisseur, 34 millimètres.

Coquille épaisse, équilatérale, globuleuse, un peu plus large que longue, ornée de lignes d'accroissement irrégulières, plus marquées près du bord palléal. Crochets gros, droits ; les deux côtés également arrondis.

Je n'ai qu'un échantillon dont la conservation ne me permet pas de donner plus de détails.

Localités : Montmirey-le-Château, de la collection des Frères de la Doctrine chrétienne, de Lyon, S. Romain.

Explication des figures : pl. XXXIX, fig. 11, *Unicardium Onesimei*, de Montmiray, de grandeur naturelle. Fig. 12, autre spécimen de Saint-Romain, de ma collection.

Unicardium Stygis (Nov. sp.).

(Pl. XXXIX, fig. 10.)

Testa inflata, globosa, subæquilatera; concentrice regulariter plicata ; latere buccali vel anali subangulosis; umbonibus submedianis, approximatis.

Dimensions : longueur, 27 millimètres ; largeur, 33 millimètres ; épaisseur, 28 millimètres.

Coquille globuleuse, subéquilatérale, mais plus large que longue, ornée partout de côtes concentriques serrées, assez régulières, saillantes, plus large que les sillons qui les séparent. Le bord cardinal est droit mais n'occupe que la moitié de la largeur ; le bord palléal très-peu convexe se termine à droite et à gauche par une partie arrondie, mais subanguleuse.

L'*Unicardium Stygis* se distingue bien par sa forme et le relief de ses lignes concentriques.

Localité : Crussol, ravin d'Enfer, *c.*, collection de M. Garnier.

Explication des figures : pl. XXXIX, fig. 10, *Unicardium Stygis*, de Crussol, de grandeur naturelle.

Opis curvirostris (MOORE).

(Pl. XXXIX, fig. 7.)

1865. Ch. Moore, *Opis curvirostris. (On the middle et upper lias of the south-west of England*, p. 102, pl. 7, fig. 22.)

Dimensions : longueur, 7 millimètres.

Très-petite coquille, plus longue que large, striée concentriquement, d'une manière régulière ; crochets recourbés à l'extrémité d'une carène anguleuse, mais non aiguë ; côté buccal avec une lunule large et profonde, côté anal évidé et déprimé.

Cette jolie coquille paraît rare, mais sa petitesse doit la faire échapper souvent à l'observation. M. Moore la décrit des couches supérieures du lias moyen. Pour nous, sa présence à la Verpillière et à Crussol la place sûrement dans le lias supérieur.

Localités : la Verpillière, ma collection, Crussol, collection de M. Huguenin, *r. r.*

Explication des figures : pl. XXXIX, fig. 7, *Opis curvirostris*, de Crussol, grossi.

Lucina Thiollierei (Nov. sp.).

(Pl. XL, fig. 1.)

Testa orbiculari, depressa, subplana, equilatera, concentrice tenuissime striata, striis ubique regularibus.

Longueur et largeur, 15 millimètres.

Petite coquille à contour circulaire, à peine un peu convexe, ornée de stries concentriques, régulières, extraordinairement fines ; ce ne sont pas des lignes d'accroissement, mais bien des ornements de la surface. On remarque deux ou trois places marquées faiblement dans la série des lignes par un temps d'arrêt dans l'accroissement. La charnière est invisible et le genre Lucine n'est indiqué que d'après l'analogie de la forme extérieure.

Localité : la Verpillière, r. r.

Explication des figures : pl. XL, fig. 1, *Lucina Thiollierei*, de grandeur naturelle.

Astarte lurida (Sowerby).

(Pl. XL, fig. 2, 3 et 4.)

1818. Sowerby, *Astarte lurida.* (*Miner. conch.*, pl. 137, fig. 1.)

Dimensions : Longueur, 26 millimètres ; largeur, 30 millimètres ; épaisseur, 16 millimètres.

Coquille ovale, globuleuse, plus large que longue, couvertes de lignes concentriques peu régulières et moins marquées chez les adultes. Crochets petits, surbaissés et tout à fait antérieurs ; petite lunule à bords non coupants ; corselet long, assez excavé ; les deux extrémités arrondies, bord palléal largement arrondi, un peu moins quand la coquille est jeune.

La coquille est très-épaisse, les bords très-finement crénelés sur une ligne qui est un peu en retrait sur le contour de la valve.

L'*Astarte lurida* est une des coquilles les plus communes et les plus importantes dans le lias supérieur de la Verpillière et je suis surpris de la voir mentionnée si rarement.

L'*Astarte subtetragona* porte des rides concentriques plus saillantes et plus régulières ; la coquille est moins épaisse sur les bords et les crochets surtout sont placés plus loin du côté antérieur.

Localité : la Verpillière, c.

Explication des figures : pl. XL, fig. 2, *Astarte lurida*, de la Verpillière. Fig. 3, autre exemplaire vu du côté antérieur. Fig. 4, autre, de la même localité, vu par la face intérieure.

Astarte subtetragona (Munster).

(Pl. XL, fig. 5 et 6.)

1833. Münster, *Astarte subtetragona*. (*Neues Jahrbuch*, 1 vol., p. 325.)
1836. Roemer, *Astarte subtetragona*. (*Versteiner*, p. 113.)
1842. Roemer, *Astarte subtetragona*. (*De Astartarum Geneve*, p. 13.)
1837. Goldfuss, *Astarte excavata*. (*Petrefacta*, pl. 134, fig. 6 (non Sowerby).

Dimensions : longueur, 23 millimètres ; largeur, 26 millimètres ; épaisseur, 14 millimètres.

Coquille assez renflée, inéquilatérale, à contour arrondi, très-légèrement anguleux ; couverte partout de plis concentriques saillants qui deviennent ordinairement plus serrés en se rapprochant du contour extérieur. Crochets saillants placés au tiers extérieur. Labre finement crénelé.

La position des crochets, leur forme plus saillante, moins sur-baissée, les lignes concentriques saillantes, l'épaisseur moins forte sur les bords, distinguent cette *Astarte* de l'*A. lurida*, qui se trouve dans les mêmes couches.

Localités : la Verpillière, Crussol.

Explications des figures : pl. XL, fig. 5 et 6, *Astarte subte-tragona*, de la Verpillière, de grandeur naturelle.

Astarte depressa (MUNSTER *in* GOLD.).

(Pl. XL, fig. 7.)

1837. Goldfuss, *Astarte depressa. (Petrefacta*, pl. 134, fig. 14.)
1837. Koch et Dunker, *Astarte Münsteri. (Norddeutsch oolith-gebirg,* p. 29, pl. 2, fig. 17.)

Dimensions : longueur, 15 millimètres ; largeur, 16 millimè-tres ; épaisseur, 8 millimètres.

Coquille comprimée, ronde, à peu près équilatérale, couverte de plis concentriques, fins et très-réguliers ; les deux côtés sont arrondis, mais le côté antérieur moins largement, lunule petite, crochets droits, petits, saillants et placés au milieu ; ils sont un peu recourbés du côté antérieur.

Les lignes concentriques sont régulières, très-fines et serrées vers les crochets, un peu plus grosses à mesure que l'on se rap-proche de la région palléale. En moyenne, on en compte deux par chaque millimètre de surface ; labre finement crénelé. Je remarque que mes échantillons paraissent un peu plus renflés que le type de l'espèce.

Localités : Moiré, Crussol, ma collection et celle de M. Gar-nier.

Explication des figures : pl. XL, fig. 7, *Astarte depressa*, de Crussol, de grandeur naturelle.

Astarte Voltzi (Hoeninghaus).

1836. Roemer, *Astarte Voltzi.* (*Oolithgebirg*, p. 112, pl. 7, fig. 17.)
1838. Goldfuss, *Astarte Voltzi.* (*Petrefacta*, pl. 134, fig. 8.)
1858. Quenstedt, *Astarte Voltzi.* (*Der Jura*, pl. 43, fig. 13-15.)

Dimensions : longueur et largeur, 5 millimètres et demi.

Petite coquille renflée, globuleuse, presque équilatérale, couverte de lignes concentriques assez nombreuses.

Localité : Rome-Château, collection de M. E. Pellat.

Arca elegans (Roemer sp.).

1836. Roemer, *Cucullea elegans.* (*Oolithgebirg*, p. 103, pl. 6, fig. 16,)
1837. Goldfuss, *Arca elegans.* (*Petrefacta*, pl. 123, fig. 1.)
1850. D'Orbigny, *Arca elegans.* (*Prodrome*, étage 9, n° 212.)

Dimensions : longueur, 23 millimètres ; largeur, 30 millimètres ; épaisseur, 19 millimètres.

Coquille globuleuse et anguleuse en même temps : couverte de fines lignes rayonnantes croisées par des lignes d'accroissement avec temps d'arrêt irrégulièrement espacés et bien marqués ; quelques côtes rayonnantes se montrent sur les côtés et sont très-apparentes sur certains spécimens. Le côté anal est séparé par une carène sans angle vif et suivie d'une portion de la surface un peu déprimée ; les crochets larges, tronqués au sommet et recourbés, sont un peu plus rapprochés du côté antérieur ; bord palléal largement arrondi.

L'*A. concinna* de l'oolithe inférieure, qui a beaucoup de rapports avec l'*A. elegans*, est plus transverse, sa carène est bien plus aiguë, la forme générale plus oblique.

Localités : la Verpillière, Crussol, *r.*, ma collection et celle de M. Garnier.

Arca oblonga (SOWERBY SP.).

1821. Sowerby, *Cucullæa oblonga. (Mineral. Conchol.*, pl. 206, fig. 1 et 2.)
1837. Goldfuss, *Arca oblonga (Petrefacta*, pl. 123, fig. 2.)

Dimensions : longueur, 22 millimètres ; largeur, 36 millimètres ; épaisseur, 29 millimètres.

Coquille renflée, transverse, inéquilatérale, bien plus large que longue, couverte de lignes saillantes concentriques plus apparentes, en s'éloignant du crochet et en se rapprochant du bord palléal ; côté buccal étroit, court, arrondi, côté anal prolongé, anguleux ; crochets larges, médiocres, placés du côté antérieur au tiers de la largeur ; indices de lignes rayonnantes mal conservées sur mon échantillon ; carène oblique du crochet à l'angle postérieur, anguleuse près du crochet, arrondie plus bas.

Localité : la Verpillière, *r. r.*, un seul exemplaire.

Nucula hammeri (DEFRANCE).

1825. Defrance, *Nucula hammeri. (Dictionnaire des Sciences Naturelles*, t. xxxv, p. 217.)
1837. Goldfuss, *Nucula hammeri. (Petrefacta*, pl. 125, fig. 1.)
1858. Quenstedt, *Nucula hammeri. (Der Jura*, pl. 43, fig. 10, 11, 12.)

Coquille globuleuse, transverse, épaisse, et dont la taille varie

beaucoup suivant les localités; les valves n'ont pas d'autres ornements que des stries d'accroissement peu marquées. Les échantillons de la Verpillière, nombreux et bien conservés, sont presque toujours bivalves et de petite taille, ordinairement d'une largeur de 10
à 12 millimètres.

Cette nucule, abondante dans la zone à *A. bifrons*, est peu importante cependant pour l'étude des couches, parce qu'elle n'est
pas caractéristique et qu'on la retrouve à plusieurs niveaux.

Localités : Saint-Romain, Poleymieux, Limas, la Verpillière, Marcigny, Saint-Julien, Arresches, Crussol, *c.*

Leda claviformis (Sow. sp.).

1823. Sowerby, *Nucula claviformis. (Mineral. Conchol.*, pl. 476,
  fig. 2.)
1858. Quenstedt, *Nucula claviformis. (Der Jura*, pl. 43, fig. 4.)

Petite coquille de 10 à 12 millimètres de largeur, le prolongement postérieur est bien moins long et moins droit que chez la
Leda rostralis, de plus, il forme en dessus une area disposée d'une
manière toute spéciale.

Localités : Arresches, Pinperdu, Chapelle-des-Buis.

Mytilus hillanus (SOWERBY, sp.).

1820. Sowerby, *Modiola hillana. (Miner. conchol.*, pl. 212, fig. 2.
1837. Goldfuss, *Mytilus hillanus. (Petrefacta*, pl. 130, fig. 8.)

Coquille de taille médiocre et fort rare dans la zone. Un seul
exemplaire mutilé.

Localité : Saint-Romain, *r. r.*, collection de M. Locard.

Mytilus Sowerbyanus (d'Orbigny).

(Pl. LX, fig. 12.)

1819. Sowerby, *Modiola plicata*. *(Mineral Conchology*, pl. 248.)
1830. Zieten, *Modiola plicata*. *(Würtemberg*. pl. 59, fig. 7.)
1838. Goldfuss, *Mytilus plicatus*. *(Petrefacta,* pl. 130, fig. 12.)
1850. D'Orbigny, *Mytilus Sowerbyanus*. *(Prodrome*, étage 10,
      n° 378.)
1858. Quenstedt, *Modiola plicata*. *(Der Jura*, pl. 49, fig. 4.)

Dimensions : longueur, 77 millimètres ; largeur, 20 millimètres ; épaisseur, 15 millimètres,

Coquille allongée, avec une carène oblique et des plis obliques,
du bord cardinal à la carène. La coquille est presque toujours légèrement arquée et varie beaucoup pour la longueur. Les plis obliques se propagent, en diminuant de volume, jusque sous les crochets.

Ce Mytilus, qu'il paraît impossible de séparer du *Mytilus plicatus* de tous les auteurs, joue un rôle important dans les gisements
du Var, où l'on trouve les *A. bifrons, radians*, etc., tandis que
partout il est signalé à un niveau bien plus élevé : tantôt dans l'oolithe inférieure, tantôt dans la partie inférieure du bathonien.

Localités : la Guiranne, près de Solliès-Toucas, Solliès-
Ville, Cuers, Puget-de-Cuers, ma collection et celle de M. Jaubert, c.

Explication des figures : pl. XL, fig. 12, *M. Sowerbyanus*,
de Solliès-Toucas, de grandeur naturelle.

Gervillia oblonga (MOORE).

(Pl. XL, fig. 8.)

1865. Ch. Moore, *Gervillia oblonga. (On the midile et upper lias of the south-west of England*, p. 100, pl. 7, fig. 11.)

Petite coquille renflée, très-oblique, ornée de lignes d'accroissement irrégulières, crochets moyens, arrondis, dépassant la ligne cardinale; oreillette antérieure petite, anguleuse, l'autre prolongée en pointe avec un sinus rentrant. La convexité du crochet se prolonge obliquement et sans inflexion aucune jusqu'au bord palléal. Les détails de la charnière sont cachés sur mes échantillons. La charnière est en ligne droite.

Tous les caractères extérieurs s'accordent si bien avec ceux de la coquille décrite par M. Moore que je ne conserve pas de doutes sur l'identité de notre fossile. L'espèce paraît rare dans notre région, comme elle est rare aussi dans le lias supérieur d'Angleterre, puisque M. Moore ne cite qu'un seul exemplaire venant d'Illminster.

Localité : Saint-Nizier sous Charlieu, r.

Explication des figures : pl. XL, fig. 8, *Gervillia oblonga*, fragment de marne de Saint-Nizier, montrant deux exemplaires de la coquille.

Avicula Delia (D'ORBIGNY).

(Pl. XL, fig. 9.)

1850. D'Orbigny, *Avicula delia. (Prodrome*, étage 9, n° 231.)

Dimensions : longueur, 20 millimètres; largeur, 14 millimètres; épaisseur, 5 millimètres 1/2.

Petite coquille entièrement lisse, de forme ovale, oblongue et oblique ; valve gauche renflée, avec indices de quelques lignes d'accroissement ; expansion buccale nulle, expansion anale à peine indiquée ; ligne cardinale très-courte ; il en résulte que la valve, assez oblique, montre un contour ovale marqué.

Le crochet arrondi, légèrement contourné du côté postérieur, dépasse notablement la ligne cardinale et se recourbe sur la valve droite qu'il domine. La valve droite, aussi sans ornements, est tout à fait plate et de la même grandeur que la valve gauche.

Localité : Saint-Romain, r. r.

Explication des figures : pl. XL, fig. 9, *A. Delia*, de Saint-Romain, de grandeur naturelle.

Avicula Munsteri (Bronn).

(Pl. XL, fig. 10 et 11.)

1827. Bronn, *Avicula Münsteri*. (*Jahrbuch*, p. 76.)
1837. Goldfuss, *Avicula Münsteri*. (*Petrefacta*, pl. 118, fig. 2.)
1858. Quenstedt, *Monotis Münsteri*. (*Der Jura*, pl. 60, fig. 6.)

L'échantillon que j'ai sous les yeux devait mesurer 40 millimètres de longueur sur une largeur égale de 40 millimètres ; on y compte 17 côtes principales, entre chacune desquelles il y a 12 à 14 côtes secondaires un peu inégales. Les côtes du côté buccal sont fortement marquées et contournées, les autres sont droites ; toutes continuent jusqu'à l'extrémité du crochet, qui est saillant et dépasse notablement le bord cardinal. L'oreille antérieure est courte, tourmentée et couverte de côtes fortement arquées ; l'expansion altiforme du côté anal est prolongée en pointe et munie d'un sinus rentrant bien caractérisé.

Je fais figurer cette Avicule parce que les espèces du lias supérieur ne sont pas bien connues, et, comme cet échantillon est renfermé dans un même fragment de marnes avec une *Ammonites Touarsensis*, il ne peut rester aucun doute sur le niveau.

Localité : Saint-Romain, r.

Explication des figures : pl. XL, fig. 10, *A. Munsteri*, de Saint-Romain, de grandeur naturelle. Fig. 11, grossissement d'une portion du test.

Avicula substriata (MUNSTER, SP.).

1830. Zieten, *Avicula subtriata*. (*Würtemberg*, pl. 69, fig. 9.)
1837. Goldfuss, *Monotis subtriata*. (*Petrefacta*, pl. 120, fig. 7.)
1858. Quenstedt, *Monotis subtriata*. (*Der Jura*, pl. 37, fig. 2 et 3.)

Petite espèce très-rare dans la zone, excepté à Rome-Château où elle est assez commune.

Localités : Villebois, *r.*, Rome-Château, *c.*, ma collection et collection Pellat.

Avicula decussata (M. *in* GOLDFUS, SP.).

1835. Goldfuss, *Monotis decussata*. (*Petrefacta*, pl. 120, fig. 8.)
1836. Roemer, *Monotis decussata*. (*Versteinerung*, p. 72, pl. 4, fig. 6.)
1836. Bronn, *Avicula pectiniformis*. (*Lethœa*, pl. 18, fig. 22, et pl. 27, fig. 13.)

Petite coquille de 7 millimètres, fort rare. Un seul exemplaire, collection de M. Pellat.

Localité : la Verpillière, *r. r.*

Posidonomya Bronni (VOLTZ).

1833. Zieten, *Posidonomya Bronni*. (*Würtemb.*, pl. 54, fig. 4.)
1836. Goldfuss. *Posidonomya Bronni*. (*Petrefacta*, pl. 113, fig. 7 et pl. 114, fig. 1.)

1858. Quenstedt, *Posidonia Bronni*. *(Der Jura*, pl. 37, fig. 8 et 9.)

Petite coquille ordinairement en famille nombreuse, à la base de la zone, là surtout où les couches de marnes foncées prédominent.

Localités : Saint-Romain, la Verpillière, Saint-Nizier, Salins, Besançon. Gap, Saint-Hippolyte (Gard), Vals, près Anduze, Coulas, au-dessus de Bex, et dans une foule d'autres localités, *c. c.*

Inoceramus undulatus (ZIETEN).

1830. Zieten, *Inoceramus undulatus*. *(Würtemb.*, pl. 72, fig. 7.)
1856. Oppel, *Inoceramus undulatus*. *(Die Juraform.*, p. 381.)

Coquille assez grande (57 millimètres). couverte de plis irréguliers, peu commune ; échantillons insuffisants.

Localités : Saint-Romain, Poleymieux, la Verpillière, *r. r.*

Inoceramus cinctus (GOLDFUSS).

1836. Goldfuss, *Inoceramus cinctus*. *(Petrefacta*, pl. 115, fig. 5.)
1856. Oppel, *Inoceramus cinctus*. *(Die Juraform.*, 381.)

Taille moyenne, 30 à 40 millimètres.

Coquille de forme régulière, allongée, convexe, peu oblique, couverte de lignes concentriques fines, saillantes, comme imbriquées, largement espacées. Quand le test est conservé, rien n'est plus facile que de reconnaître l'espèce, même sur un fragment, car aucune autre coquille ne porte de semblables lignes fines aussi distantes ; mais la surface du moule a un aspect tout différent, elle présente des ondulations ou plis arrondis sur le sommet desquels les lignes fines du test reposent. Par exception la coquille était donc plus accidentée à l'intérieur qu'à l'extérieur, qui ne présentait qu'une surface lisse avec lignes superficielles, mais sans sillons.

Localités : Saint-Romain, Poleymieux, la Verpillière, Villebois, Saint-Julien, Crussol, Rome-Château, *c.*, ma collection et collection Pellat.

Inoceramus dubius (Sowerby).

(Pl. XLII, fig. 5 et 6.)

1829. Sowerby, *Inoceramus dubius. (Miner. Conch.,* pl. 584, fig. 3.)
1833. Zieten, *Inoceramus dubius. (Würtemberg,* pl. 72, fig. 6.)
1856. Oppel, *Inoceramus dubius. (Die Juraform.,* p 381.)
1858. Quenstedt, *Mytilus gryphoïdes. (Der Jura,* p. 260, pl. 37, fig. 11 et 12.)

Coquille subéquivalve, arrondie, convexe, couverte de plis ronds, concentriques, saillants, assez réguliers ; la forme générale varie beaucoup ainsi que la taille, qui va de 20 à 50 millimètres. Les crochets, minces, recourbés, aigus, dépassent la ligne cardinale et sont très-rapprochés.

Tous les auteurs admettent que le genre *Inoceramus* est inéquivalve ; cependant les bons échantillons bivalves de l'*I. dubius* montrent que l'inégalité des valves est à peine appréciable.

Les échantillons incomplets peuvent être facilement confondus avec les débris de l'*Astarte subtetragona*, dont les ornements, quoique plus réguliers, sont très-semblables ; mais la forme de la coquille et celle des crochets diffèrent beaucoup.

Le magnifique échantillon bivalve, dont je donne le dessin, a été recueilli par mon ami, M. Pillet, dans les pentes au-dessous du village de la Table, près de la Rochette (Savoie).

Localités : Saint-Fortunat, Saint-Romain, Charnay, Villebois, la Verpillière, Saint-Nizier, la Rochette (Savoie). *c.*

Explication des figures : pl. XLII, fig. 5 et 6, *I. dubius*, échantillon bivalve, de grandeur naturelle, de la Rochette (Savoie).

Lima Toarcensis (E. DESLONGCHAMPS).

(Pl. XLI, fig. 1 et 2.)

1850. D'Orbigny, *Lima gigantea*. (*Prodrome*, étage 9, n° 221.)
1856. E. Deslongchamps, *Lima Toarcensis*. (*Bulletin Soc. Linn. de Normandie*, vol. I, p. 79.)
1856. Oppel, *Lima Gallica*. (*Die Juraform.*, p. 380.)

Coquille de très-grande taille, renflée, très-globuleuse, arrondie partout; peu oblique, un peu plus longue que large; coquille mince, lisse, brillante et cependant couverte de lignes concentriques d'accroissement à peine visibles; quelques faibles lignes rayonnantes existent aussi sur les côtés et l'on peut voir, sur les exemplaires très-bien conservés, vers le bord postérieur, des indices de ponctuation et des entre-croisements qui produisent par place une surface guillochée fort élégante. La taille dépasse quelquefois 200 millimètres, et l'on voit alors sur le contour extérieur une large zone de lignes concentriques serrées, saillantes, irrégulières et fortement marquées.

Côté buccal tronqué, mais arrondi partout sans aucune partie anguleuse; côté anal parfaitement arrondi; les valves se rejoignent en formant un angle aigu, presque coupant.

Les crochets, largement arrondis, peu saillants, dépassent à peine la ligne cardinale, qui est des plus étroites.

Cette belle *Lima* est une des coquilles les plus caractéristiques de la zone et très-répandue sur certains points du bassin du Rhône. On a lieu de s'étonner qu'elle ait été confondue si longtemps avec la L. *gigantea* du lias inférieur, dont les ornements, la forme anguleuse en avant, et surtout la compression, forment un contraste si frappant avec elle; il est probable que la fragilité du test de la L. *Toarcensis*, en rendant les bons échantillons si rares, a empêché l'étude comparative des deux espèces, et que l'on s'est contenté de la rapporter à l'espèce du lias dont la taille et l'apparence se rapprochaient le plus.

Comme les échantillons de la région sont en assez mauvais état et déformés, je fais figurer un spécimen que j'ai recueilli à Thouars, parce qu'il donne une idée exacte de l'espèce, quoique cet échantillon soit fort petit comparativement. Voici ses dimensions : longueur, 110 millimètres; largeur, 100 millimètres; épaisseur, 75 millimètres.

Par une coïncidence singulière, cette Lima a reçu en même temps deux noms différents, de deux auteurs, dans la même année 1856 et au mois d'avril. Oppel lui a donné celui de *L. Gallica*, et M. Deslongchamps, celui de *L. Toarcensis*. J'adopte ce dernier nom pour deux raisons : premièrement la description de M. Deslongchamps est plus complète et plus précise, ensuite le gisement de Thouars fournit en quantité des exemplaires d'une conservation exceptionnelle, et jamais nom de localité imposé à un fossile n'aura été mieux justifié.

La *L. Toarcensis* est assez répandue dans le bassin du Rhône ; les gisements de Provence fournissent surtout de bons échantillons.

Localités : Saint-Romain, la Verpillière, Charnay, Chessy, Saint-Nizier, Saint-Bonnet, Marcigny, La Cride, Vallauris, Valcros, Solliès-Toucas, c.

Explication des figures : pl. XLI, *L. Toarcensis*, échantillon bivalve de Thouars (Deux-Sèvres) de grandeur naturelle.

Lima Elea (D'ORBIGNY).

(Pl. XLII, fig. 1 et 2.)

1850. D'Orbigny, *Lima Elea*. (*Prodrome*, étage 9, n° 224.)
1850. Bronn, *Lima pectiniformis*. (*Lethœa*, p. 214, pl. 19, fig. 10.)

Dimensions : longueur, 75 millimètres ; largeur, 70 millimètres ; épaisseur, 30 millimètres.

Coquille comprimée, plus longue que large, non tronquée, à

peine oblique, ornée de 11 côtes rondes, larges, séparées par des
intervalles égaux à elles-mêmes et s'élargissant rapidement; ces
côtes sont rugueuses, couvertes de lignes d'accroissement onduleuses, comme imbriquées, qui conservent la même valeur dans les
entre-deux. Souvent quelques-unes des côtes se perdent avant d'arriver au crochet, qui est assez aigu.

Le passage du bissus, du côté antérieur, paraît être toujours fortement marqué par un bourrelet rugueux, qui repousse un peu de
côté le sommet de la valve.

Le nombre des côtes varie de 9 à 14; la taille est aussi très-
variée.

Quoique la *L. Elea* ait les plus grands rapports avec la *L. pectiniformis*, je crois bien faire en adoptant le nom de d'Orbigny qui
s'applique avec certitude au type du lias supérieur, et je donne la
figure d'un exemplaire de Thouars, recueilli par moi, et dont le
niveau ne peut laisser aucune incertitude.

Il est bien important de constater que, au milieu d'une quantité
considérable d'espèces qui paraissent spéciales à un seul horizon,
que l'on chercherait vainement plus haut ou plus bas d'un niveau
souvent peu important, il s'en trouve quelques-unes au contraire
qui paraissent se propager, presque sans aucune modification, dans
tous les étages successifs d'une grande période géologique. Le
groupe auquel appartient la *L. Elea* est au nombre de ces coquilles
exceptionnellement persistantes; depuis l'infra-lias (zone à *Ammonites planorbis*) jusqu'aux couches jurassiques les plus supérieures,
on retrouve des formes qui se rattachent avec évidence à ce type,
avec des modifications nombreuses, mais en gardant toujours la
forme caractéristique. Le *Pecten textorius* se comporte absolument
de même et se retrouve partout.

J'ai sous les yeux un exemplaire bivalve de Collonges, qui ne
porte que 11 côtes. Sa longueur est de 115 millimètres; largeur,
112 millimètres; épaisseur, 40 millimètres.

Localités : Collonges, Saint-Fortunat, Saint-Romain, la Verpillière.

Explication des figures : pl. XLII, fig. 1 et 2, *L. Elea*, échantillon bivalve de Thouars (Deux-Sèvres), de grandeur naturelle.

Lima semicircularis (GOLDFUSS).

1836. Godfuss, *Lima semicircularis. (Petrefacta*, pl. 101, fig. 6.)
1852. Chapuis et Dewalque, *Lima semicircularis. (Fossiles du Luxembourg*, pl. 30, fig. 5.)

Dimensions : longueur, 120 millimètres; largeur, 125 millimètres; épaisseur, 48 millimètres.

Coquille comprimée, arrondie, plus ou moins large, ornée de côtes serrées, divergentes, croisées par de fines stries concentriques; sur les grands exemplaires, l'angle cardinal est plus grand qu'un angle droit et les côtes sont interrompues par plusieurs lignes d'accroissement avec ressauts.

Localités : la Verpillière, Solliès-Ville, *r.*

Lima Galathea (D'ORBIGNY).

(Pl. XLII, fig. 3 et 4.)

1835. Philips, *Lima pectinoides. (Yorkshire*, pl. 12, fig. 12.)
1847. D'Orbigny, *Lima Galathea. (Prodrome,* étage 9, n° 230.)
1858. Quenstedt, *Plagiostoma Aalensis. (Der Jura*, pl. 48, fig. 10.)

Petite coquille à côtes régulières, anguleuses, simples, sans petites côtes dans les plis.

Localités : Saint-Romain, Saint-Fortunat, Charnay, Hières, la Verpillière, Saint-Julien, Crussol, *r.*, ma collection et celle de M. Huguenin.

Explication des figures : pl. XLII, fig. 3 et 4, *L. Galathea*, de Charnay, de grandeur naturelle.

Lima punctata (SOWERBY, SP.).

1819. Sowerby, *Plagiostoma punctatum. (Miner. Conch.*, pl. 113, fig. 1 et 2.)
1836. Goldfuss, *Lima punctata. (Petrefacta*, pl. 101, fig. 2.)

Coquille de forme arrondie, de 30 à 40 millimètres de longueur, ornée de fines lignes rayonnantes croisées par des lignes concentriques effacées, qui donnent lieu à de fines ponctuations. Tous les détails semblent s'accorder avec ceux des exemplaires de la même espèce du lias moyen et du lias inférieur.

Localités : Saint-Romain, Hières, Crussol, la Verpillière, Villebois, Veyras, Puget-de-Cuers, *r.*

Lima Jauberti (Nov. SP.).

(Pl. XLIII, fig. 7.)

Testa inflata, oblique ovata, transversa, antice truncata, excavata ; costulis latis, convexiusculis, irregularibus munita ; latere anali rotundato.

Dimensions : longueur calculée, 80 millimètres; largeur, 95 millimètres; épaisseur, 45 millimètres; angle cardinal, 130 degrés.

Coquille renflée, semi-globuleuse, transverse, oblique, ornée de 44 côtes rayonnantes, arrondies, peu saillantes, très-irrégulières dans leur largeur et séparées par des sillons arrondis, étroits. Côté buccal tronqué, excavé; côté anal parfaitement arrondi, ainsi que le

contour palléal; oreilles inconnues. L'échantillon bivalve, fort beau
du reste, que j'ai entre les mains n'est pas complet.

Je ne connais qu'un seul exemplaire de cette belle Lima, que
M. Jaubert a recueilli à Valauris et qu'il a bien voulu me communiquer.

Localité : Valauris, r.

Explication des figures : pl. XLIII, fig. 7, *L. Jauberti*,
échantillon bivalve de Valauris, de grandeur naturelle, de la
collection de M. Jaubert.

Lima Cuersensis (Nov. sp.).

(Pl. XLIII, fig. 1 et 2.)

*Testa convexo-ovata, longa, nullo modo obliqua, antice sub-
truncata, longitudinaliter costulata; costulis rectis, regularibus, numerosis, interstitiis subæqualibus, subtilissime transversim lineatis.*

Dimensions : longueur, 70 millimètres; largeur, 61 millimètres; épaisseur, 42 millimètres; ouverture de l'angle cardinal, 100 degrés.

Coquille renflée, plus longue que large, non oblique, couverte
d'un grand nombre de côtes rayonnantes, arrondies, égales, régulières, sans aucune inflexion, séparées par des dépressions arrondies de même largeur; ces côtes sont croisées par des lignes concentriques dont on aperçoit encore des traces dans les sillons. Ces
côtes couvrent entièrement la coquille dans toutes ses parties, seulement elles deviennent plus fines et plus serrées en approchant du
bord postérieur.

La troncature antérieure est petite et non anguleuse, la ligne cardinale petite; les crochets, gros et droits, sont largement séparés,
le côté anal peu développé et arrondi.

On remarque dans l'échantillon figuré une particularité curieuse : au milieu de ses côtes, si régulières, on en voit deux, du côté antérieur, qui se réunissent en une seule avant d'arriver au bord palléal.

Localité : Cuers, deux exemplaires de la collection de M. Jaubert.

Explication des figures : pl. XLIII, fig. 1, *L. Cuersensis*, de Cuers, de grandeur naturelle. Fig. 2, autre spécimen, plus petit, de la même localité ; de la collection de M. Jaubert.

Lima Phœbe (Nov. sp.).

Testa maxima, per compressa ; subæquilatera dilatata rotundata, radiatim lineis tenuissime sulcata ; latere buccali vix truncato. Ad peripheriam sulcis concentricis, sublamellosis circumdata.

Dimensions : longueur et largeur, 170 millimètres ; épaisseur, 43 millimètres.

Coquille de très-grande taille, ronde, très-comprimée, à bords aigus et coupants ; couverte partout de lignes rayonnantes fines, peu régulières (on en compte 12 dans l'espace de 10 millimètres).
La troncature antérieure est presque nulle ; les valves ont un contour régulièrement arrondi ; des stries d'accroissement concentriques viennent couper et dévier les lignes rayonnantes et forment tout autour des valves une bordure assez large où ces lignes concentriques dominent complétement. Cette zone paraît avoir 15 à 20 millimètres de largeur. Crochets petits. L'état de mes échantillons ne me permet pas d'entrer dans une description plus détaillée.

Localités : le Luc, colline de Sainte-Hélène, r.

Lima Erato (D'Orbigny).

1850. D'Orbigny, *Limae erato. (Prodrome,* étage 9, n° 225.)

Petite espèce portant 19 côtes au milieu et le reste lisse : je n'en ai pas rencontré de spécimens certains ; elle doit être notée comme fort rare.

Localité, d'après d'Orbigny : environs de Lyon, *r. r.*

Lima Locardi (Nov. sp.).

(Pl. XLIII, fig. 3, 4 et 5.)

Testa ovato-inflata, subæquilatera, radiatim costata, costis rotundatis, transversim imbricatis ; umbonibus medianis, rectis; lateribus, auriculisque æqualibus.

Dimensions : longueur, 17 millimètres ; largeur, 13 millimètres.

Petite coquille presque équilatérale, renflée, ovale, ornée de 18 côtes arrondies, égales, rondues rugueuses par le croisement de fortes lignes concentriques, dont quelques-unes forment des temps d'arrêt, mais sans influence sur la direction des côtes; oreilles égales, crochets droits, contour palléal étroitement arrondi.

Je ne connais, de cette jolie Lima, qu'un seul échantillon recueilli par M. Locard, à Saint-Fortunat. L'espèce est certainement des plus rares.

Localité : Saint-Fortunat (Montout), *r. r.;* de la collection de M. A. Locard.

Explication des figures : pl. XLIII, fig. 3 et 4, *L. Locardi,* de Saint-Fortunat, de grandeur naturelle, de la collection de M. A. Locard. Fig. 5, grossissement d'une portion du test.

Hinnites velatus (GOLDFUSS).

(Pl. XLIII, fig. 6.)

Coquille assez rare et des moins caractéristiques, puisqu'on la retrouve à tous les niveaux de la formation jurassique.

Voir, pour la synonymie et la description, la zone supérieure à *Ammonies opalinus*, où elle est au contraire très-abondante et bien développée.

Il y a des gisements qui fournissent des échantillons présentant presque tous des surfaces d'adhérence et le moulage en relief des coquilles sur lesquelles l'*Hinnites velatus* avait pris son point d'appui. Le plus souvent ce sont des Ammonites qui servaient ainsi de support et dont l'ornementation se traduit d'une manière un peu vague sur la valve supérieure de l'*H. velatus*, sans que pour cela les ornements si délicats de l'Hinnites en soient altérés en rien. La localité de Charnay m'a fourni surtout des échantillons présentant cette particularité.

Ces preuves certaines et nombreuses d'adhérence permettent d'affirmer le genre et rendent impossible de réunir notre coquille au genre *Pecten*.

Localités : Charnay, Saint-Romain, la Verpillière.

Explication des figures : pl. XLIII, fig. 6, *H. velatus*, de Charnay, de grandeur naturelle ; échantillon montrant le moulage des côtes de l'Ammonite qui lui servait de support.

Pecten pumilus (LAMARCK).

(Pl. XLIV, fig. 4 à 9.)

1819. Lamarck, *Pecten humilus. (Anim. sans vert.*, vol.VI, p. 183.
1825. Defrance, *Pecten incrustatus. (Dictionn. d'hist. nat.*, vol. XXXIV, p. 283.)

1833. **Zieten**, *Pecten personatus.* *(Würtemb.*, pl. 52, fig. 2.)
1836. **Goldfuss**, *Pecten paradoxus.* *(Petrefacta,* pl. XCIX, fig. 4.)
1836. **Goldfuss**, *Pecten personatus.* *(Petrefacta,* pl. XCIX, fig. 5.)
1856. **Oppel**, *Pecten incrustatus.* *(Die Juraform.,*p. 3382.)
1858. **Quenstedt**, *Pecten contrarius.* *(Der Jura,* p. 258, pl. 36,
   fig. 15 à 17.)

Dimensions : longueur, 5 à 10 millimètres.
Pour la grande variété, longueur et largeur, 40 millimètres;
   épaisseur, 9 millimètres.

Il y a peu de fossiles dont la synonymie soit plus embrouillée
que celle du *P. pumilus*. Il y en a peu cependant qui soient caractérisés par des détails aussi constants et aussi facilement reconnais-
sables.

Ce fossile est fort répandu dans la zone, mais se présente, suivant
les régions, avec des proportions si différentes et un genre de fossilisation si opposé, qu'il est comme impossible de réunir tous les
exemplaires dans une même description.

PETITE VARIÉTÉ. — C'est une coquille ronde, d'une taille de 5 à
8 millimètres, qui se rencontre en nombre immense dans les marnes
noires inférieures d'un grand nombre de gisements. Les valves,
toujours isolées, sont toutes fortement adhérentes à la marne durcie, par la surface extérieure de la coquille, dont il est comme impossible de rien voir, tandis que l'intérieur des valves laisse voir très-
nettement des lignes rayonnantes minces, saillantes, qui cessent
brusquement à une certaine distance du bord palléal.

Localités : marnes noirâtres de la Verpillière, Saint-Romain,
et partout où ces marnes sont visibles.

GRANDE VARIÉTÉ. — Dans tout le département du Var, les calcaires durs de couleur claire du lias supérieur fournissent en abondance des spécimens d'une grandeur gigantesque si on les compare
à ceux des autres régions, et cependant il paraît impossible de les
attribuer à une espèce différente; les ornements particuliers à chaque valve, la forme générale, les côtes intérieures; on retrouve dans

ces grands Pecten tous les détails caractéristiques de la petite variété. Les exemplaires que l'on rencontre par milliers sont toujours bivalves et bien conservés. La seule différence que l'on peut noter, c'est que le *Pecten pumilus* du Var, quand sa longueur dépasse 35 millimètres, prend une forme plus élargie, transverse. Des exemplaires de 42 millimètres de longueur prennent quelquefois une largeur qui peut aller jusqu'à 50 millimètres, au lieu de conserver la forme ronde régulière qui caractérise ordinairement l'espèce. Les plus grands spécimens bivalves ont une épaisseur qui ne dépasse jamais 10 millimètres.

La valve supérieure gauche, légèrement et régulièrement convexe, est couverte de fines lignes rayonnantes droites, avec insertions de nouvelles côtes qui restent moins fortes; toute la surface est couverte en outre de stries concentriques fines et si serrées, surtout dans la région palléale, que l'on peut en compter près de 10 dans l'espace d'un millimètre.

La valve inférieure ou droite, moins convexe, paraît entièrement lisse; l'angle cardinal est ordinairement droit, mais quelquefois bien plus ouvert; je ne puis rien dire sur les oreilles qui sont toujours brisées. Les deux valves portent, à l'intérieur, 11 à 13 côtes rayonnantes étroites, saillantes, très-espacées, qui ne se continuent pas jusqu'au bord de la coquille.

Les couches les plus inférieures de l'oolithe inférieure, soit la base du calcaire à entroques, fournissent, dans les environs de Lyon, des échantillons de *P. pumilus*, engagés dans le calcaire, et sur lesquels on peut distinguer très-bien les mêmes détails que nous venons d'exposer; ces Pecten de l'oolithe inférieure ont une taille généralement plus grande que ceux des marnes inférieures du lias, supérieur et quelques-uns ont une longueur de 15 millimètres.

Les échantillons du *P. pumilus* de grande taille se trouvent en grande quantité dans le Var, partout où l'on rencontre les calcaires durs du lias supérieur. Je les ai recueillis à Solliès-Toucas, Solliès-Ville, Cuers, Valauris, Puget-de-Cuers, Mazaugue, Belpentier, la Cride, *c. c.*

Explication des figures : pl. XLIV, fig. 1, *P. pumilus*, valve droite (lisse), de Cuers, de grandeur naturelle. Fig. 2, valve gauche (costulée), de Solliès-Ville, grandeur naturelle. Fig. 3, grossissement d'une partie du test, de ladite valve. Fig. 4, vue de profil de l'échantillon fig. 1. Fig. 5, *P. pumilus*, valve gauche, de Cuers, de grandeur naturelle, laissant voir une partie des cotes rayonnantes de la surface intérieure.

Pecten textorius (SCHLOTHEIM, SP.).

(Pl. XLIV, fig. 12.)

1820. Schlotheim, *Pectinites textorivs. (Petrefact.*, p. 229.)
1836. Goldfuss, *Pecten textorius. (Petrefacta*, pl. LXXXIX, fig. 9.)

Nous voyons reparaître encore ici le *Pecten textorius* avec tous ses caractères.

On en trouve des exemplaires clairsemés à peu près partout, mais il y a des gisements où il se montre avec une abondance extrême, comme dans les marnes de Saint-Romain. Les échantillons bivalves de cette localité permettent de constater que sur la valve droite, celle qui porte l'échancrure pour le bissus, les côtes sont plus serrées et un peu plus régulières que sur la valve gauche ; cette dernière est aussi toujours un peu plus bombée.

Je donne la figure d'un beau fragment de ce Pecten qui a conservé une partie de sa coloration naturelle ; on y remarque des zones concentriques de couleur verdâtre et jaune clair.

Localités : Saint-Cyr, Poleymieux, Saint-Romain, la Verpillière, Saint-Nizier, Solliès-Ville, *c*.

Explication des figures : pl. XLIV, fig. 12, *P. textorius*, de Saint-Cyr, avec restes de coloration naturelle.

Pecten barbatus (Sowerby).

(Pl. XLIV, fig. 6.)

1820. Sowerby, *Pecten barbatus* enkunde. *(Miner. conch.*, pl. 231.)
1836. Godfuss, *Pecten barbatus*. *(Petrefacta*, pl. XC, fig. 12.)

Dimensions : longueur et largeur, 23 millimètres.

Coquille orbiculaire, peu convexe, ornée de 14 à 16 côtes régulières, larges, anguleuses, saillantes, séparées par des plis profonds et couvertes partout de stries ou petites lamelles concentriques très-serrées et très-apparentes. La valve dont je donne le dessin est celle qui n'a pas d'épines. Un échantillon, aujourd'hui égaré de la Verpillière, était d'une taille un peu plus grande et laissait voir sur la région cardinale des prolongements épineux, comme cela se voit souvent chez les Pecten armés, notamment chez le *P. Pollux*, de l'infra-lias.

Quoique le *P. barbatus* soit indiqué toujours dans l'oolithe inférieure, sa présence dans la zone à *Ammonites bifrons* est certaine.

Localités : la Verpillière, Cuers, Solliès-Toucas, Solliès-Ville, *r*.

Explication des figures : pl. XLIV, fig. 6, *P. barbatus*, de la Verpillière, de grandeur naturelle.

Pecten disciformis (Shubler).

1833. Zieten, *Pecten disciformis*. *(Würtemb.*, pl. 53, fig. 2.)
1850. D'Orbigny, *Pecten silenus*. *(Prodrome*, étage 10e, no 421.)
1856. Oppel, *Pecten disciformis*. *(Die Juraform.*, p. 539.)

Dimensions : longueur et largeur, 70 millimètres ; épaisseur, 20 millimètres.

Coquille orbiculaire lisse, assez grande, les lignes concentriques sont visibles, mais sur aucun de mes échantillons elles ne sont aussi marquées que sur la figure donnée par Zieten.

Localités : Saint-Cyr, Villebois, Puget-de-Cuers, le Luc.

Exogyra Berthaudi (Nov. sp.).

(Pl. XLIV, fig. 7, 8, 9, 10, 11.)

Testa ovata vel orbiculari; valva inferiore concava, contorta, basi affixa, acutissime carinata lævigata, seu lamellis irregularibus munita; postice rotundata, ad carinam recte elata; umbone involuto.

Valva superiore subconcava, lævigata; lineis acutis crebris ad marginem circumdata.

Dimensions : longueur, 50 millimètres; largeur et épaisseur très-irrégulières.

Coquille de forme assez peu régulière, mais avec tous les caractères les plus marqués du genre. Valve inférieure profonde, adhérente par une grande partie de sa surface, munie d'une carène aiguë et tout à fait coupante, à partir de laquelle la valve se relève à angle droit formant une muraille droite, arrondie en demi-cercle, sur laquelle on remarque quelques lignes d'accroissement, souvent lamelleuses et avec quelques ondulations à la base; le crochet, fortement contourné, est adhérent comme le reste de la coquille.

La valve operculaire est plate, plutôt un peu concave, lisse, bordée sur son contour extérieur d'une zone de lignes coupantes, serrées, lamelleuses, d'une forme elliptique, arrondie, sur laquelle le crochet contourné en spirale ne forme aucune saillie. Je ne puis décrire ni la charnière, ni la forme de l'impression musculaire.

Cette coquille est assez commune dans les marnes de Saint-Romain. J'en ai recueilli à Saint-Fortunat (dent de Montout) un exemplaire mutilé de grande taille. Longueur, 75 millimètres; épaisseur, 40 millimètres.

Localités : Saint-Romain, Saint-Fortunat, le Luc.

Explication des figures : pl. XLIV, fig. 7, 8, 0, *Exogyra Berthaudi*, de Saint-Romain, de grandeur naturelle. Fig. 10, valve supérieure, du même gisement, vue par-dessous. Fig. 11, valve supérieure, vue par-dessus.

Ostrea Erina (d'Orbigny).

(Pl. XLV, fig. 1 et 2.)

1850. D'Orbigny, *Ostrea Erina*. *(Prodrome*, étage 9e, n° 263.)

Dimensions : longueur, 35 millimètres; largeur, 23 millimètres; épaisseur, 10 millimètres.

La description si courte que donne d'Orbigny ne peut pas suffire pour rassurer complétement sur la bonne détermination de cette espèce, cependant les deux exemplaires que j'ai pu recueillir me paraissent se rapporter parfaitement à cette description [1].

Localités : Saint-Cyr, la Verpillière, Saint-Romain Charney, r.

Explication des figures : pl. XLV, fig. 1 et 2, *Ostrea Erina*, de Charnay, de grandeur naturelle.

---

[1] Depuis que ces lignes sont écrites, j'ai recueilli à Charnay de très-beaux exemplaires de l'*Ostrea Erina* qui ne me laissent plus de doute sur l'identité de l'espèce; je donne la figure de l'un d'eux.

Ostrea subauricularis (D'ORBIGNY).

1833. Goldfuss, *Ostrea auricularis. (Petrefacta*, p. LXXIX, fig. 7.)
1850. D'Orbigny, *Ostrea subauricularis. (Prodrome*, étage 9e,
    no 262.)
1856. Oppel, *Ostrea subauricularis. (Die Juraform.*, p. 382.)

Coquille arrondie, sans ornements , dont le crochet acuminé est
un peu recourbé du côté antérieur. On rencontre souvent, dans le
minerai de cette localité, des fragments d'Ostrea, mais contrairement à ce qui arrive pour les autres coquilles, il est impossible de
les séparer de la gangue.

Localité : la Verpillière, *r.*

Ostrea Pictaviensis (HEBERT).

1850. D'Orbigny, *Ostrea Knorri. (Prodrome*, étage 9e, no 260.)
1856. Hébert, *Ostrea Pictaviensis. (Bulletin de la Société géolo-
    gique,* 2e série, XIIIe vol., p. 216.)

Coquille d'assez grande taille, très-peu connue dans le lias supérieur du bassin du Rhône. Elle serait facilement confondue avec la
Gryphea obliqua ou la *Gryphea sublobata*, si les plis fins, irréguliers,
qui garnissent son crochet, ne la faisaient distinguer.

Localités : Marcigny , ma collection; Mussy-les-Tours
(Saône-et-Loire), collection Thiollière, au musée de Lyon,
r. r.

Ostrea vallata (Nov. sp.).

(Pl. XLV, fig. 7 et 8.)

*Testa ovato-orbiculari transversa ; valva inferiore affixa,
concava, marginem versus plicis simplicibus; carinatis, rectis,
irregularibus munita.*

Dimensions : longueur, 23 millimètres ; largeur, 30 millimètres ; épaisseur, 8 millimètres.

Coquille de forme ovale, transverse, adhérente par la plus grande
partie de sa surface. La valve inférieure porte sur la moitié de son
contour un bord relevé verticalement en forme de petite palissade,
ornée de 15 à 16 côtes ou plis irréguliers, anguleux, plus élevés
sur le front de la coquille et d'une très-petite élévation en se rapprochant de la région cardinale.

Valve supérieure inconnue.

Localité : la Verpillière, *r.*

Explication des figures : pl. XLV, fig. 7 et 8, *Ostrea vallata,* de la Verpillière, de grandeur naturelle.

Plicatula catinus (E. Deslonchamps).

(Pl. XLV, fig. 3, 4, 5, 6.)

1836. Goldfuss, *Ostrea subserrata. (Petrefacta,* pl. LXXIV, fig. 1.)
1860. E. Deslongchamps, *Plicatula catinus. (Essai sur les Plicatules fossiles,* p. 95, pl. XVI, fig. 1 à 9.)

Dimensions : longueur, 21 millimètres ; largeur, 27 millimètres; épaisseur, 12 millimètres.

Petite coquille arrondie, assez épaisse, un peu transverse ; valve droite, inférieure, adhérente près du crochet, ornée de côtes ou sillons souvent lamelleux, ou interposés près du bord. Valve supérieure subconvexe et déprimée dans la région cardinale, ornée de côtes moins larges, moins marquées, mais plus régulières; la charnière ne peut se voir sur aucun de mes échantillons.

Localités : Saint-Fortunat, Saint-Romain, Charnay, la Verpillière, Saint-Nizier, Saint-Julien, Solliès-Toucas, ma collection; collections de MM. Pellat et Jaubert.

Explication des figures : pl. XLV, fig. 3, 4, 5, *Plicatula catinus*, de Saint-Romain, de grandeur naturelle, de la collection de M. Locard. Fig. 6, valve supérieure, de Saint-Julien; collection Thiollière (musée de Lyon).

Harpax Gibbosus (E. Deslonchamps).

(Pl. XLV, fig. 12.)

1858. E. Deslongchamps, *Harpax gibbosus. (Essai sur les Plicatules fossiles*, p. 52, pl. XI, fig. 9 à 22.)

Dimensions : longueur, 33 millimètres ; largeur, 28 millimètres ; épaisseur, 7 millimètres.

Coquille ovale allongée, très-régulièrement arrondie et convexe, auriculée, lisse avec quelques lignes d'accroissement ; les crochets médians dépassent à peine la ligne cardinale.

Quoiqu'elle soit indiquée du lias moyen, tous mes échantillons sont adhérents sur les Ammonites du lias supérieur de Saint-Julien de Jonzy, et appartiennent par conséquent d'une manière certaine à ce niveau.

Localités : Saint-Julien, c., la Verpillière, r.

Explication des figures : pl. XLV, fig. 12, *Harpax gibbosus*, de Saint-Julien, de grandeur naturelle, valve supérieure.

BRACHIOPODES

Rhynchonella Bouchardi (Davidson).

1852. Davidson, *Rhynchonella Bouchardi. (British fossil brachiopoda. (Palæontographical Society* , p. 82, pl. 15,
fig. 3 à 5.)

Petite espèce semi-globuleuse, d'une longueur de 10 à 12 millimètres, dont les plis ne sont marqués que sur le bord des valves.

Quoique mes échantillons soient assez médiocrement conservés, je crois pouvoir les rapporter avec certitude à l'espèce de
Davidson.

Localité : la Verpillière, *r*.

Rhynchonella Jurensis (Quenstedt).

1858. Quenstedt, *Rhynchonella Jurensis. (Der Jura* , pl. 41,
fig. 33 à 35.)
1868. Quenstedt, *Rhynchonella Jurensis. (Brachiopod.*, p. 75,
pl. 38, fig. 23 à 30.)

Petite espèce de 12 à 15 millimètres de longueur ; le lobe de la
valve non perforée porte 3 ou 4 plis. Elle est assez globuleuse.

C'est la Rhynchonelle la plus répandue dans les minerais de fer
de la Verpillière.

Localités : Saint-Romain, Saint-Fortunat, Villebois, la Verpillière, *c*.

Rhynchonella Schuleri (OPPEL).

(Pl. XLV, fig. 9, 10, 11.)

1856. Oppel, *Rhynchonella Schuleri. (Die Juraform.*, p. 385.)
1868. Quenstedt, *Terebratula Jurensis striatissima. (Brachiopoden*, p. 76, pl. 38, fig. 26 et 27.)

Coquille petite, de 8 à 12 millimètres de longueur, assez largement arrondie et comprimée ; couverte d'un grand nombre de plis
fins, rayonnants; le crochet aigu n'est pas recourbé ni saillant; les
grands spécimens montrent sur la valve non perforée un lobe peu
élevé qui correspond à un sinus de la grande valve.

Localités : Saint-Cyr, Saint-Romain, la Verpillière, *r. r.*

Explication des figures : pl. XLV, fig. 9 et 10, *Rhynchonella Schuleri*, de Saint-Romain, de grandeur naturelle.
Fig. 11, la même, grossie.

Rhynchonella cynocephala (RICHARD, SP.).

(Pl. XLV, fig. 13, 14, 15, 16.)

1834. V. Buch, *Terebratula ringens. (Ueber Terebrateln*, pl. 2,
fig. 31.)
1840. Richard, *Terebratula cynocephala. (Bulletin de la Soc.
géol. de France*, vol. II, p. 263, pl. 3, fig. 5.)
1850. D'Orbigny, *Rhynchonella Fidia. (Prodrome*, étage 9e, n°267.)
1851. Davidson, *Rynchonella cynocephala. (British Brachiopoda*,
pl. 14, fig. 10 à 12.)
1856. Oppel, *Rhynchonella cynocephala. (Die Juraform.*, p. 551.)
1864. E. Deslongchamps, *Rhynchonella meridionalis. (Bullet. de
la Soc. Linn. de Normandie*, VIIIᵉ vol., pl. XII, fig. 4 à 9.)

Dimensions : longueur, 19 millimètres; largeur, 23 millimètres ; épaisseur, 21 millimètres.

Coquille grande, extraordinairement renflée et de bizarre structure ; valve perforée, presque plate, ornée de chaque côté de 3 à 7 plis courts, saillants, aigus sur les bords et qui disparaissent toujours avant d'atteindre le milieu de la valve ; entre ces deux groupes de plis on voit un sinus étroit très-profond, qui se relève verticalement et qui porte de 2 à 5 plis. Le reste de la valve est lisse et ne présente qu'une surface plate, légèrement renflée vers le crochet qui reste petit, aigu et peu recourbé.

La valve non perforée, à l'inverse de l'autre, est excessivement renflée et porte cependant sur les côtés les mêmes plis courts et coupants. Sur le milieu s'élève un lobe énorme, fortement projeté en avant, où il vient se raccorder avec l'extrémité du sinus de l'autre valve ; ce lobe porte 2 à 6 plis aigus, profonds et très-courts ; il est rare que ces plis se prolongent plus loin que le tiers de la longueur du lobe.

Cette remarquable espèce, dont la synonymie est si compliquée, se rencontre en grande abondance dans le lias supérieur des gisements du Var, où le *Pecten pumilus*, de grande taille, accompagne les *Ammonites bifrons, radians, etc.* Dans toutes les autres régions, en France comme en Angleterre, la *Rhynchonella cynocephala*, de taille beaucoup plus petite, se montre à un niveau plus élevé, à la base de l'oolithe inférieure, avec l'*A. Murchisonæ*, et au-dessus des couches à *A. opalinus*.

Les échantillons rapportés d'Espagne par M. de Verneuil et que M. Deslongchamps a décrits comme appartenant au lias moyen, se trouvent, très-probablement, dans une zone parallèle au lias supérieur du Var ; il y a identité complète entre les échantillons fournis par les deux pays. De plus, en France comme en Espagne, la *R. cynocephala* est toujours accompagnée de la *Terebratula Jauberti*.

J'ai recueilli dans le lias supérieur à Portel (Aude) la *R. cynocephala*.

Localités : Hyères, Toulon (Dardenne), Puget-de-Cuers, Solliès-Ville, Cuers, Belgentier, Bandol, le Luc, c. c.

Explication des figures : pl. XLV, fig. 13, *R. cynocephala*, de Cuers, de grandeur naturelle. Fig. 14, autre, de Belgentier. Fig. 15 et 16, autre spécimen, de Solliès-Ville.

Rhynchonella Forbesi (Davidson).

(Pl. XLVI, fig. 1, 2, 3.)

1854. Davidson, *Rhynchonella Forbesi.* (*British oolitic Brachio-poda*, p. 84, pl. XVII, fig. 19.)

Dimensions : longueur et largeur, 11 millimètres; épaisseur, 8 millimètres.

Petite coquille globuleuse, très-constante dans sa taille, ornée de 15 à 18 plis anguleux ; sinus à peine indiqué ; commissure latérale des valves non sinueuse ; c'est l'espèce la plus répandue avec la *R. Jurensis.*

J'ai recueilli à la Verpillière quelques échantillons, relativement de grande taille et que j'inscris sous le même nom, puisqu'ils paraissent présenter les caractères de l'espèce ; les dimensions de cette variété sont : longueur, 17 millimètres ; largeur, 15 millimètres ; épaisseur, 14 millimètres. Il y a de grandes différences dans le nombre et la grosseur des plis, comme on le verra par les figures que je donne.

Ces *R. Forbesi,* de grande taille, se rencontrent très-rarement.

Localités : la Verpillière, Villebois.

Explication des figures : pl. XLVI, fig. 1 et 2, *R. Forbesi,* de la Verpillière, de grandeur naturelle. Fig. 3, autre, de la même localité, à gros plis.

Rhynchonella subtetrahedra (Davidson).

1854. Davidson, *Rhynchonella subtetrahedra.* (*British Brachio-poda*, p. 95, pl. 16, fig. 9 à 12.)

Dimensions : longueur, 15 millimètres ; largeur, 18 millimètres ; épaisseur, 8 millimètres.

Coquille transverse, comprimée, avec 24 plis assez aigus, réguliers, le sinus indiqué.

Les exemplaires fort rares, que j'ai recueillis de cette Rhynchonelle, sont, en plus petit, de la forme indiquée fig. 11 de la pl. 16 de Davidson. Elle se rencontre en Angleterre dans l'oolithe inférieure de Dundry.

Localité : la Verpillière. *r. r.*

Rhynchonella quadriplicata (ZIETEN).

1830. Zieten, *Terebratula quadriplicata*. *(Würtemb.*, pl. 41, fig. 3.)

1868. Quenstedt, *Terebratula quadriplicata*. *(Brachiopod.*, p. 81, pl. 38, fig. 37 à 55.)

Dimensions : longueur et largeur, 18 millimètres ; épaisseur, 11 millimètres.

Espèce aussi large que longue, régulière dans sa taille, plis nombreux, réguliers ; le lobe bien indiqué et qui se prolonge un peu en saillie sur le front porte 4 plis. L'angle cardinal est droit. Le contour est un peu pentagonal.

Cette Rhynchonelle, indiquée partout dans l'oolithe inférieure, se rencontre assez communément dans le lias supérieur du Var.

Localités : le Luc (Pumejean), Cuers, Bandol, Puget-de-Cuers.

Terebratula (Waldheimia) Lycetti (Davidson).

(Pl. XLVI, fig. 4 et 5.)

1851. Davidson, *Terebratula Lycetti.* (*British Brachiop.*, p. 44, pl. VII, fig. 17 à 22.)
1857. Oppel, *Terebratula Lycetti.* (*Die Juraform.*, p. 383.)
1864. E. Deslongchamps, *Terebratula Lycetti.* (*Paléont. franç.*, p. 183, pl. 47, fig. 4 à 10, et pl. 48, fig. 4 à 6.)

Coquille toujours de petite taille (10 millimètres), assez renflée, à contour circulaire; elle n'est pas très-rare à la Verpillière.

Localités : Saint-Romain, la Verpillière, Mortiès, Fressac.

Explication des figures : pl. XLVI, fig. 4 et 5, *T. Lycetti*, de Saint-Romain, de grandeur naturelle.

Terebratula (Waldheimia) Sarthacensis (d'Orbigny).

1847. D'Orbigny, *Terebratula Sarthacensis.* (*Prodrome*, étage 9e, no 270.)
1863. E. Deslongchamps, *Terebratula Sarthacensis.* (*Paléont. franç.*, p. 130, pl. 31, fig. 1 à 8.)

Dimensions : longueur, 21 millimètres ; largeur, 18 millimètres ; épaisseur, 12 millimètres.

Coquille ovale plus longue que large ; les deux valves également renflées, un peu tronquée sur la région frontale ; commissure des valves non sinueuse.

Le foramen petit; le crochet paraît moins développé que dans les échantillons du Calvados.

Localités : la Verpillière, Crussol, Aix, Cuers, r.

Terebratula Eudesi (Oppel).

(Pl. XLVI, fig. 6 à 10.)

1851. Bronn, *Terebratula biplicata (pars).* *(Lethæa,* pl. 18, fig. 11.)
1857. Oppel, *Terebratula Eudesi.* *(Die Juraform.,* p. 548.)
1864. De Ferry , Espèce voisine de la *Terebratula globata.* *(Mém. de la Soc. linn. de Normandie,* t. XII, p. 35.)
1872. Deslongchamps , *Terebratula Eudesi.* *(Paléont. franç.,* p. 214, pl. 59, fig. 3 à 11, et pl. 60, fig. 1.)

Dimensions : longueur, 25 millimètres ; largeur, 22 millimètres ; épaisseur, 17 millimètres.

Coquille globuleuse, assez variée dans sa taille et dans ses proportions ; valve perforée très-renflée vers le crochet qui est largement arrondi et recourbé ; à la moitié de la longueur un lobe médian se dessine, accompagné sur les côtés de deux plis arrondis ; la petite valve, très-renflée aussi près du crochet, porte un sinus plus ou moins profond et large, bordé par deux plis anguleux ; la commissure latérale des valves est très-sinueuse et le front, un peu tronqué, montre des ondulations qui représentent quelquefois d'une manière frappante la lettre м.

La *T. Eudesi* se rencontre ordinairement partout dans l'oolite inférieure, et cependant, dans le minerai de fer de la Verpillière et dans les autres gisements de la région, elle fait bien partie de la zone à *Ammonites bifrons* et non de la zone à *A. opalinus,* comme le dit M. Deslonchamps *(Paléontologie française,* p. 218, 219).

Peut-être faudrait-il admettre que nous avons là une espèce différente, par les raisons suivantes : la *T. Eudesi* du lias supérieur ne montre jamais le limbe frontal dont parle M. Deslonchamps : le lobe médian de la valve perforée se prononce souvent dès le premier tiers de la longueur, en descendant du crochet ; enfin les sinuosités anguleuses de la partie frontale paraissent souvent marquées d'une manière plus énergique que dans l'espèce type qui ne fournit jamais des spécimens semblables à ceux figurés pl. XLVI. fig. 9. Cette variété sinueuse et anguleuse ne tient pas à une complication amenée par l'âge, car nous en avons des exemples dans des coquilles jeunes encore, comme le fait voir le petit échantillon dessiné pl. XLVI, fig. 12 et 13. Cette Térébratule si anguleuse ne mesure que 15 millimètres, tandis que des exemplaires de 28 millimètres ne présentent que la forme ordinaire de l'espèce type.

Cette Térébratule a longtemps figuré dans ma collection sous le nom de *T. millenaria*, nom que je lui avais donné pour rappeler le chiffre romain *mille*, si bien figuré par son sinus.

Localités : Saint-Cyr, Saint-Fortunat, Poleymieux, la Verpillière, Crussol, *r.*, Charnay.

Explication des figures : pl. XLVI, fig. 6, *T. Eudesi*, de la Verpillière, forme simple. Fig. 7, 8, 9, forme sinueuse, aussi de la Verpillière. Fig. 10, 11, autre, de Charnay. Fig. 12 et 13, autre, de Saint-Cyr. Tous les échantillons sont représentés de grandeur naturelle.

Terebratula perovalis (SOWERBY).

1825. Sowerby, *Terebratula perovalis. (Mineral. conchology,* pl. 436, fig. 2 et 3.)

1851. Davidson, *Terebratula perovalis. (British fossil Brachiopoda,* p. 51.)

1864. Deslongchamps, *Terebratula perovalis. (Paléont. franç.,* p. 197, pl. 51, 53, 55.)

1869. Quenstedt, *Terebratula perovalis. (Brachiopoden,* pl. 50, fig. 1, 30, 31, 32.)

Cette espèce, qui se trouve ordinairement dans l'oolithe inférieure et se propage souvent plus haut, se présente, très-rarement il est vrai, dans notre zone à *A. bifrons.* J'ai recueilli à Marcigny des échantillons très-semblables pour la forme et la taille à la fig. 3, pl. X, que donne Davidson, prise sur un échantillon de Dundry.

Localités : la Verpillière, Marcigny, Charnay, Crussol ; collection de M. Garnier, *r. r.*

Terebratula sphæroidalis (Sowerby).

(Pl. XLVI, fig. 14 et 15.)

1825. Sowerby, *Terebratula sphæroidalis.* (*Miner. conch.*, pl. 435, fig. 3, et *Terebratula bullatæ, ibid.*, fig. 4.)
1832. Zieten, *Terebratula bullatæ.* (*Würtemb.*, pl. 40, fig. 6.)
1854. Davidson, *Terebratula sphæroidalis.* (*Oolitic et liasic brachiopoda*, p. 46, pl. II, fig. 9 à 10.)
1869. Quenstedt, *Terebratula bullata.* (*Brachiopoden*, p. 409, pl. 50, fig. 17 à 25.)

Dimensions : longueur, 35 millimètres ; largeur, 33 millimètres ; épaisseur, 23 millimètres.

Coquille souvent de grande taille, globuleuse, crochets gros, recourbés, sans parties anguleuses. Contour arrondi, avec indice de troncature au front ; commissure latérale des valves peu sinueuse. J'ai des échantillons qui se rapportent à la fig. 18, pl. II, de Davidson ; d'autres à la fig. 11, pl. 50, de Quenstedt.

La *T. sphæroidalis* est partout signalée dans l'oolithe inférieure ; elle se montre cependant, avec tous ses caractères, dans le lias supérieur du Var, zone de l'*A. bifrons.* Nous avons déjà vu cette anomalie de niveau se faire remarquer pour plusieurs espèces, et nous aurons encore l'occasion de constater le même fait plusieurs fois ; il y a là une difficulté que des observations plus suivies et plus attentives feront peut-être disparaître. Ce qu'il y a de plus singulier, c'est que ces espèces, qui accompagnent la *T. sphæroidalis*, appartiennent pour la plupart aux couches supérieures du bajocien.

Localités : Solliès-Ville, Puget-de-Cuers, Cuers, c.

Explication des figures : pl. XLVI, fig. 14 et 15, *T. sphœroidalis*, de Puget-de-Cuers, de grandeur naturelle.

Terebratula subovoides (ROEMER).

1836. Roemer, *Terebratula subovoides*. *(Die Versteinerung*, pl. 2, fig. 9.)

1863. E. Deslongchamps, *Terebratula subovoides*. *(Paléont. franç.*, p. 154, pl. 37, fig. 4, et pl. 38, fig. 9.)

Dimensions : longueur, 31 millimètres; largeur, 25 millimètres ; épaisseur, 20 millimètres.

Coquille ovale, renflée, lisse, plus longue que large ; les deux valves également et régulièrement convexes partout. Crochet arrondi, fortement recourbé, non caréné sur les côtés ; foramen de moyenne grandeur ; commissure des valves presque droite ; presque toujours on remarque une légère troncature au bord frontal ; souvent aussi on voit de nombreuses lignes d'accroissement formant une zone bien marquée et occupant les bords des valves sur un espace plus ou moins large.

Le gisement de Cuers, où on la trouve, n'appartient pas au lias moyen, comme le pense M. Deslongchamps.

Localités : Cuers, Puget-de-Cuers, Solliès-Ville.

Terebratula Jauberti (E. DESLONCHAMPS).

1863. E. Deslongchamps, *Terebratula Jauberti*. *(Bulletin de la Soc. linn. de Normandie*, VIIIᵉ vol., p. 271, pl. XI, fig. 1.)

1863. E. Deslongchamps, *Terebratula Jauberti*. *(Paléont. franç.*, p. 176, pl. 45, fig. 8 à 11, pl. 46, fig. 1 à 4, et pl. 47, fig. 1 à 4.)

Dimensions : longueur, 30 millimètres ; largeur, 29 millimètres ; épaisseur, 15 millimètres.

Coquille parfaitement arrondie, lisse, également renflée en dessus et en dessous ; crochet large, très-peu saillant avec un indice de parties anguleuses ; foramen petit ; pas de lignes d'accroissement ; commissure des valves droites ; je remarque que mes échantillons sont plus régulièrement circulaires, ont le crochet plus raccourci et moins anguleux que ne le montrent la plupart des figures de M. Deslongchamps.

La *T. Jauberti* est un des fossiles les plus communs et des plus réguliers des couches du lias supérieur du Var. Il est des plus probables que les exemplaires rapportés d'Espagne par M. de Verneuil et qui accompagnent en grand nombre la *R. cynocephala*, appartiennent au même niveau du lias supérieur et non au lias moyen.

L'échantillon provenant du Blaymard (Lozère), que j'avais communiqué à M. Deslongchamps et qu'il a fait figurer pl. XXXXVII, fig. 3, n'appartient pas à la *T. Jauberti ;* c'est un exemplaire de la *T. subnumismalis* (Davidson), caractérisée par les côtés très-anguleux de son crochet qui s'élève bien plus d'ailleurs sur la région cardinale que chez la *T. Jauberti*. Cet échantillon du Blaymard appartient bien au niveau supérieur du lias moyen, zone du *P. æquivalvis*.

J'ai recueilli, dans les environs de Thouars, une Térébratule très-commune dans la zone à fucoïde, base de l'oolithe inférieure, et qui se rapporte exactement à la *T. Jauberti ;* elle accompagne dans les calcaires marneux, terreux, de cette région, la *T. Eudesi* et la *R. cynocephala* de petite taille.

Localités : Toulon (Dardenne), Bandol, Cuers, Puget-de-Cuers, Belgentier, Solliès-Ville, *c. c.*

Terebratula curviconcha (Oppel).

(Pl. XLVI, fig. 16, 17, 18.)

1863. Oppel, *Terebratula curviconcha. (Zeitschift d. Deutsch. geolog. Geselsch.*, vol. XV, p. 206, pl. 5, fig. 6.)

Dimensions : longueur, 26 millimètres; largeur, 24 millimètres ; épaisseur, 16 millimètres.

Coquille presque aussi large que longue. Contour subpentagonal; crochet arrondi, médiocre, très-recourbé, avec un foramen rond de moyenne grandeur; valve perforée, convexe vers le crochet; la valve perforée porte un lobe peu saillant compliqué d'un petit sinus au bord frontal; la petite valve, fortement indentée sous le crochet est munie d'un sinus large et profond qui se recourbe fortement pour rejoindre l'autre valve; commissure des valves très-sinueuse sur les côtés et sur le front.

Cette belle Térébratule m'a été communiquée par M. Huguenin, comme venant du lias supérieur. Cependant, d'après Oppel, elle caractérise les couches supérieures du bajocien, près d'Hallstadt et à Brentonico. Quoique l'espèce de Crussol soit bien plus grande que celle des Alpes du Tyrol, la forme est tellement semblable qu'il n'est pas possible de les séparer. Je ne puis m'expliquer le fait que par une chance malheureuse qui aura fait rouler cette Térébratule depuis le niveau supérieur du bajocien, qui est tout à fait rapproché à Crussol, jusque sur les débris des couches inférieures. Il ne faudra donc pas admettre sûrement cette espèce dans les listes du lias supérieur, avant que de nouvelles recherches viennent nous éclairer sur le véritable niveau de cette Térébratule.

Localités : Crussol, *r.;* collection de M. Huguenin.

Explication des figures : pl. XLVI, fig. 16, 17, 18, *T. curviconcha,* de Crussol, de grandeur naturelle.

Discina papyracea (GOLDFUSS, SP.).

1835. Goldfuss, *Patella papyracea. (Petrefacta*, p. 167, fig. 8.)
1836. Roemer, *Patella papyracea. (Die Versteinerung*, p. 135, pl. 9, fig. 19.).
1856. Oppel, *Discina papyracea. (Die Juraform.*, p. 386.)
1871. Quenstedt, *Orbicula papyracea. (Brachiopoden*, p. 661, pl. 60, fig. 107 à 111.)

Petite coquille de 5 à 6 millimètres de diamètre, à contour à peu près circulaire; sommet un peu excentrique et médiocrement renflé. Elle est abondante à Rome-Château, collection de M. E. Pellat.

Localités : Rome-Château, Vals, près Anduze, mas Saint-Laurent, près de Saint-Hippolyte (Gard).

Discina cornucopiæ (Nov. sp.).

(Pl. XLVI, fig. 19, 20, 21, et pl. XLXII. fig. 1.)

Testa parva, ambitu ovali-rotundato, acuta, lævigata, pernitida ; apice posteriori minime reflexo.

Dimensions : longueur, 7 millimètres ; largeur, 5 millimètres 1/2; hauteur, 3 millimètres 1/2.

Petite coquille elliptique, subcirculaire, conique, lisse, très-brillante; le sommet, assez aigu, non recourbé, est un peu plus rapproché du bord postérieur ; la valve supérieure est seule visible. Je n'ai pu identifier cette jolie espèce avec aucune des Discines jurassiques connues.

J'en ai recueilli deux exemplaires, d'inégale grandeur, attachés sur le contour siphonal d'une *Ammonites cornucopiæ*, du minerai de fer de la Verpillière (voir ci-avant page 112). Il résulte des cir-

constances de cette association que la Discine s'est fixée sur la coquille de l'Ammonite et s'y est développée pendant la vie du Céphalopode, car je possède le fragment du tour suivant qui montre à sa
partie intérieure et au point même de contact des tours les empreintes en creux et fort nettes des deux Discines, qui ont été emprison-
nées de la sorte sous la construction du dernier tour de l'Ammonite.

Je ne connais pas d'autre exemple de corps organisés, adhérants
ainsi à la coquille d'une Ammonite pendant la vie de celle-ci.

Ce fait curieux pourra jeter quelque jour sur les habitudes des
Ammonites en faisant rechercher les causes de rapprochement entre
des mollusques de mœurs si opposées ; ils nous ont fait voir, de
plus, qu'une bonne partie de la surface extérieure de la coquille des
Ammonites n'était pas recouverte par le manteau, puisque les Discines pouvaient ainsi s'implanter sur cette coquille et y prendre un
certain accroissement.

Pour m'assurer du genre des deux petites coquilles observées, il
fallait connaître la valve inférieure et pour cela briser l'échantillon.
Je n'ai pas pu me résigner à cette mutilation.

Localité : la Verpillière, *r. r.*

Explication des figures : pl. XLVI, fig. 19, *Discina cornucopiæ*, de la Verpillière, 2 spécimens, fixés sur le contour
siphonal d'une *A. cornucopiæ*, de grandeur naturelle. Fig. 20
et 21, la même, grossie 4 fois. Pl. XLVII, empreinte moulée en
creux sur la partie inférieure du tour recouvrant de la même
Ammonite.

Serpula gordialis (SCHLOTHEIM, SP.).

(Pl. XLVII, fig. 2.)

1820. Schlotheim, *Serpulites gordialis*. *(Die petrefactenk.*, p. 96.)
1841. Goldfuss. *Serpula gordialis*. *(Petrefacta*, p. 232, pl. LXIX,
     fig. 8.)

Petit corps cylindrique, vermiforme, lisse, irrégulièrement contourné et attaché sur un corps étranger. Le diamètre extérieur du tube n'arrive pas à 2 millimètres et ne paraît pas varier.

Coquille des moins caractéristiques et que l'on retrouve à plusieurs niveaux différents ; le bel échantillon dont je donne le dessin est fixé sur une *A. insignis*.

Localités : Poleymieux, Saint-Romain, la Verpillière, r.

Explication des figures : pl. XLVII, fig. 2, *Serpula gordialis*, de Poleymieux, de grandeur naturelle.

Serpula tricristata (GOLDFUSS).

1841. Goldfuss, *Serpula tricristata. (Petrefacta*, pl. LXVII, fig. 6.

Petite espèce, tricarénée, courte, croissant assez rapidement, très-conforme à la figure donnée par Goldfuss.

Se trouve rarement à Saint-Romain adhérente sur l'*A. cornucopiæ*.

Localité : Saint-Romain, r.

Serpula lumbricalis (SCHLOTHEIM, SP.)

1820. Schlotheim, *Serpulites lumbricalis. (Versteiner*, p. 96.)
1858. Quenstedt, *Serpula lumbricalis. (Der Jura*, p. 392, pl. 53, fig. 10 à 14.)

Corps cylindrique, d'un diamètre de 8 millimètres, d'une longueur indéterminée, orné circulairement d'un grand nombre de plis irréguliers, comme un tube d'étoffe molle qui serait refoulé sur lui-même ; ouverture grande, circulaire. Cette Serpule n'était adhérente que sur une partie de sa longueur. Carène peu marquée qui disparaît quand le tube devient libre ; je n'ai que des échantillons peu complets, en fragments.

Localités : Saint-Romain, la Verpillière, *r*.

Serpula segmentata (Nov. sp.).

(Pl. XLVII, fig. 5, 6, 7.)

Testa elongata, serpentina, affixa; lateribus convexis; transversim sulcata vel lamellosa; crista dorsali plicata, acuta, tortuosa; costis arcuatis interdum transversim munita.

Dimensions : longueur, 40 à 80 millimètres.

Tube très-largement adhérent sur toute sa longueur ; flancs arrondis, ornés de plis légers irréguliers transverses, arqués, et dont la convexité est dirigée en arrière ; on remarque de plus à des distances assez grandes et absolument irrégulières des côtes transverses, isolées, saillantes et arquées comme les plis. Le tube est orné par-dessus d'une carène coupante, peu élevée, bien séparée des flancs.

L'ouverture est ronde, assez grande, et la surface intérieure semble striée circulairement.

La *Serpula segmentata* est de beaucoup l'espèce la plus importante par le nombre et la beauté des échantillons qu'elle fournit ; on la trouve surtout fixée sur les Ammonites ou les Nautiles, dans les marnes de Saint-Romain.

Localités : Saint-Romain, la Verpillière, *c.*, Charnay.

Explication des figures : pl. XLVII, fig. 5, *S. segmentata*, de grandeur naturelle, de Saint-Romain. Fig. 6 et 7, fragment de la même espèce, de Saint-Romain, grandeur naturelle.

Serpula ramentum (Nov. sp.).

Testa exigua, lævigata, in spiram discoideam, basique affixam, regulariter convoluta.

Très-petit tube lisse, rond, régulièrement contourné en spirale sur un même plan et entièrement adhérent, les petites paillettes ou petits disques que la Serpule forme ainsi n'ont pas plus de 3 millimètres de diamètre, et le tube forme 4 tours.

De nouveaux échantillons me font voir qu'elle est quelquefois bien plus grande.

Localités : Marcigny, Charnay, la Verpillière, r.

Pl. XLVII, fig. 3, *S. ramentum*, 2 petits exemplaires superposés, de Marcigny, de grandeur naturelle. Fig. 4, autre spécimen, de Charnay, de grandeur naturelle.

Cidaris Fowleri (WRIGHT).

1856. Wright, *Cidaris Fowleri. A monograph of echinodermata (Paléont. Society*, p. 32, pl. 1, fig. 4.)
1860. Wright, *Cidaris Fowleri. A monograph of British. Foss. Echin. (Paléont. Society*, supplément, p. 451, pl. 42, fig. 1.

Je n'ai recueilli de ce Cidaris qu'un seul échantillon, dont je donne le dessin de grandeur naturelle ; il provient des calcaires du lias supérieur de Puget-de-Cuers. Cet échantillon, qui consiste en une bonne portion de la zone inter-ambulacraire, n'a pas conservé tous ses détails : cependant je crois que c'est bien là l'espèce décrite par Wright ; les rangées de tubercules de l'aire interambulacraire sont largement séparées par une area assez profondément excavée; les tubercules perforés et striés sont entourés de scrobicules ronds et dont les bords sont très-saillants.

Localité : Puget-de-Cuers, *r*.

Explication des figures : pl. XLVIII, fig. 8, *Cidaris Fowleri*, de Puget-de-Cuers, fragment de test, de grandeur naturelle.

Rabdocidaris impar (Nov. sp.).

(Pl. XLVIII, fig. 1 à 7.)

Testa magna, subglobosa, verrucis crenulatis et perforatis munita; verrucarum limbis orbicularibus, disjunctis, granulorum irregulari corona cinctis; aculeis cylindratis, elongatis, spinis passim adornatis.

Test globuleux d'assez grande taille ; aires ambulacraires inconnues ; tubercules de l'aire interambulacraire à boutons peu saillants et perforés avec un cercle de crénelures nombreuses et peu profondes ; scrobicules peu déprimés, arrondis, entourés d'un cercle de gros granules espacés, et ne formant pas bourrelet. Ces granules sont semblables à ceux qui couvrent le reste des plaques. Zone milliaire peu déprimée, couverte de granules assez gros, à peu près partout de même grandeur et semblables à ceux qui bordent les scrobicules.

Plusieurs des plaques interambulacraires supérieures portent un tubercule principal non entouré de scrobicule, de sorte que les granules, au lieu de former un cercle à distance autour du tubercule, sont implantés sans ordre sur toute la surface de la plaque, ne laissant autour des tubercules qu'un petit espace libre. Ces scrobicules, imparfaits ou irréguliers (*blinden Asseln* des auteurs allemands), se remarquent assez souvent chez certaines espèces de Cidaris, à la partie supérieure des rangées de tubercules ; mais chez le *Rabdocidaris impar* ils prennent une importance exceptionnelle, par leur taille et leur parfait développement. Cette déviation de la forme ordinaire devait être assez fréquente, puisque sur le très-petit nombre de fragments du test de l'espèce que j'ai sous les yeux, il y en a deux qui montrent ces scrobicules aveuglés.

Radioles cylindriques, allongés, grêles et garnis d'épines assez grosses, distribuées irrégulièrement. Le mauvais état des échantillons dont je puis disposer m'empêche de donner une description plus détaillée.

Je n'ai aucune preuve certaine que les radioles et les fragments de test figurés appartiennent à la même espèce, cela me paraît cependant infiniment probable et tous les échantillons appartiennent à une même couche. Quant au genre *Rabdocidaris*, comme je n'ai aucun fragment qui puisse m'indiquer la forme détaillée des Ambulacres, je suis dans l'impossibilité de rien affirmer. Toutes les analogies semblent indiquer le genre *Rabdocidaris ;* les radioles ont les plus grands rapports avec ceux du *R. spinosa* (Agassiz).

Localités : Saint-Romain, la Verpillière, ma collection; Crussol ; collection Huguenin, *r. r.*

Explication des figures : pl. XLVIII, fig. 1, *R. impar*, radiole de grandeur naturelle, de la Verpillière. Fig. 2, 3 et 4, le même fragments du test de la Verpillière. Fig. 5, autre fragment de la collection de M. Veuillet. Fig. 6, autre fragment de Saint-Romain. Fig. 7, autre fragment de Crussol, collection de M. Huguenin.

Ophioderma .....

On trouve dans le lias supérieur à Ivory (Jura) des plaques de calcaire dur, gris, marno-sableux, couvertes de nombreux spécimens d'un échinoderme appartenant à la famille des Astéroïdés et que l'on peut ranger dans le genre *Ophioderma ;* leur taille, mesurée sur l'extrémité des bras développés, dépasse à peine 20 millimètres. La partie centrale est peu distincte ; les 5 rayons sont courts et diminuent rapidement de largeur. Ces fossiles, sur mes échantillons du moins, sont trop mal conservés pour pouvoir les décrire.

Localité : Ivory (Jura), *c.*

Pentacrinus Jurensis (QUENSTEDT, SP.).

(Pl. XLVIII, fig. 9 et 10.)

1852. Quenstedt, *Pentacrinites Jurensis. (Handbuch der petrefact.*, pl. 52, fig. 16 et 17.)
1856. Oppel, *Pentacrinus Jurensis. (Die Juraform.*, p. 388.)
1858. Quenstedt, *Pentacrinites Jurensis. (Der Jura ,* p. 201, pl. 41, fig. 42 à 44.)

Le diamètre des colonnes varie de 6 à 9 millimètres ; les rayons de l'étoile sont aigus et étroits ; l'angle rentrant qu'ils forment est remarquablement évidé ; quelquefois les articles montrent une légère saillie latérale, alternant avec d'autres qui n'en ont pas ; l'impression des digitations est ovale.

Localités : Saint-Romain, la Verpillière, Villebois, Saint-Julien de Jonzy, *r. r.*

Explication des figures : pl. XLVIII, fig. 9 et 10, *Pentacrinus Jurensis* (Quenstedt), de Saint-Romain, grandeur naturelle.

Millericrinus Hausmanni (ROEMER, SP.).

(Voir le 3e volume de ces *Études*, Lias moyen, p. 166 et 340.)

On trouve quelquefois dans le lias supérieur des racines d'encrinites de très-petit diamètre, et fortement implantées sur la surface des Ammonites ou d'autres fossiles ; ces fragments me paraissent tout à fait semblables à ceux que l'on rencontre dans des conditions

analogues dans le lias moyen. Je ne puis donc mieux faire que de
renvoyer à la description et aux figures indiquées, troisième volume
de ces études. Il faut remarquer toutefois que je n'ai jamais rencontré d'articles séparés et que ces racines sont de très-petites dimensions.

Localités : Saint-Romain, Moiré, la Verpillière, Saint-Julien
de Jonzy, *r*.

Thecocyatus tintinabulum (GOLDFUSS, SP.).

1830. Goldfuss, *Cyatophyllum tintinabulum. (Petrefacta*, pl. XVI,
    fig. 6.)
1852. Quenstedt, *Cyclolites tintinabulum. (Handbuch*, pl. 59,
    fig. 11.)
1857. Milne Edwards , *Thecocyatus tintinabulum. (Hist. Nat.*,
    d. corall., IIe vol., p. 48.)
1858. Quenstedt, *Cyclolites tintinabulum. (Der Jura*, pl. 41,
    fig. 51.)

Petit polypier conique, arrondi, qui a été parfaitement décrit et
figuré par Goldfuss et par Quenstedt.

Localités : Saint-Romain, Poleymieux, la Verpillière, *r*.

Amorphospongia Cuersensis (Nov. SP.).

(Pl. XLVII, fig. 8.)

Spongitaire subglobuleux, composé de petits groupes en mamelons arrondis, criblés de petites ouvertures irrégulières, de 1 à
2 millimètres de largeur et des formes les plus bizarres. Je ne vois
pas de traces de tubulures ; la surface des mamelons, si l'on ne tient
pas compte des petites excavations, est très-lisse ; point de sillons
au sommet.

Localité : Cuers. *r.*

Explication des figures : pl. XLVII, fig. 8, *Amorphospongia Cuersensis*, de Cuers, grandeur naturelle.

Diastopora Crussolensis (Nov. sp.)

(Pl. XLVIII, fig. 11 et 12.)

Petit bryozoaire en plaques de forme elliptique, de 5 millimètres sur 4 ; le corps est adhérent sur un fragment de coquille. On trouve dans Quenstedt (*Der Jura*, pl. 40, fig. 1) le dessin d'un petit bryozoaire posé sur une *Ammonites Jurensis*, sous le nom de *Diastopora liasica*. Cette espèce a beaucoup de rapports avec le bryozoaire de Crussol, mais il paraît être plus épais que ce dernier et la forme de la colonie est plus circulaire.

Localité : Crussol.

Explication des figures : pl. XLVIII, fig. 11 et 12, *Diastopora Crussolensis*, de Crussol, de grandeur naturelle et grossi.

Berenicea Garnieri (Nov. sp.)

(Pl. XLVIII, fig. 13 et 14.)

Bryozoaire de grande taille en plaques dont la longueur dépasse 30 millimètres sur 3 ou 4 d'épaisseur. Les contours irrégulièrement arrondis ; la surface du testier paraît vermiculée ; l'état de l'échantillon ne permet pas de distinguer nettement les testules, ni la position des péristomes.

Localité : Crussol, *r. r.*, de la collection de M. Garnier.

Explication des figures : pl. XLVIII, fig. 13, *Berenicea Garnieri*, de Crussol, de grandeur naturelle. Fig. 14, grossissement d'une partie du test.

Chondrites Bollensis (Kurr.)

1845. Kurr, *Chondrites Bollensis.* (*Beitr. Zur flora der Jura*,
  pl. 3, fig. 3.)
1872. De Saporta, *Chondrites Bollensis.* (*Paléont. franç.*, p. 167,
  pl. 14, fig. 1 et 2.)

Plusieurs espèces out été confondues sous ce nom : le véritable *Chondrites Bollensis* se rencontre très-rarement dans notre lias supérieur et les échantillons sont mal caractérisés.

Localité : Limas (Rhône), r.

Chondrites fragilis (de Saporta).

1872. De Saporta, *Chondrites fragilis.* (*Paléont. franç.*, p. 187,
  pl. 20, fig. 1 à 5.)

Frondes menues, ramifiées, cespiteuses, dont les débris accumulés sur une même surface forment un fouillis irrégulier, ne laissant pas apercevoir la roche qui sert de support.

Quenstedt donne (*Der Jura*, pl. 46, fig. 1) une plaque provenant du Br. Jura β, sur laquelle on remarque deux spécimens de *Chondrites* ; l'empreinte qui figure à gauche de la plaque me paraît devoir se rapporter au *C. fragilis.*

Ce Chondrite n'est pas très-rare dans le lias supérieur de notre bassin.

Localités : Saint-Romain, Poleymieux, la Verpillière, Hières, Bettans.

Bois......

On rencontre souvent dans le minerai de fer du lias supérieur des fragments de bois, de couleur noire, friables, et qui ont toute l'apparence du charbon. Quelquefois, mais très-rarement, on trouve des fragments, passés à l'état de silice, qui offrent alors des détails de forme et d'organisation beaucoup plus nettement indiqués.

J'ai sous les yeux un beau fragment qui est un exemple de ces échantillons de bois silicifié. Sa longueur est de 210 millimètres, sur un diamètre moyen de plus de 50 millimètres. Ce spécimen a conservé sa forme et ses nœuds, et sa surface est absolument semblable à celle d'une branche noueuse qui est dépouillée de son écorce.

Localité : la Verpillière.

Je dois la communication de ce curieux échantillon à la complaisance de M. Chaumartin.

Corps de nature inconnue

(Pl. XLVII, fig. 9 et 10.)

Le corps dont je donne un dessin (pl. XLVII), de grandeur naturelle, se trouve dans la collection Thiollière ; le carton contient deux échantillons et une petite note de la main de V. Thiollière, ainsi conçue : « Minerai du lias supérieur de la Verpillière : fouilles près de Serres, donnés par M. Drian, octobre 1854. »

Fragment principal ayant l'apparence d'une feuille à très-larges ondulations ; la surface est couverte de côtes ou cannelures régulières, au nombre de 20 à peu près sur chaque ondulation. Sur ces côtes on remarque des indices de petites nodosités disposées irrégulièrement : cependant on croit reconnaître la tendance à la disposition sériaire concentrique ; les côtes et les grosses ondulations sont disposées en éventail comme si elles prenaient naissance en un point unique qui manque sur le fragment observé. Les deux fragments que j'ai sous les yeux semblent indiquer un développement total beaucoup plus grand.

Ce qui empêche d'attribuer ce fossile au règne végétal c'est l'épaisseur du corps qui va de 2 à 3 millimètres et qui semble diminuer à partir de la base de l'éventail ; la tranche se détache en blanc sur le minerai et dénote une composition calcaire un peu spathique ; il n'y a aucune trace de matière charbonneuse. Faut-il regarder ce corps comme un fragment du test d'une Ammonite inconnue de très-grande taille ?

L'on trouve dans Schlotheim (*Nachträge zur Petrefactenkunde*, 1822, p. 49, pl. VII, fig. 1) la description d'un corps très-semblable venant d'Altdorf et très-probablement du même niveau que notre échantillon ; il ne faut pas oublier, en comparant les figures, que la mienne représente le fossile de grandeur naturelle, tandis que celle de Schlotheim est réduite au quart. L'auteur allemand regarde ces surfaces ondulées et striées comme des feuilles de palmier ; il cite des fragments dont la dimension atteint 1 pied 1/2.

Un examen attentif m'a fait reconnaître que le plus petit fragment (pl. XLVII, fig. 10) n'est que la contre-empreinte d'une portion du gros fragment, fig. 9 ; l'observation des détails le prouve, mais il y a une particularité qui m'en donne la certitude ; en effet, le fragment, tout en montrant une surface et des ornements très-semblables, ne laisse voir aucune épaisseur, tandis que le grand fragment montre partout une épaisseur très-nettement indiquée de 2 à 3 millimètres.

Localités : Serres, hameau de Panossas (Isère), minerai de fer du lias supérieur ; collection Thiollière, au musée de Lyon.

Explication des figures : pl. XLVII, fig. 9 et 10, Corps de nature inconnue, grandeur naturelle, de Frontonas (Isère).

(Pl. XLVIII, fig. 15 et 16.)

On rencontre quelquefois à la partie supérieure du minerai de fer de la Verpillière des plaques d'une longueur indéterminée à surface inégale, ondulée, irrégulières et couvertes partout de petites dépressions vermiculées, microscopiques, trop élégantes et trop régulières surtout dans leur forme contournée, pour être attribuées au hasard de la sédimentation.

Je ne sais à quelle substance organique il faut rapporter ces surfaces curieuses, dont la fig. 16, pl. XLVIII, donne le dessin grossi. Peut-être faut-il voir là des fragments de téguments ayant appartenu soit à un poisson, soit à un reptile.

Tous les fragments offrent les mêmes ornements, avec des détails de surface de même apparence et de même dimension.

Localité : la Verpillière.

Explication des figures : pl. XLVIII, fig. 15, corps inconnu, portion de surface de la Verpillière. Fig. 16, le même fragment grossi.

Empreintes physiques

(Pl. XLVIII, fig. 17 et 18.)

A la partie la plus supérieure de la zone on trouve quelquefois, à la Verpillière, des plaquettes de minerai de fer dont la surface porte des dépressions linéaires à contours irréguliers, imitant assez bien des caractères arabes. Je donne le dessin d'un de ces fragments : des plaquettes plus minces les recouvrent et sont ornées de contre-empreintes ou moulages en relief de ces singuliers ornements, qu'il faut attribuer sans doute à des accidents de retrait; la cause de ces accidents de surface, quelle qu'elle fût, agissait avec une grande régularité, présentant les figures très-semblables et de même dimension.

Explication des figures : pl. XLVIII, fig. 17, empreinte de retrait, de la Verpillière, moule. Fig. 18, fragment de même nature en relief (contre-empreinte).

GÉNÉRALITÉS SUR LES FOSSILES

de la zone à Ammonites bifrons

Les restes d'animaux vertébrés sont partout assez abondants dans la zone de l'*Ammonites bifrons*, mais les gisements du bassin du Rhône n'ont fourni, jusqu'à présent, que des débris peu importants, les vertèbres d'*Ichtyosaurus* se rencontrent cependant assez souvent et quelquefois de très-grande taille ; il faut aussi mentionner des restes d'autres sauriens et quelques poissons assez bien conservés.

Après les marnes inférieures du lias moyen, la zone de l'*A. bifrons* est à coup sûr la subdivision du lias et même de toute la période jurassique la plus riche en espèces de Bélemnites et celle qui offre le plus grand nombre d'individus : ces Bélemnites, de formes très-variées, sont, presque sans exception, caractéristiques ou particulières à ce niveau.

Les Nautiles, d'une étude bien difficile, à cause de la rareté des échantillons, m'ont présenté cinq formes bien distinctes, qui paraissent cantonnées dans la zone, sans la dépasser.

Les Ammonites, au nombre considérable de plus de 66 espèces, forment un ensemble remarquable et qui peut rivaliser avec les Ammonites des niveaux les plus favorisés ; la famille des *Falciferi* est très-nombreuse et fournit un grand nombre de types caractéristiques. Sous le nom de *Podagrosi* j'ai réuni un groupe d'Ammonites curieuses, caractérisées par les ornements irrégulièrement renflés et les nodosités singulières qui ornent leurs coquilles ; ces Ammonites, au nombre de six espèces, et dont l'*A. Erbaensis* forme le principal type, paraissent tout à fait spéciales à notre niveau et ne se montrent ni plus haut ni plus bas. Malgré la très-belle conservation et le grand nombre des échantillons je n'ai eu que très-rarement l'occasion d'observer les bouches des *Ammonites*, et les *Aptychus* sont presque introuvables.

Les Gastéropodes offrent une collection des plus intéressantes. J'ai pu signaler plusieurs formes nouvelles. Les Pleurotomaires, au nombre de 18 espèces, ont atteint probablement ici leur maximum de développement. Parmi les Gastéropodes les plus curieux il faut citer le *Cirrus Fourneti* et l'*Avellana cancellata*.

Les bivalves, très-nombreuses dans la zone de l'*A. bifrons*, sont loin cependant d'être toutes connues, car la nature des sédiments ne paraît pas avoir favorisé leur conservation; les *Lima* sont nombreuses. Parmi les plus importantes il faut noter la belle *Lima Toarcensis*, qui a été si longtemps méconnue et désignée, bien à tort, sous le nom de *L. gigantea;* trois espèces de bivalves méritent encore de fixer l'attention, ce sont : *Solen Solliesensis*, *Exogyra Berthaudi*, et le *Pecten pumilus*, de taille gigantesque, si abondamment répandu dans les gisements du Var.

La liste des Brachiopodes est plus nombreuse qu'on ne pourrait le supposer en étudiant les espèces fournies par d'autres contrées; les gisements du Var nous fournissent encore des espèces spéciales et très-riches en individus. La *Discina cornucopiæ* mérite de fixer l'attention des géologues par la singularité de sa position. Le fait de s'être attachée et de s'être développée sur une Ammonite vivante est curieux aussi bien pour la *Discina* que pour le Céphalopode sur lequel elle a pris son point d'appui.

LISTE DES FOSSILES LES PLUS RÉPANDUS

de la zone à Ammonites bifrons

Belemnites tripartitus.
   — *irregularis.*
Ammonites bifrons.
   — *subplanatus.*
   — *radians.*
   — *insignis.*

Ammonites crassus.
   — *subarmatus.*
   — *Jurensis.*
   — *cornucopiæ.*
Natica Pelops.
Eucyclus capitaneus.

Nucula hammeri.

Lima Elea.

Pecten textorius.

Rhynchonella Jurensis.

LISTE DES FOSSILES CARACTÉRISTIQUES

de la zone à Ammonites bifrons

Belemnites tripartitus.

— unisulcatus.

— stimulus.

— irregularis.

Nautilus terebratus.

— Jourdani.

— Fourneti.

Ammonites bifrons.

— serpentinus.

— subplanatus.

— discoides.

— bicarinatus.

— radians.

— Toarcensis.

— radiosus.

— metallarius.

— insignis.

— variabilis.

— Ogerieni.

— Lilli.

— malagma.

— Erbaensis.

— Tirolensis.

— annulatus.

— Holandri.

— crassus.

— mucronatus.

— subarmatus.

— Braunianus.

Ammonites Nilssoni.

— sternalis.

— Jurensis.

— cornucopiæ.

— sublineatus.

— Regleyi.

Natica Pelops.

Neritopsis Philea.

— hebertina.

Avellana cancellata.

Turbo Bertheloti.

— madidus.

Onustus heliacus.

Pleurotomaria Repeliniana.

— Isarensis.

Cypricardia brevis.

Arca elegans.

Inoceramus cinetus.

— dubius.

Lima Toarcensis.

Plicatula catinus.

Exogyra Berthaudi.

Rhynchonella Schuleri.

Terebratula Sarthacensis.

— Jauberti.

Serpula segmentata.

Rubdocidaris impar.

Thecocyatus tintinabulum.

Les fossiles de la zone à *A. bifrons* qui se trouvent encore dans la zone supérieure à *A. opalinus* sont en petit nombre. En voici la liste :

Belemnites pyramidalis.	*Eucyclus capitaneus.*
Ammonites annulatus.	*Cypricardia brevis.*
— *Nilssoni.*	*Nucula Hausmanni.*
— *hircinus.*	*Lima Elea.*
Natica Lemeslei.	*Hinnites velatus.*
Pleurotomaria Repeliniana.	*Pecten textorius.*
Turbo subduplicatus.	

Enfin les fossiles de la zone à *A. bifrons* qui passent dans l'étage de l'oolithe inférieure sont les suivants :

Chemnitzia procera.	*Terebratula Eudesi.*
Mytilus Sowerbyanus.	— *perovalis.*
Pecten pumilus.	— *spheroidalis.*
Rhynchonella quadriplicata.	— *subovoides.*

PARTIE SUPÉRIEURE

Lias supérieur

ZONE SUPÉRIEURE OU ZONE DE L'*AMMONITES OPALINUS*

Ce niveau, que plusieurs géologues placent à la base de l'oolithe inférieure, paraît cependant être intimement lié à la zone inférieure; sans parler du grand nombre des fossiles qui sont communs aux deux niveaux, la composition minéralogique diffère ordinairement très-peu, de sorte que souvent l'observation des fossiles peut seule indiquer que l'on a changé de niveau.

Les circonstances sont tout à fait inverses quand on veut rattacher la zone à *opalinus* aux dépôts de l'oolithe inférieure, on passe alors d'un ensemble marneux à des couches calcaires, imprégnées de silice, dures, à grains grossiers, en gros bancs solides, qui tranchent absolument avec le facies du lias supérieur : au lieu de petites dépressions arrondies, on a devant soi des falaises abruptes et la différence est si bien marquée qu'il est très-facile de reconnaître de loin le passage d'un étage à l'autre.

Notre niveau avec tous ses fossiles a été compris par d'Orbigny dans son étage 9 ou toarcien; les géologues allemands au contraire placent dans l'oolithe inférieure tout ce qui vient au-dessus de l'*A. Jurensis ;* cette Ammonite marquant pour eux la limite du lias supérieur (lias zêta); les couches caractérisées par les *A. opalinus, subinsignis, Turbo subduplicatus* et le *Thecocyathus mactra* forment leur *Braun Jura, alpha.* Comme cette diversité de vues n'intéresse pas la superposition ni l'ordre des couches, elle n'a rien de bien fâcheux, si ce n'est la confusion qu'elle amène nécessairement dans la nomenclature.

L'épaisseur des sédiments qui forment la zone à *A. opalinus* n'est jamais considérable : elle oscille entre 30 centimètres et 3 mètres. Cette première limite extrême de 30 centimètres se remarque à Crussol, au ravin d'Enfer (voir la coupe donnée page 5).

La roche consiste tantôt en une marne noire ou une marne grise micacée, tantôt en une marne durcie de couleur gris jaunâtre, avec quelques oolithes ferrugineuses disséminées dans la pâte (la Verpillière) ; ailleurs ce sont des grès à grains de quartz (Privas), des calcaires gris foncés, très-durs, plus ou moins siliceux (Villebois, Crussol).

On a cru pendant longtemps que les fossiles des deux zones se trouvaient ensemble, mélangés dans les mêmes couches dans les gisements de l'Isère (la Verpillière, etc.) C'était encore l'opinion de Thiollière et même bien plus tard celle d'Oppel qui avait visité la localité ; mais c'était une erreur. Un examen plus détaillé des couches a fait reconnaître qu'au lieu d'un mélange des fossiles il y avait au contraire une ligne de démarcation des plus nettes et des plus constantes entre les deux niveaux ; seulement le hasard a placé la couche de beaucoup la plus riche en fossiles de la zone à *A. bifrons* à la partie tout à fait supérieure du dépôt, tandis que la couche la plus fossilifère de la zone à *A. opalinus* se trouve au contraire à la partie la plus inférieure de cette subdivision ; les deux couches fossilifères étant en contact, il en résulte que, sans un examen des plus attentifs, il est impossible de séparer les échantillons fournis par des fragments détachés. Tous les fossiles sont confondus par les mineurs et tous ont été notés comme appartenant au même horizon. En étudiant les dépôts en place, on voit cependant qu'il y a toujours, entre les deux couches, un mince dépôt de minerai disposé comme si une matière plastique eût coulé en comblant les inégalités de la partie supérieure de la zone inférieure. Ce dépôt, qui se retrouve partout et qui recouvre les *A. bifrons, subplanatus*, etc., forme une surface nivelée, couverte de petites lignes irrégulières, en creux, dont l'assemblage forme comme une écriture mystérieuse composée de caractères inconnus et d'un aspect fort curieux ; le premier feuillet de la zone à *A. opalinus* est venu se mouler sur ces empreintes et porte en relief la contre-empreinte de toutes ces lignes, cette couche supérieure étant toujours un peu plus mince que l'autre. On a ainsi deux couches ferrugineuses en contact, formant l'une la fin des dépôts d'un sous-étage, l'autre le commencement d'un autre et dont l'ensemble ne dépasse pas 5 centimètres ordinairement ; les *A. opalinus* et *Aalensis* se montrent immédiatement au-dessus avec une abondance extrême : le caractère le plus général des dépôts de la zone est d'être toujours un peu marneux et de contenir toujours des traces de fer en plus ou moins grande quantité, pas assez cependant pour l'exploitation industrielle ; les ouvriers mineurs· donnent à ces calcaires marneux de la zone à *A. opalinus* le nom de couche coquillage.

Les fossiles que l'on y recueille sont d'un rouge moins vif, plus jaunâtre que ceux de la zone à *A. bifrons* ; cette différence de nuance est toutefois assez petite et varie assez pour ne pas présenter un moyen certain de classement.

Détails sur les gisements

ZONE DE L'*AMMONITES OPALINUS*

Poleymieux (Rhône). — Village du canton de Neuville.

Saint-Cyr au Mont-d'Or — Près de Lyon.

Saint-Romain (Rhône). — A la mine de fer.

Limas (Rhône). — Canton de Villefranche.

Chessy (Rhône). — Au cimetière.

Saint-Rambert (Ain).

Saint-Germain. — Près Ambérieu (Ain).

Serrières-de-Briord (Ain). — Mines de fer.

Hières (Isère). — Canton de Crémieux. Mines de fer. Bords du Rhône.

La Verpillière (Isère). — Je comprends sous cette dénomination toutes les exploitations de fer de la région.
Marcigny (Saône-et-Loire).
Frontonas (Isère). — Canton de Crémieu.
Semur en Brionnais (Saône-et-Loire).
Coligny (Ain).
Salins (Jura). — Pinperdu.
Bex (Valais). — Au-dessus, mines de Coulas.
Besançon (Doubs). — Chapelle-des-Buis.
Mennouveaux (Haute-Marne). — Ferme d'Orsoyes.
Mas de Bouisson. — Près de Murviel (Hérault).
La Jobernie. — Près de Privas (Ardèche).
La Chapelle-sous-Aubenas (Ardèche).
Veyras. — Près de Privas. Minerai de fer, partie moyenne.
Solliès-Ville (Var). — Canton d'Ollioules.
La Guiranne (Var). — Canton de Solliès-Pont.
Crussol (Ardèche). — Le ravin d'Enfer.
Valaury. — Près de Solliès-Toucas.
Sainte-Hélène (Lozère). — Canton du Blaymard.
Digne (Basses-Alpes). — Festons, Lescure, etc.
Pierredon (Var). — Canton de Saint-Nazaire.
Fressac (Gard). — Ravin près de Sauves.

LISTE

DES

FOSSILES DE LA ZONE A *AMMONITES OPALINUS*

Strophodus Thiollierei (E. Dumortier)	r.	La Verpillière.
Belemnites exilis (d'Orbigny)	r.	La Verpillière, Digne, cc. Bouisson.

Belemnites Junceus (Phillips) .   *r.*   Bouisson.

Belemnites tricanliculatus (Hart-
mann). . . . .   *r.*   Poleymieux, la Verpillière, la
                       Jobernie.

Belemnites Dorsetensis (Oppel).   *r.*   Saint-Romain, la Verpillière, la

Belemnites Pyramidalis (Müns-
ter) . . . .   Jobernie, Bouisson.
                       Poleymieux, la Verpillière, Men-
                       nouveaux.

Nautilus lineatus (Sowerby). .   *r.*   La Verpillière.

Ammonites opalinus (Reinecke).   *cc.*   Saint-Cyr, Saint-Romain, Limas,
                       la Verpillière, Marcigny, Chessy,
                       Coligny, la Chapelle, Veyras,
                       Solliès-Ville, la Guiranne.

Ammonites Aalensis (Zieten). .   *cc.*   Saint-Romain, la Verpillière,
                       Saint-Marcel, Villebois, Saint-
                       Rambert, Crussol, Veyras, la

Ammonites mactra (E. Dumortier) . . . .   Jobernie.
                       Saint-Romain, Saint-Cyr, la Ver-
                       pillière, Limas, Semur, Crus-
                       sol, Valaury.

Ammonites costula (Reinecke).   Saint-Fortunat, Saint-Germain, la
                       Verpillière, la Jobernie, la

Ammonites fluitans (E. Dumortier) . . . .   Guiranne.
                       Limas, la Verpillière, la Jober-
Ammonites Murchisonæ (So-
werby) . . . .   nie, Crussol, Salins.

Ammonites crassifalcatus (E. Du-
mortier) . . . .   *r.*   Limas, la Verpillière, *c.* Crussol.

Ammonites Briordensis (E. Du-
mortier) . . . .   *rr.*   La Verpillière.

Ammonites Alleoni (E. Dumor-
tier) . . . .   *r.*   Serrières-de-Briord.

Ammonites subinsignis (Oppel).   La Verpillière.

Ammonites Lorteti (E. Dumor-
tier) . . . .   *c.*   Saint-Romain, la Verpillière, Vey-
                       ras, Salins.

Ammonites fallax (Reinecke). .   *rr.*   La Verpillière.
                       Limas, la Verpillière, Veyras.

Ammonites acanthopsis (d'Orbigny) . . . . , *rr.* La Verpillière, Sainte-Hélène.

Ammonites Gonionotus (Benecke) *rr.* La Verpillière, Veyras.

Ammonites scissus (Benecke) . *rr.* La Verpillière.

Ammonites Dumortieri (Thiollière) . . . . *r.* La Verpillière, Bex-Coulas.

Ammonites annulatus (Sowerby) *r.* Saint-Romain, la Verpillière, Chessy.

Ammonites Tatricus (Pusch). . *.r.* La Verpillière, Fressac.

Ammonites Nilssoni (Hébert) . *r.* La Verpillière, Crussol, *c.* Digne.

Ammonites vorticosus (E. Dumortier) . . . . *rr.* La Verpillière, Crussol.

Ammonites dilucidus (Oppel) . *rr.* La Verpillière.

Ammonites hircinus (Schlotheim) *r.* La Verpillière.

Ammonites torulosus (Schübler) *rr.* La Verpillière,

Ammonites norma (E. Dumortier) . . . . *rr.* La Verpillière.

Ammonites opalinoides (Ch. Mayer) . . . . . . *r.* La Verpillière, Bouisson, Crussol.

Ammonites serrodens (Quenstedt) . . . . *rr.* Saint-Romain.

Chemnitzia Normaniana (d'Orbigny). . . . . . . *r.* Villebois.

Natica Lemeslei (E. Dumortier). La Verpillière.

Turbo subduplicatus (d'Orbigny) *cc.* Saint-Cyr, Saint-Fortunat, Bouisson, Besançon, Saint-Romain, Poleymieux, la Verpillière, Villebois, Salins.

Turbo lateclathratus (E. Dumortier) . . . . *rr.* La Verpillière.

Eucyclus capitaneus (Münster) . Saint-Fortunat, la Verpillière, Crussol, la Chapelle, Privas, Bouisson, Digne.

Discohelix Albinatiensis (E. Dumortier) . . . . *r.* La Chapelle.

Pleurotomaria granulata (Sowerby) . . . . La Verpillière, Hières.

Pleurotomaria punctata (Sowerby, sp.) . . . . . .   *r*. La Verpillière, Hières.

Pleurotomaria geometrica (E. Dumortier) . . . .   *r*. La Verpillière.

Pleurotomaria allionta (d'Orbigny) . . . .   *r*. La Chapelle.

Pleurotomaria Rhodani (E. Dumortier) . . . .   *rr*. Hières.

Pleurotomaria Repeliniana (d'Orbigny) . . . .   *rr*. La Verpillière.

Pleurotomaria Proserpina (E. Dumortier) . . . . . .   *c*. Crussol.

Cerithium armatum (Goldfuss).   Poleymieux, Saint-Romain, la Verpillière.

Alaria Thiollierei (E. Dumortier)   *rr*. La Verpillière.

Pholadomya Zieteni (Agassiz) .   *r*. La Verpillière, Nolay, Crussol.

Gresslya abducta (Phillips sp.).   *r*. Saint-Romain, *c*. Suancourt.

Cardita gibbosa (d'Orbigny, sp.)   *r*. Crussol.

Cardita procellosa (E. Dumortier)   *cc*. Crussol.

Lucina Murvielensis (E. Dumortier) . . . .   *c*. Bouisson, Digne.

Nucula Hausmanni (Roemer) .   *c*. Bouisson.

Leda rostralis (Lamarck, sp.)   Saint-Romain, Besançon.

Leda Diana (d'Orbigny) . . .   *cc*. Bouisson, Besançon.

Arca Plutonis (E. Dumortier) .   *rr*. La Verpillière, *cc*. Crussol.

Arca liasina (Roemer). . . .   Salins, Besançon, Mennouveaux.

Arca Egœa (d'Orbigny) . . .   *rr*. Lyon, *cc*. Mennouveaux.

Trigonia formosa (Lycett) . .   *r*. Villebois, Crussol.

Trigonia costata (Lamarck). .   *c*. Mennouveaux.

Trigonia pulchella (Agassiz) . .   Salins, Montermant, Besançon.

Myoconcha sulcata (Goldf., sp.).   La Verpillière, Crussol.

Posidonomya orbicularis (Münster) . . . .   La Verpillière, Crussol.

Lima Elea (d'Orbigny) . . .   *c*. Saint-Romain, Villebois, la Verpillière, Crussol.

Lima punctata (Sowerby) . .   *cc.* Villebois, Crussol.

Lima semicircularis (Goldfuss) .   *cc.* Crussol.

Inoceramus fuscus (Quenstedt).   *r.* La Verpillière.

Hinnites velatus (Goldfuss, sp.).   *cc.* Saint-Romain, Poleymieux, Saint-Cyr, la Verpillière, Crussol, Frontenas, la Jobernie, Pierredon, Saint-Nazai. c.

Pecten barbatus (Sowerby) . .   *rr.* La Verpillière, Villebois.

Pecten textorius (M. *in* Goldfuss) . . . .   *r.* La Verpillière, Villebois, Crussol.

Ostrea eduliformis (Schlotheim, sp.) . . . .   *r.* La Verpillière.

Rhynchonella quinqueplicata (Zieten) . . . . . .   La Jobernie.

Rhynchonella Jurensis (Quenstedt) . . . . . .   La Verpillière.

Rhynchonella subtetrahedra (Davidson) . . . . .   Crussol.

Cidaris cucumifera (Agassiz). .   *c.* La Jobernie.

Cidaris Royssyi (Desor) . . .   *c.* Privas, Veyras, Pont-de-Couz, Vammal.

Stomechinus (sp.) . . . . .   Villebois, Crussol.

Pentacrinus Jurensis (Quenstedt)   Saint-Romain, la Verpillière, la Jobernie.

Pentacrinus Bollensis (Schlotheim). . . . . . .   *rr.* Crussol.

Thecocyathus mactra (Goldfuss, sp.) . . . .   *c.* Saint-Romain, la Verpillière, Arresches, Chapelle-des-Buis, Pinperdu.

DÉTAILS SUR LES FOSSILES

DE LA ZONE A *AMMONITES OPALINUS*

Strophodus Thiollierei (NOV. SP.).

(Pl. XLIX, fig. 1.)

Dent qui n'est pas entièrement dégagée, mais dont la surface est dans un bon état de conservation. Le contour forme un ovale de 14 millimètres sur 10 de largeur; le dessus est régulièrement convexe; la surface fortement ponctuée ou plutôt vermiculée. La saillie des ornements, fortement marquée sur les bords, diminue progressivement en approchant du sommet qui est subcentral et à peine indiqué.

Je ne remarque pas la forme générale un peu contournée qui caractérise ordinairement les dents de ce genre, et je ne vois aucune espèce citée dans l'étage du lias.

Localité : la Verpillière, *r. r.*

Explication des figures : pl. XLIX, fig. 1, *Strophodus Thiollierei* (E. Dumortier), de la Verpillière, de grandeur naturelle.

Belemnites exilis (D'ORBIGNY).

(Pl. XLIX, fig. 9 et 10.)

1842. D'Orbigny, *Belemnites exilis*. *(Paléontologie française,* p. 101, pl. 11, fig. 6 à 12.)

1849. Quenstedt, *Belemnites exilis*. *(Cephalop.*, pl. 25, fig. 16 et 17.)

1858. Quenstedt, *Belemnites exilis*. *(Der Jura*, p. 286, pl. 41, fig. 15.)

Rostre grêle et très-allongé, d'une forme très-irrégulière et d'une coupe un peu carrée dans la région alvéolaire; légèrement fusiforme; deux sillons profonds se montrent sur les côtés, très-marqués du côté de l'ouverture, où ils sont accompagnés de gros plis irréguliers; ils diminuent ensuite et disparaissent avant d'arriver au sommet qui est tout à fait lisse. La coupe alors se rapproche beaucoup d'un cercle régulier; les sillons sont larges et ne forment pas d'arêtes vives.

D'Orbigny place la *Belemnites exilis* dans la zone à *Ammonites bifrons*, mais il faut remarquer qu'à l'époque où il a décrit l'espèce, on n'avait pas encore su distinguer les deux niveaux du lias supérieur, et dans le gisement de la Verpillière, par exemple, tous les fossiles étaient attribués à une même zone. Cependant la *B. exilis* caractérise d'une manière sûre la zone supérieure à *A. opalinus*; elle est particulièrement abondante dans les marnes du mas de Bouisson; malheureusement les échantillons y sont presque tous en fragments.

Localité : la Verpillière, r., mas de Bouisson, Digne, c. c.

Explication des figures : pl. XLIX, fig. 9, *B. exilis*, fragment de la Verpillière, de grandeur naturelle. Fig. 10, coupe.

Belemnites Junceus (PHILLIPS).

(Pl. XLIX, fig. 7 et 8.)

1867. Phillips, *Belemnites Junceus* : A Monograph of British belemnitidæ. *(Palæont. Society*, p. 67, pl. 13, fig. 33.)

Dimensions : longueur du rostre, 93 millimètres; diamètre dans la région alvéolaire, 7,8 millimètres.

Rostre allongé, acuminé, d'une forme cylindro-conique, orné du côté dorsal de 3 sillons limitant 2 larges cannelures ; ces sillons se prolongent presque jusqu'au sommet, tout en diminuant un peu d'importance ; il y a de plus un sillon moins marqué du côté ventral. La forme générale est cylindrique, cependant les sillons et les saillies de la surface sont indiqués dans les coupes, mais les diamètres sont à peu près égaux et le rostre n'est que très-légèrement comprimé.

Cône alvéolaire inconnu, mais il était certainement fort court.

Les proportions du rostre que je donne sont prises un peu arbitrairement, parce que les deux parties qui sont rapprochées dans la figure n'appartiennent pas à un même individu, quoiqu'elles proviennent du même gisement.

La *B. Junceus* se distingue de la *B. Dorsetensis* par sa pointe acuminée et sa forme cylindrique décroissant lentement. Elle est encore plus éloignée de la *B. exilis*, dont les ornements sont différents, et la région alvéolaire carrée.

Localité : mas de Bouisson, *r*.

Explication des figures : pl. XLIX, fig. 7 et 8, *B. Junceus*, rostre du mas de Bouisson, de grandeur naturelle et coupe.

Belemnites tricanaliculatus.

(Pl. XLIX, fig. 4, 5 et 6.)

1830. Zieten, *Belemnites tricanaliculatus*. *(Wurtemb.*, p. 32, pl. 24, fig. 10 et 11.)
1858. Quenstedt, *Belemnites acuarius quadricanaliculatus*. *(Der Jura*, pl. 41, fig. 17.)

Dimensions : longueur du rostre, 78 millimètres; diamètre antéro-postérieur, 6-2 millimètres ; latéral, 5-8 millimètres.

Rostre allongé, mince, conique et s'évasant brusquement en arrivant à l'ouverture, orné de 2 sillons dorso-latéraux profonds et larges qui commencent dès l'ouverture ; le côté ventral, plus dilaté, porte également un sillon aussi profond, mais plus étroit. Le cône alvéolaire est fort court, car dans l'échantillon figuré, qui laisse voir, à l'ouverture, une cloison concave, la coupe, au point marqué, ne montre aucune trace de ce même cône.

Quoique je rapporte à la *B. tricanaliculatus* de Zieten les Bélemnites de notre région, il est impossible de ne pas remarquer la différence qu'elles présentent dans leurs proportions ; les rostres du bassin du Rhône sont tous bien plus effilés que ceux figurés par les auteurs allemands.

Quoique l'on ne compte que trois sillons principaux, on peut en voir souvent un assez bon nombre d'autres, surtout du côté dorsal, entre les sillons dorso-latéraux. Le rostre ne se termine jamais en pointe aiguë : les sillons persistent jusqu'au sommet.

On pourrait, je crois, réunir à la *B. tricanaliculatus* les échantillons munis de deux sillons et très-allongés que Quenstedt décrit sous le nom de *B. serpulatus*. Bon nombre d'échantillons trouvés avec la vraie *B. tricanaliculatus* me paraissent se rapprocher de ce type sans montrer, il est vrai, de formes aussi extrêmes.

Localités : Poleymieux, la Verpillière, la Jobernie.

Explication des figures : pl. XLIX, fig. 4, *B. tricanaliculatus*, rostre de la Verpillière, de grandeur naturelle. Fig. 5 et 6, coupes horizontales, aux points indiqués.

Belemnites Dorsetensis (OPPEL).

(Pl. XLIX, fig. 2 et 3.)

1856. Oppel, *Belemnites Dorsetensis*. (*Die Juraformation*, p. 482.)

Dimensions : longueur, 35 millimètres ; diamètre antéro-postérieur, 4,9 millimètres; latéral, 5,1 millimètres.

Autre spécimen : longueur, 28 millimètres ; diamètre antéro-postérieur, 5,5 millimètres ; latéral, 5,9 millimètres.

Rostre légèrement déprimé, bien plus court et plus conique que celui de la *B. tricanaliculatus* et moins évasé à l'ouverture ; les sillons moins profonds persistent cependant d'une extrémité à l'autre. Le sommet obtus.

La longueur et l'angle du cône alvéolaire inconnus.

D'après Oppel la *B. Dorsetensis* est abondante à Bridport (Dorsetshire).

Localités : Saint-Romain, la Verpillière, la Jobernie, mas de Bouisson, *r.*

Explication des figures : pl. XLIX, fig. 2 et 3. *B. Dorsetensis*, rostre de la Jobernie, de grandeur naturelle.

Belemnites Pyramidalis (Munster).

1832. Zieten, *Belemnites pyram'dalis. (Wurtemb.,* pl. 24, fig. 5.)
1849. Quenstedt, *Belemnites tripartitus brevis. (Cephalopod.,* pl. 26, fig. 18 et 27.)
1856. Oppel, *Belemnites pyramidalis. (Die Juraformation,* p. 361.)

Espèce déjà décrite dans la zone inférieure à *A. bifrons.*

Elle est peu répandue dans la zone à *A. opalinus*, on la rencontre quelquefois d'assez grande taille.

Localités : Poleymieux, la Verpillière.

M. Babeau m'a communiqué des échantillons bien caractérisés venant de Mennouveaux (Haute-Marne), sur les frontières du bassin du Rhône.

Nautilus lineatus (Sowerby).

(Pl. XLIX, fig. 11, 12 et 13.)

1813. Sowerby, *Nautilus lineatus*. (*Mineral. conchol.*, pl. 41.)
1843. D'Orbigny, *Nautilus lineatus*. (*Paléontologie française*, p. 185, pl. 31, fig. 1 à 5.)
1856. Oppel, *Nautilus lineatus*. (*Die Juraformation*, p. 486.)

Espèce fort rare dans la zone. Je n'ai pas rencontré de spécimens adultes sur lesquels j'aurais pu observer les ornements, mais je donne le dessin d'un très-beau fragment d'un individu jeune, montrant des stries croisées fort élégantes.

Le siphon rond et très-petit me paraît placé au moins au milieu de la cloison et non pas plus près du bord externe, comme l'indique d'Orbigny.

Localité : la Verpillière, *r.*

Explication des figures : pl. XLIX, fig. 11. *Nautilus lineatus*, de la Verpillière, de grandeur naturelle. Fig. 12, vue d'une cloison et du siphon. Fig. 13, fragment de grandeur naturelle, avec les ornements du test bien conservés.

Ammonites opalinus (Reinecke. sp.)

(Pl. XLIX, fig. 14, 15, 16.)

1818. Reinecke, *Nautilus opalinus*. (*Maris Protogœi*, pl. 1, fig. 1.)
1830. Zieten, *Ammonites primordialis*. (*Wurtemb.*, pl. 4, fig. 4.)
1843. D'Orbigny, *Ammonites primordialis*. (*Paléontologie française*, pl. 62.)
1846. Quenstedt, *Ammonites opalinus*. (*Cephal.*, pl. 7, fig. 10)
1856. Oppel, *Ammonites opalinus*. (*Die Juraformation*, p. 487.)
1858. Quenstedt, *Ammonites opalinus*. (*Der Jura*, pl. 45, fig. 10.)

Dimensions : diamètre, 57 millimètres ; largeur du dernier tour, 44/00 ; épaisseur, 23/00 ; ombilic, 23/00.

L'*A. opalinus* est l'espèce la plus importante et la plus caractéristique de la zone.

Coquille comprimée, carénée, à ombilic assez étroit. Spire composée de tours comprimés, très-légèrement renflés sur les côtés, ornés de lignes flexueuses des plus fines et des plus régulières ; le plus ordinairement ces lignes montrent une tendance à se grouper en faisceaux, surtout près de l'ombilic.

Les tours sont recouverts sur les trois cinquièmes de leur largeur.

La carène aigue, coupante, se relie aux flancs sans aucun ressaut, et les lignes rayonnantes se propagent sur l'arête extérieure en se portant fortement en avant, de sorte que la carène est en réalité finement crénelée ; mais pour distinguer ce détail il faut des échantillons parfaitement conservés.

Les tours tombent dans l'ombilic en formant un angle obtus avec un méplat bien marqué.

On trouve dans les premières couches de l'oolithe inférieure et avec le *Cancellophycus scoparius* une Ammonite, presque toujours dépourvue de son test, que M. Ch. Mayer a nommée *A. opalinoides*, qui n'est pas autre que l'*A. Murchisonæ acutus* de Zieten. Il est presque impossible de distinguer ces moules de l'*A. opalinus*. La confusion que cette ressemblance cause a été la source d'une foule d'erreurs ; ainsi l'on voit souvent attribuer au bajocien inférieur les fossiles de notre zone et réciproquement. Cependant, dans les gisements du centre du bassin du Rhône, on voit l'*A. opalinoides* placée à un niveau supérieur et bien distinct de la zone à *A. opalinus*, et au milieu de sédiments absolument différents ; les deux niveaux sont bien marqués avec leurs fossiles spéciaux, en superposition évidente, de sorte qu'il n'y a pas de confusion possible.

Localités : Saint-Cyr, Saint-Romain, Limas, la Verpillière, Marcigny, Chessy, Colligny, Aubenas, la Chapelle, Veyras, Solliès-Ville, la Guiranne, c.

Explication des figures : pl. XLIX, fig. 14 et 15, *A. opali-nus*, de la Verpillière. Fig. 16, autre spécimen, de la même localité, de grandeur naturelle.

Ammonites Aalensis (Zieten).

(Pl. L., fig. 1, 2 et 3.)

1830. Zieten, *Ammonites Aalensis*. *(Würtemb.*, pl. 28, fig. 3.)
1849. Quenstedt, *Ammonites Aalensis*. *(Cephal.*, pl. 7, fig. 7.)
1856. Oppel, *Ammonites Aalensis*. *(Die Juraformation*, p. 368.)

Dimensions : diamètre, 105 millimètres ; largeur du dernier tour, 40/00 ; épaisseur, 18/00 ; ombilic, 30,00.

Coquille comprimée, carénée, assez largement ombiliquée. Spire composée de 7 tours, peu renflés sur les côtés, munis de côtes flexueuses, saillantes, irrégulières, tantôt simples, tantôt bifurquées; la distance qui sépare le point de bifurcation de l'ombilic varie beaucoup, et l'on peut dire que sous ce rapport il n'y a pas un groupe de côtes qui se ressemble ; très-fortement marquées sur l'ombilic, ces côtes falciformes se portent en avant contre la carène par une courbe très-prononcée et se maintiennent saillantes sur toute la largeur du tour ; sur le dernier tour, dans les grands exemplaires, les côtes deviennent un peu moins saillantes et sont simples pour la plupart.

La carène est étroite, saillante sans être coupante et assez bien séparée des flancs.

Les tours sont recouverts sur la moitié exactement de leur largeur ; ils tombent dans l'ombilic par un angle obtus en formant une troncature concave, mais ce caractère n'est apparent que lorsque l'Ammonite a dépassé le diamètre de 35 millimètres et que le test est conservé.

L'*A. Aalensis* est une des espèces les plus abondantes et les plus caractéristiques de la zone, où elle accompagne partout l'*A. opali-nus*. Les gisements de minerai de fer des environs de la Verpillière fournissent des échantillons de cette espèce qui ne laissent rien à désirer.

L'*A. Aalensis* n'a jamais encore été figurée d'une manière complétement satisfaisante ; dans *Der Jura*, de Quenstedt, on trouve trois figures sous le nom d'*A. Aalensis*, sur la pl. 40 ; mais les fig. 10 et 11 me paraissent représenter l'*A. costula*, et la fig. 12 l'*A. mactra* (voir plus loin).

Localités : Saint-Romain, la Verpillière, Saint-Marcel, Villebois, Saint-Rambert, Crussol, la Jobernie, *c.*, Veyras.

Explication des figures : pl. L, fig. 1 et 2, *A. Aalensis*, de la Verpillière. Fig. 3, autre spécimen, de la même localité.

Ammonites mactra (NOV. SP.).

(Pl. L, fig. 4 et 5.)

1857. J. Lycett, *Ammonites Moorei. (The Cotteswold-hill's*, p. 122, pl. 1, fig. 2.)

Dimensions : diamètre, 53 millimètres ; largeur du dernier tour, 34/00 ; épaisseur, 22/00 ; ombilic, 37/00.

Coquille comprimée, carénée, largement ombiliquée. Spire composée de 6 tours comprimés, un peu convexes sur les flancs, ornés d'un très-grand nombre de très-fines côtes, un peu flexueuses, assez régulières ; les tours sont recouverts sur les deux cinquièmes de leur largeur. Ils tombent dans l'ombilic par une courbe arrondie, sans former aucune espèce d'angle ; l'ombilic est peu profond ; les côtes paraissent être plus fortes sur les premiers tours ; la carène mince et coupante n'est pas séparée des flancs.

L'*A. mactra* a les mêmes ornements que la variété de l'*A. opalinus* dont les côtes ne sont pas fasciculées, mais les proportions ne sont pas les mêmes et la forme de l'ombilic diffère totalement ; très-rapprochée aussi de l'*A. ovatus* (Young et Bird), dont l'ombilic a la

même forme; on ne peut pas la confondre cependant si l'on compare le mode d'enroulement.

Décrite en 1857, par M. Lycett, sous le nom d'*A. Moorei*, ce nom
ne peut lui rester, puisque, à la même époque (1857), Oppel donnait
ce nom d'*A. Moorei* à une Ammonite du bathonien. Dans l'incertitude où ces dates me laissent et comme nécessairement une des
deux Ammonites doit être nommée à nouveau, je lui donne le nom
d'*A. mactra*, pour rappeler le polypier caractéristique *Thecocyathus
mactra*, qui l'accompagne toujours.

Localités : Saint-Romain, Saint-Cyr, Limas, la Verpillière,
Semur, Crussol, Valaury.

Explication des figures : pl. L, fig. 4 et 5, *A. mactra*, de la
Verpillière, de grandeur naturelle.

Ammonites costula (Reinecke, sp.)

(Pl. LI, fig. 1 et 2.)

1818. Reinecke, *Nautilus costula. (Maris protogæi,* fig. 33 et 34.)
1849. Quenstedt, *Ammonites radians costula. (Cephalopod.,* pl. 7,
    fig. 11.)
1856. Oppel, *Ammonites costula. (Die Juraformation,* p. 367.)
1858. Quenstedt, *Ammonites A densis costula. (Der Jura,* pl. 40,
    fig. 10 et 11).

Dimensions : diamètre, 40 millimètres ; largeur du dernier
tour, 40/00 ; épaisseur, 21/00; ombilic, 25/00.

Coquille comprimée, carénée, à ombilic de moyenne grandeur.
Spire composée de 5 tours comprimés, arrondis sur les flancs, ornés
de côtes simples, droites, largement et très-irrégulièrement espacée,
au nombre de 12 à 18 par tour ; ces côtes, bien marquées sur l'ombilic, s'abaissent en remontant vers le contour extérieur et s'évanouissent souvent tout à fait après avoir dépassé la moitié de la largeur du tour.

Les deux premiers tours sont lisses; les tours sont recouverts sur la moitié de leur largeur; ils tombent dans l'ombilic, qui est peu profond, par un contour assez brusque, mais sans former d'angle ni de méplat; carène distincte, étroite, un peu saillante.

L'exemplaire dont je donne le dessin montre, sur le dernier tour, des côtes flexueuses et bifurquées; c'est une rarissime exception; les côtes sont presque toujours simples, droites et effacées en approchant du haut du tour.

L'*A. costula* accompagne partout l'*A. opalinus* et ne se trouve pas à d'autres niveaux. C'est donc une des coquilles caractéristiques de la zone. Oppel la place cependant avec l'*A. Jurensis*, mais je ne l'ai jamais rencontrée à ce niveau.

Localités : Saint-Fortunat, Saint-Germain, la Verpillière, la Jobernie, la Guiranne.

Explication des figures : pl. LI, fig. 1 et 2, *A. costula*, de la Verpillière, grandeur naturelle.

Ammonites fluitans (NOV. SP.).

(Pl. LI, fig. 7 et 8.)

Testa compressa, late umbilicata, carinata; anfractibus compressis, lateribus complanatis, transversim costatis; costis angustis, elevatis, æqualibus, flexuosis, externe curvatis, passim bifurcatis; carina tenui, subelevata; septis...?

Dimensions : diamètre, 76 millimètres; largeur du dernier tour, 35/00; épaisseur, 20,00; ombilic, 35/00.

Coquille comprimée, carénée, largement ombiliquée. Spire composée de 5 à 6 tours, non convexes sur les flancs, ornés, sur le dernier, de 35 à 45 côtes, étroites, saillantes, flexueuses, égales, fortement marquées sur toute la largeur du tour et séparées par des sillons arrondis plus larges qu'elles-mêmes; on remarque le plus

ordinairement après quelques côtes simples des côtes qui se bifurquent. Il n'y a aucune règle pour la distance qui sépare entre elles
ces côtes bifurquées, et sur certains exemplaires elles paraissent
manquer tout à fait ; ces ornements se montrent sans aucune modification depuis le plus petit diamètre ; le premier tour cependant,
au diamètre de 4 millimètres, paraît lisse.

Le contour siphonal, assez large relativement, est muni d'une
petite carène étroite mais arrondie qui ne s'élève pas à plus d'un
millimètre et demi.

Les tours sont recouverts sur les cinq douzièmes de leur largeur
et tombent par un contour brusque dans l'ombilic qui est assez profond.

Les lobes ne sont pas visibles.

La bouche que je puis observer sur un petit spécimen, d'un diamètre de 36 millimètres, forme une languette latérale, se terminant
en pointe très-obtuse, d'une longueur de 7 à 8 millimètres. Elle
n'est accompagnée d'aucune autre complication.

Cette remarquable espèce, qui n'est pas rare, a toujours été confondue avec les espèces déjà décrites ; cependant elle est parfaitement caractérisée et mérite certainement une place à part.

Les tours extérieurs des grands exemplaires de l'*A. Aalensis* res-
semblent beaucoup à ceux de l'*A. fluitans*, mais l'aspect des tours
intérieurs est si différent qu'il n'y a pas de confusion possible.
L'*A. fluitans* a des côtes régulières, séparées, tandis que l'*A. Aalensis* les a irrégulièrement groupées en faisceau ; de plus les proportions ne sont pas les mêmes.

L'*A. radians*, que l'on a confondu souvent avec notre espèce, a
des côtes largement arrondies, séparées par d'étroits sillons qui
contrastent absolument avec les côtes étroites, séparées par de larges
sillons arrondis de l'*A. fluitans*.

L'*A. undulatus* a les côtes presque droites. L'*A. Toarcensis* a
l'ombilic beaucoup plus grand, les tours plus arrondis, les côtes
moins nombreuses et moins marquées sur l'ombilic : l'*A. striatulus*
montre ce dernier caractère d'une manière plus exagérée encore ;
ses côtes sont moins saillantes ; d'ailleurs les bifurcations irréguliè-

rement distribuées sur les tours de l'*A. fluitans* donnent un caractère qui manque tout à fait chez les *A. Toarcensis, radians, striatulus, undulatus.*

Localités : Limas, la Verpillière, la Jobernie, Crussol, Salins.

Explication des figures : pl. LI, fig. 7 et 8, *A. fluitans*, de la Verpillière, de grandeur naturelle.

Ammonites Murchisonæ (Sowerby).

(Pl. LI, fig. 3 à 6.)

1824. Sowerby, *Ammonites corrugatus. (Mineral. Conchology,* pl. 451, fig. 3.)

1827. Sowerby, *Ammonites Murchisonæ. (Mineral. Conchology,* pl. 450.)

1830. Zieten, *Ammonites Murchisonæ. (Würtemberg*, pl. 6, fig. 1. à 4.)

1845. D'Orbigny, *Ammonites Murchisonæ. (Paléontologie française, jurassique,* pl. 120.)

1849. Quenstedt, *Ammonites Murchisonæ. (Cephalop.,* pl. 7, fig. 12.)

1856. Oppel, *Ammonites Murchisonæ. (Die Juraform.,* p. 488.)

Dimensions : diamètre, 100 millimètres ; largeur du dernier tour, 43,00 ; épaisseur, 29/00 ; ombilic, 30/00.

Autre exemplaire : diamètre, 125 millimètres ; largeur du dernier tour, 42/00 ; épaisseur, 28/00 ; ombilic, 24/00.

Coquille comprimée mais robuste, carénée avec un ombilic de médiocre grandeur. Spire composée de 6 tours assez épais, ornés de côtes transverses rondes, saillantes, qui se portant en avant en quittant l'ombilic, forment un angle marqué un peu avant d'arriver au milieu du tour, puis se bifurquent pour la plupart, s'infléchissent en arrière et se recourbent en avant par un mouvement peu prononcé ; la plus grande épaisseur du tour se trouve toujours sur la saillie que forme la bifurcation.

Le contour extérieur, assez large et obtus, porte une carène arrondie peu saillante, non accompagnée de sillons.

L'ombilic est profond ; les tours y tombent par un angle droit avec un méplat légèrement concave; ils sont recouverts sur les trois cinquièmes de leur largeur ; mais certains échantillons, de petite taille, montrent un recouvrement qui dépasse à peine la moitié de la largeur.

Je ne vois aucun caractère qui puisse séparer cette Ammonite de la zone à *A. opalinus* de l'*A. Murchisonæ* de Sowerby, si ce n'est la persistance des côtes qui sont encore marquées au diamètre de 100 millimètres, tandis que Sowerby dit positivement que, passé le diamètre de deux pouces (anglais), les tours deviennent tout à fait lisses et ne montrent plus que des lignes d'accroissement ; mais je ne crois pas que cette différence suffise pour justifier l'établissement d'une espèce nouvelle.

Si l'*A. Murchisonæ* est plus généralement répandue dans les couches les plus inférieures de l'oolithe inférieure, la variété dont je donne la description et qui montre constamment les mêmes caractères est très-certainement cantonnée dans la zone à *A. opalinus*, et comme l'*A. Murchisonæ* se trouve aussi dans les calcaires à fucoïdes qui recouvrent le lias supérieur, il n'y a pas d'erreur possible, les deux étages étant superposés régulièrement avec tous leurs fossiles et leur faciès minéralogique si différent dans toute la région. Je n'ai jamais du reste rencontré la forme typique de l'*A. Murchisonæ obtusus*, avec ses côtes énormes et ses tours déprimés, au niveau que nous étudions.

L'Ammonite comprimée, régulière, de la Verpillière, si abondante à Crussol, dont on trouvera le dessin pl. LI, fig. 3 et 4, est remarquable par la forme de ses ornements et ses côtes anguleuses et comme articulées en avant, au point de leur bifurcation, représentant assez bien la cuisse et la jambe d'un cheval au trot. Aussi j'avais placé cette coquille, dans ma collection, sous le nom d'A. TOLUTARIUS, et quoique je ne la mentionne ici que comme une variété de l'*A. Murchisonæ*, je ne suis pas éloigné de croire que l'on sera conduit, plus tard, à la séparer comme un type spécial ; la crainte de trop multiplier les espèces m'empêche seule de le faire dès à présent.

Localités : Limas, la Verpillière, r., Crussol, c.; minerai de fer de Veyras.

Explication des figures : pl. LI, fig. 3 et 4, *A. Murchisonæ*, de Crussol. Fig. 5, autre, de la Verpillière. Fig. 6, coupe de la partie supérieure du dernier tour.

Ammonites crassifalcatus (Nov. sp.).

(Pl. LII, fig. 1 et 2.)

Testa compressa sed robusta, carinata; anfractibus latis, lateribus subconvexis, transversim costatis; costis angustis, æqualibus, perflexuosis, ad umbilicum ante decurrentibus; carina mediocri, rotundata, in ambitu complanato posita.

Dimensions : diamètre, 103 millimètres; largeur du dernier tour, 48/00; épaisseur, 29/00; ombilic, 28/00.

Coquille comprimée dans son ensemble mais assez épaisse, carénée, avec un ombilic peu large et profond. Spire composée de tours comprimés, un peu convexes sur les côtés, et dont la plus grande épaisseur est sur l'ombilic; ces tours sont ornés de côtes fines fortement sinueuses et très-régulières, tout à fait semblables à celles des *A. subplanatus* ou *discoïdes*; arrivés au contour extérieur, les tours se plient à angle droit pour former un large méplat au milieu duquel s'élève une carène étroite, presque coupante, haute de 2 à 3 millimètres. Les petites côtes falciformes, que leur mouvement porte fortement en avant, se laissent encore apercevoir sur ce méplat, quoique moins marquées, jusque contre la carène.

L'ombilic profond est coupé carrément; les tours sont recouverts sur les deux tiers à peine de leur largeur. Lobes?

Ce type curieux ne m'est connu que par un seul échantillon, qui est presque entièrement privé de son test, mais les ornements exté-

rieurs, quoique fort délicats, sont parfaitement marqués sur le moule
intérieur.

    Localité : la Verpillière, *r. r.*

    Explication des figures : pl. LII, fig. 1 et 2, *A. crassifalca-
tus,* de la Verpillière, de grandeur naturelle.

Ammonites Briordensis (Nov. sp.).

(Pl. LV, fig. 1 et 2.)

*Testa compressa, crassa, carinata, umbilicata; anfractibus
convexis, costatis; costis latis, subrectis, rotundatis, ad umbi-
licam bifurcatis, tuberculatis carina tenui, elevata.*

Dimensions : diamètre, 70 millimètres ; largeur du dernier
tour, 42/00 ; épaisseur, 24/00 ; ombilic, 32/00.

    Coquille comprimée mais assez épaisse, carénée, avec un om-
bilic profond de moyenne grandeur. Spire composée de 5 tours
assez renflés sur les côtés, ornés sur l'ombilic de 15 forts tubercules, arrondis, un peu noueux, donnant naissance à 2 côtes fortes,
larges, arrondies, presque droites, qui se courbent très-légèrement
en avant contre la carène. On voit de temps en temps une côte simple et non tuberculée. Les tours sont recouverts sur les trois cinquièmes de leur largeur.

    La carène, bien séparée des flancs, est mince, arrondie, et dé-
passe 3 millimètres.

    Le bel échantillon dont je donne le dessin montre presque l'extré-
mité du dernier tour, assurément très-près de la bouche, comme
l'indiquent les modifications significatives qu'ont subies les ornements dans cette partie ; il est à remarquer que l'*A. Briordensis*
montre un élargissement disproportionné de son dernier tour, contrairement à ce que l'on observe chez la plupart des Ammonites,
dont le dernier tour est ordinairement un peu plus étroit comparativement que les précédents.

Cette belle espèce offre une ressemblance frappante avec l'A. *navis* que j'ai décrite de la zone inférieure, p. 89 ; cependant elle ne montre pas de côtes inégales, ni groupées par trois comme l'*A. navis*. Sa carène est plus mince et moins élevée, et les proportions ne sont pas les mêmes.

L'unique échantillon que je connaisse de l'*A. Briordensis* a gardé tout son test intact, ce qui m'empêche de distinguer les lobes. Je dois ajouter que je n'ai pas la certitude qu'elle appartienne au niveau de l'*A. opalinus*, ce qui me paraît seulement très-probable.

Localité : Serrières-de-Briord, r.

Explication des figures : pl. LV, fig. 1 et 2, *A. Briordensis*, de Serrières-de-Briord, de grandeur naturelle.

Ammonites Alleoni (Nov. sp.).

(Pl. LII, fig. 3 et 4.)

Testa compressa, crassa, carinata, umbilicata, anfractibus convexis, costatis ; costis flexuosis, rotundatis, in medio latere trifurcatis ; tuberculis prominentibus, transversim radiantibus ; carina tenui, distincta.

DIMENSIONS :	DIAMÈTRES	LARGEUR DU DERNIER TOUR	ÉPAISSEUR DU DERNIER TOUR	OMBILIC
	114 millimètres	40/00	22/00	32/00
	79 —	40/00	20/00	32/80
	60 —	40/00	33/00	32/00
	39 —	40/00	30/00	30/00

Coquille comprimée mais robuste, carénée, avec un ombilic de largeur moyenne. Spire composée de 5 tours assez épais, convexes sur les côtés, ornés sur l'ombilic de 18 à 24 tubercules ou plutôt de protubérances saillantes, allongées dans le sens du rayon, droites ou à peine flexueuses, qui donnent naissance, un peu avant d'arriver au milieu du tour, à 3 côtes égales, arrondies, saillantes, un peu courbées en avant contre la carène ; ces groupes d'ornements se font remarquer par la saillie de la côte principale jusqu'à la trifurcation et le volume de la côte médiane, qui est toujours un peu plus fort que celui des deux autres côtes qui l'accompagnent ; on compte quelques côtes qui sont seulement bifurquées ; le nombre des côtes augmente avec la taille de l'Ammonite. On en compte 45 contre la carène au diamètre de 39 millimètres ; 54 au diamètre de 60 millimètres ; 56 au diamètre de 79 millimètres ; 78 au diamètre de 111 millimètres.

La carène, bien séparée des flancs, est assez mince et saillante ; les tours sont recouverts à peu près sur les trois cinquièmes de leur largeur ; l'ombilic profond ne laisse voir que les nodosités allongées des premiers tours, ce qui donne à cette partie de la coquille un aspect particulier qui rappelle la forme de l'*A. subinsignis*, mais les tours de cette dernière se recouvrent moins, sont plus épais, ses tubercules sont plus irréguliers, plus grossiers, moins allongés dans le sens du rayon. Si dans les exemplaires un peu grands l'aspect des deux espèces se rapproche, au diamètre de 60 millimètres il est absolument différent.

Comme on peut le voir par les nombres que je donne, les proportions, pour la largeur des tours et pour celle de l'ombilic, ne varient pas avec l'âge, tandis que l'épaisseur des côtes et le nombre des côtes varient en raison inverse ; à mesure que la coquille grandit l'épaisseur diminue et le nombre des côtes augmente.

Les lobes ne sont visibles sur aucun de mes échantillons.

Localité : la Verpillière.

Explication des figures : pl. LII, fig. 3 et 4, *A. Alleoni*, de la Verpillière, de grandeur naturelle.

Ammonites subinsignis (OPPEL).

(Pl. LIII, fig. 1 à 5.)

1856. Oppel, *Ammonites subinsignis. (Die Juraform.*, p. 487.)
1871. Ch. Mayer, *Ammonites diadematoides. (Journal de Conchyliologie*, 3e série, vol. XIX, p. 243, pl. 8, fig. 9.)

	DIAMÈTRES	LARGEUR DU DERNIER TOUR	ÉPAISSEUR DU DERNIER TOUR	OMBILIC
DIMENSIONS :	230 millimètres	35/00	22/00	34/00
	150 —	40/00	30/00	39/00
	76 —	40/00	36/00	38/00
	37 —	34/00	40/00	40/00
	30 —	27/00	30/00	50/00

Coquille épaisse, comprimée dans son ensemble, carénée, largement ombiliquée. Spire composée de 8 à 10 tours irrégulièrement
ronds dans le jeune âge, plus tard comprimés et arrondis sur les
flancs jusqu'au diamètre de 70 à 80 millimètres. Ces tours sont
ornés de 16 gros tubercules irréguliers, saillants, qui se montrent
assez loin de l'ombilic, laissant lisse l'espace qui les sépare de la
suture ; ces nodosités avant d'arriver à la moitié de la largeur du
tour donnent naissance chacune à 3 côtes, quelquefois à 4 et très-
rarement à 2 ; ces côtes rondes, presque droites, sont beaucoup
moins saillantes que les tubercules qui les surmontent en formant
comme un sommet recourbé du côté extérieur du tour. Au diamètre
de 70 millimètres, l'allure de ces ornements change tout à fait, les
tubercules épineux s'abaissent, les tours s'élargissent et se compri-
ment en même temps ; bientôt il ne reste plus que de grosses côtes
obtuses, droites, qui, arrivées aux deux cinquièmes de la largeur,
donnent naissance à 3 côtes larges, arrondies, abaissées, très-
égales, qui se recourbent un peu seulement en arrivant contre la
carène ; l'ombilic infundibuliforme change beaucoup moins d'aspect
que le reste de la coquille et présente une série de couronnes formées par les tubercules.

La carène étroite est peu élevée; chez l'adulte elle s'abaisse et devient plus large.

Les lobes n'ont de remarquable que le grand développement du premier lobe latéral, qui est d'une forme conique.

Oppel a donné une courte description de cette belle Ammonite sans la figurer; mais les caractères qu'il donne ne permettent pas de se méprendre, et je regarde notre espèce comme identique assurément à son *A. subinsignis.*

M. Ch. Mayer donne sous le nom de *diadematoides* le dessin d'une coquille jeune de l'*A. subinsignis.* Il ne paraît pas avoir connu l'adulte.

Si l'on compare les premiers tours de l'*A. subinsignis* à un exemplaire de grande taille, il est impossible, au premier coup d'œil, de croire que l'on a devant les yeux la même espèce; les transformations qu'elle subit en grandissant sont tout à fait dignes de remarque.

La loge occupe les deux tiers du dernier tour. Après les *A. opalinus* et *Aalensis* c'est l'espèce la plus importante et la plus répandue de la zone.

Localités : Saint-Romain, la Verpillière, Veyras, Blegny, Salins (Jura).

Ma collection, collection Thiollière.

Explication des figures : pl. LIII, fig. 1 et 2, *A. subinsignis,* de la Verpillière. Fig. 3 et 4, autre spécimen de la même localité. Fig. 5, lobes, de grandeur naturelle, pris sur un exemplaire de 180 millimètres de diamètre.

Ammonites Lorteti (Nov. sp.).

(Pl. LIV, fig. 1 et 2.)

Testa compressa, carinata, late umbilicata; anfractibus subrotundatis, convexis, costatis, ad umbilicum nudis; costis tuberculatis, *trifurcatis* *qœualibus*, *subrectis*, *carina* *lata*; *septis*...?

Dimensions : diamètre, 151 millimètres; largeur du dernier tour, 34/00; épaisseur, 25/00; ombilic, 45/00.

Coquille comprimée dans son ensemble, carénée et largement ombiliquée. Spire composée de 7 tours comprimés, arrondis, ornés à une certaine distance de l'ombilic de tubercules réguliers, saillants, presque épineux, au nombre de 21 sur le dernier tour. Ces tubercules, placés aux deux septièmes de la largeur, donnent naissance chacun à 3 ou 4 côtes rondes, régulières, peu saillantes, qui vont rejoindre la carène presque en ligne droite, avec une légère inflexion en avant; carène haute et saillante sans être bien séparée des flancs, mais dont je ne puis évaluer l'importance avec certitude, vu le mauvais état de mon échantillon.

Les tours sont recouverts sur le quart au moins de leur largeur ; l'ombilic largement ouvert laisse voir les tours intérieurs qui paraissent remarquablement semblables aux derniers; la trifurcation des côtes s'y voit très-bien jusqu'au centre de la coquille.

L'*A. Lorteti* a beaucoup de ressemblance avec l'*A. subinsignis* pour les ornements, mais des différences considérables empêchent de réunir les deux espèces; l'enroulement n'est plus le même, les tubercules saillants persistent chez l'*A. Lorteti* jusqu'à un diamètre où depuis longtemps l'*A. subinsignis* n'en porte plus ; de plus, les trifurcations sont très-visibles dans la première espèce, sur les tours recouverts ; détail qui n'est absolument pas visible sur la seconde.

Cette belle Ammonite qui fait partie des collections du musée de Lyon, n'appartient pas sûrement à la zone de l'*A. opalinus*. La roche consiste en un minerai de fer dur, terreux, un peu oolithiques, d'une couleur rouge violacé, extrêmement foncée. Je possède plusieurs fossiles de la zone supérieure dont la nature minéralogique est la même.

Localité : la Verpillière, *r. r.*

Explication des figures : pl. LIV, fig. 1, *A. Lorteti*, de la

Verpillière, de grandeur naturelle. Fig. 2, coupe du dernier tour.

Ammonites fallax (BENECKE).

(Pl. LV, fig. 3 à 6.)

1866. Benecke, *Ammonites fallax*, *Uber trias und Jura in den sudalpinen*. (*Geognostisch-Palaeontologische Beiträge*, p. 171, pl. VI, fig. 1 à 3.)

	DIAMÈTRES	LARGEUR DU DERNIER TOUR	ÉPAISSEUR DU DERNIER TOUR	OMBILIC
	70 millimètres	36/00	27/00	40/00
	64 —	36/00	40/00	38/00
DIMENSIONS :	40 —	37/00	60/00	31/00
	31 —	35/00	80/00	32/00
	25 —	40/00	80/00	30/00

Coquille globuleuse puis comprimée, carénée. Ombilic de grandeur variable. Spire composée de 6 tours largement arrondis, surbaissés jusqu'au diamètre de 45 millimètres, ornés de côtes saillantes qui deviennent quasi tuberculeuses sur le milieu du tour, et donnent naissance chacune à 3 petites côtes rondes, égales, régulières, qui vont rejoindre la carène. Cette carène presque sans saillie n'a pas plus d'importance qu'une des petites côtes elles-mêmes.

Après le diamètre de 45 millimètres, l'*A. Fallax* change ses proportions, son ombilic s'ouvre : les tours cessent presque de gagner en épaisseur, tout en gardant leurs mêmes ornements et en restant toujours largement arrondis et carénés sur le contour siphonal.

Les tours sont recouverts sur la moitié de leur largeur et passé le premier âge l'ombilic laisse voir distinctement la bifurcation sur les tours intérieurs.

Il est à remarquer que malgré les changements qui s'opèrent dans la forme générale et à tous les âges, l'*A. fallax* conserve les mêmes ornements ; la grosseur et la forme des côtes et de la carène sont toujours à peu près les mêmes.

On la trouve dans la z ne à *A. opalinus*. Elle n'est pas très-rare à la Verpillière, de petite taille, mais les exemplaires un peu grands sont en très-petit nombre; d'autres localités je n'en connais qu'un exemplaire de Veyras, de la collection de M. Huguenin, et un autre de Limas, qui a été recueilli par M. Vuillier. Elle paraît être très-abondante au cap San-Virgilio, sur le lac de Garde, où M. Benecke a pu en récolter un bon nombre; d'après sa position elle paraît appartenir à la zone supérieure du lias et non à la base de l'oolithe inférieure où se trouve la vraie *A. Murchisonæ* type.

Je ne puis pas distinguer les lobes sur mes échantillons.

Localités : Limas, la Verpillière, Veyras, c.

Explication des figures : pl. LV, fig. 3 et 4, *A. fallax*, de la Verpillière. Fig. 5 et 6, autre exemplaire plus petit, du même gisement, de grandeur naturelle.

Ammonites Acanthopsis (D'ORBIGNY).

(Pl. LVI, fig. 1 à 4.)

1850. D'Orbigny, *Ammonites Acanthopsis. (Prodrome,* étage toarcien, n° 59.)

1868. Reynès, *Ammonites dayi. (Essai de géologie et de paléontologie aveyronnaise,* p. 104, pl. 5, fig. 7.)

	DIAMÈTRES	LARGEUR DU DERNIER TOUR	ÉPAISSEUR DU DERNIER TOUR	OMBILIC
DIMENSIONS :	70 millimètres	26/00	32/00	46,00
	40 —	30 00	33/00	47/00
	21 —	26/00	33/00	48/00
	19 —	29/00	51/00	46/00

Coquille non carénée, largement ombiliquée, fortement déprimée jusqu'au diamètre de 25 millimètres environ. Spire composée de 9 tours dont les premiers sont bien plus épais que hauts; ils sont ornés, au diamètre de 19 millimètres, de 20 à 24 épines robustes, implantées verticalement sur l'angle latéral des tours : de chacun de ces tubercules épineux partent 3 petites côtes fines, régulières, qui passent sans inflexion sur le contour siphonal. Au diamètre de 25 à 30 millimètres, l'épaisseur relative des tours commence à diminuer. La forme générale change, les tours s'arrondissent, les tubercules ne donnent plus naissance qu'à 2 côtes et commencent à s'espacer irrégulièrement ; l'on peut voir quelques côtes simples qui se montrent çà et là entre les groupes. Au diamètre de 55 millimètres, le nombre des côtes simples augmente et domine déjà. Les tours augmentent très-peu en épaisseur, s'arrondissent, mais conservent toujours, sur le milieu des flancs, des épines assez espacées et d'un volume plus petit relativement ; enfin, au diamètre de 70 millimètres, le dernier tour, qui paraît correspondre à la loge, ne montre plus que des côtes simples, très-légèrement infléchies près de l'ombilic et portant sur le milieu du tour un très-petit mamelon qui rappelle les épines des tours précédents.

Les tours sont recouverts sur les deux cinquièmes de leur largeur ; l'ombilic pour les six premiers tours est profond, conique, en entonnoir ; pour les trois derniers il est au contraire peu marqué. Partout il laisse voir à découvert les bifurcations et les épines verticales des premiers tours.

Les lobes sont cachés sur tous mes échantillons.

M. Reynès non plus que d'Orbigny ne paraissent avoir connu l'*A. acanthopsis* adulte, qui est des plus rares.

Localités : la Verpillière, Sainte-Hélène (Lozère), r., de ma collection, collection Pellat, collection des Frères Maristes de Saint-Genis, r. r.

Explication des figures : pl. LV, fig. 1, *A. Acanthopsis*, de la Verpillière. Fig. 2, fragment vu par le contour siphonal. Fig. 3 et 4. *A. Acanthopsis* jeune, de la même localité.

Ammonites gonionotus (Benecke).

(Pl. LVI, fig. 5, 6 et 7.)

1866. Benecke, *Ammonites gonionotus. Über trias und Jura in den sudalpinen, (Geognostisch-Palaeontologische Beiträge*, p. 172, pl. 7, fig. 3.)

Dimensions : diamètre, 127 millimètres ; largeur du dernier tour, 32/00 ; épaisseur, 31/00 ; ombilic, 50/00.

Coquille comprimée dans son ensemble, mais épaisse, carénée et largement ombiliquée. Spire composée de 5 à 6 tours arrondis, un peu plus larges qu'épais, ornés sur l'ombilic de 30 côtes étroites, saillantes, qui, un peu avant d'arriver au milieu du côté, se partagent en deux, rarement en trois; ces côtes secondaires, moins saillantes, sont arrondies et très-régulières ; elles se dirigent presque directement contre la carène, qui est des plus humbles, étroite et à peine saillante.

Les tours sont recouverts sur les deux cinquièmes, quelquefois sur la moitié de leur largeur; l'ombilic laisse voir très-distinctement les bifurcations des tours intérieurs. Cependant, sur les échantillons d'une forme plus renflée, les points de bifurcation restent cachés. Deux de mes échantillons, sur quatre, présentent cette particularité.

La loge paraît occuper la plus grande partie du dernier tour ; en arrivant près de la bouche, les côtes se partagent au tiers inférieur du tour et se penchent en avant, en gardant tous leurs caractères ; la bouche est marquée par un fort bourrelet saillant qui se porte en avant, sur le contour siphonal, comme la visière d'un casque. Mon échantillon montre cette bouche fort bien conservée d'un côté seulement, l'autre moitié n'est qu'un moule ; une cassure permet de constater que le bourrelet circulaire n'avait pas moins de 5 millimètres d'épaisseur.

Les côtes, en arrivant sur le contour siphonal, présentent une disposition alterne et n'arrivent pas contre la carène en face l'une de l'autre; ainsi la côte de droite arrive en face de l'intervalle qui sépare deux côtes de gauche et réciproquement; cette anomalie es: plus apparente sur le dernier demi-tour.

Au diamètre de 55 millimètres, le point de bifurcation sur les flancs est saillant et forme comme un tubercule allongé.

Localités : la Verpillière, Veyras, *r.r.*, ma collection et collection Thiollière, au musée de Lyon.

Explication des figures : pl. LVI, fig. 5, *A. gonionotus*, de la Verpillière. Fig. 6, fragment de la même localité, montrant la bouche. Fig. 7, le même, vu par-dessus.

Ammonites scissus (BENECKE).

(Pl. LVII, fig. 1 et 2.)

1866. Benecke, *Ammonites scissus. Uber trias und Jura in den sudalpinen. (Geognostisch-Paleontologische Beiträge*, p. 170, pl. 6, fig. 4. 1 bard.)
1869. Zittel, *Ammonites scissus. Geolog. Beobach. aus den central Apeninnen. (Geolog. paleont. Beiträge*, p. 110, 137, 139. 2 band.)

Dimensions : diamètre, 23 millimètres ; largeur du dernier tour, 31/00 ; épaisseur, 28/00; ombilic, 44/00.

Coquille comprimée dans son ensemble, non carénée, ornée sur le contour siphonal d'un sillon assez profond, largement ombiliquée. Spire composée de 4 tours plus hauts qu'épais, arrondis, comprimés sur les flancs, ornés de côtes très-saillantes dont le plus grand nombre reste simple; mais une dizaine, sur le dernier tour, se bifurquent à la moitié de la largeur; ces côtes deviennent plus saillantes, presque tuberculeuses, en arrivant au milieu du tour, puis sur le bord du sillon siphonal.

On remarque sur le dernier tour 5 sillons annulaires assez profonds; l'on voit que la côte qui précède immédiatement le sillon est toujours bifurquée et ornée de petites protubérances qui dépassent le niveau général d'une manière bien visible.

Les différences que l'on remarque entre mon échantillon et la figure donnée par M. Benecke tiennent certainement à la différence de taille, et je n'ai aucun doute sur la détermination.

L'échantillon dont je donne le dessin est d'une conservation parfaite. C'est le seul que je connaisse de notre région; il m'a été donné par M. Vulliet, qui l'avait recueilli lui-même à la Verpillière.

L'*A. scissus* est la quatrième espèce avec les *A. fallax, gonionotus* et *Murchisonæ*, qui se rencontre toujours avec les mêmes fossiles dans plusieurs gisements remarquables des Alpes italiennes et des Apennins, notamment au cap San-Virgilio, sur le lac de Garde.

Localité : la Verpillière, *r. r.*

Explication des figures : pl. LVII, fig. 1 et 2, *A. scissus* de la Verpillière, de grandeur naturelle.

Ammonites Dumortieri (Thiollière).

(Pl. LVII, fig. 3 et 4.)

1855. V. Thiollière. (*Ammonites Dumortieri*, notes et manuscrits.)

Dimensions : diamètre, 58 millimètres; largeur du dernier tour, 28/00; épaisseur, 22/00; ombilic, 60/00.

Coquille comprimée, carénée, très-largement ombiliquée. Spire composée de 7 à 8 tours ronds, à peine un peu plus hauts qu'épais, quelquefois même surbaissés, ornés sur le dernier de 65 côtes droites, arrondies, régulières, saillantes, légèrement recourbées en avant en haut du tour, où elles s'élèvent assez pour dépasser la saillie formée par la carène; carène étroite, arrondie; à peine saillante.

Trois ou quatre dépressions annulaires, disposées sans ordre régu-

lier, se montrent sur chaque tour et sont assez peu marquées pour
qu'il faille une certaine attention pour les apercevoir. Il est plus
facile de les reconnaître sur le contour extérieur, grâce à la saillie
toujours un peu plus forte sur ce point des côtes qui précèdent et
suivent les sillons.

L'ombilic, très-grand, est peu profond; les tours intérieurs sont
recouverts sur la huitième partie de leur largeur.

L'*A. Dumortieri* porte dès ses premiers tours les mêmes ornements
et ne change d'allure en rien absolument à aucune époque de son
développement. Elle est caractéristique pour la zone à *A. opalinus*.

Les lobes?

Depuis 1855, V. Thiollière avait nommé cette Ammonite, qui portait dans sa collection une étiquette de sa main.

J'ai des fragments où je remarque que l'épaisseur des tours sur-
passe la hauteur.

J'ai vu un bel exemplaire de cette espèce chez M. X. à Grion, au-
dessus de Bex. Elle provenait du lias supérieur de Coulas, près
Bex.

Localités : la Verpillière (7 échantillons), Coulas, au-dessus
de Bex, *r.*; collections Pellat, Thiollière et Lemesle.

Explication des figures : pl. LVII, fig. 3 et 4, *A. Dumortieri*,
de la Verpillière, de grandeur naturelle.

Ammonites annulatus (SOWERBY).

(Voir partie inférieure, présent volume, p. 90.)

L'*A. annulatus* n'est pas commune dans la zone à *A. opalinus*;
les côtes sont toutes régulièrement bifurquées et décrivent une
courbe prononcée en avant, sur le contour extérieur.

Localités : la Verpillière, Chessy, cimetière, *r.*

Ammonites tatricus (Pusch).

(Pl. LVII, fig. 5 et 6.)

1837. Pusch, *Ammonites tatricus*. (*Polens Palaeontologie*, p. 158, pl. 13, fig. 11.)
1869. Zittel, *Phylloceras tatricum*. (*Jahrbuch D. K. K. Geolog. Reichsanstall B.* xix, pl. 1, fig. 1, 2, 3.)

Dimensions : diamètre, 90 millimètres ; largeur du dernier tour, 60/00 ; épaisseur, 36/00 ; ombilic, 0.

Coquille comprimée, arrondie, sans carène, sans ombilic ; tours entièrement embrassants, de forme elliptique, peu convexes sur les flancs, largement arrondis sur le contour siphonal et couverts de très-fines lignes rayonnantes, à peine visibles.

Sur chaque tour on remarque 7 à 8 côtes, à peine marquées près de l'ombilic, qui se dirigent en avant en décrivant une très-faible courbe dont la convexité est dirigée en arrière.

Ces côtes, rondes et étroites, deviennent plus saillantes et passent sur le contour extérieur en formant un petit lobe en avant, suivi d'une imperceptible dépression. Le plus souvent on ne peut apercevoir les côtes que sur la moitié supérieure des tours. Sur les individus jeunes, la partie des flancs qui va de l'ombilic à la moitié de la largeur est absolument sans aucune courbure et forme un méplat marqué, comme si plusieurs disques empilés les uns sur les autres avaient subi une forte pression. Il y a dans les Ammonites (*Phylloceras*) de l'oxfordien inférieur une espèce qui fait voir la même particularité.

Un fragment, assez mal conservé, montre une partie de la bouche qui était formée d'une côte arrondie ou bourrelet, qui se portait très-fortement en avant, sur le haut du tour, en se prolongeant en forme de toit largement arrondi ; les côtes ordinaires existent à une distance très-rapprochée.

La forme elliptique des tours sépare très-bien l'*A. tatricus* de l'*A. heterophyllus* dont la coupe est ovale, bien plus rétrécie sur le contour siphonal; d'ailleurs les ornements et l'ombilic ne sont plus les mêmes. Ainsi la véritable *A. tatricus* appartient à la zone de l'A. *opalinus;* il faut noter que les spécimens de grande taille prennent une épaisseur plus grande : j'ai sous les yeux un exemplaire du diamètre de 100 millimètres, dont la coupe du dernier tour est aussi largement arrondie que celle figurée par Pusch. Il se trouve en nombre considérable à Szaflary; dans les Carpathes, en compagnie des *A. Murchisonæ, aalensis, fallax, scissus,* etc., d'après M. Zittel; ce niveau est bien aussi celui du cap San Virgilio, sur le lac de Garde.

Les Ammonites données par Kudernatsch et d'Orbigny comme *A. tatricus* n'appartiennent pas à cette espèce.

    Localités : la Verpillière, Veyras, *r.*, ma collection et collection Lemesle et Pellat.

    Explication des figures : pl. LVIII, fig. 5 et 6, *A. Tatricus,* de la Verpillière, de grandeur naturelle.

Ammonius Nilssoni (HEBERT).

(Voir partie inférieure, p. 106.)

Quelques petits échantillons de la Verpillière font voir que l'*A. Nilssoni* doit figurer encore sur les listes de la zone supérieure à *A. opalinus.*

    Localités : la Verpillière, Fressac, Digne.

Ammonites vorticosus (NOV. SP.).

(Pl. LVII, fig. 9 et 10.)

Testa discoidea, compressa, subglobosa; anfractibus rotundatis, crassis, lævigatis, sulcis flexuosis, retro incurvatis ad

umbilicum notatis qui ad mediam anfractus partem in costas
convexas, latas atque rectas mutantur ; umbilico fere nullo.

Dimensions : diamètre, 54 millimètres; largeur du dernier
tour, 60/00 ; épaisseur, 50/00 ; ombilic, 1/00.

Coquille comprimée dans son ensemble, semi-globuleuse. Spire
formée de tours arrondis, épais, à ombilic presque nul mais profond. Sur cet ombilic la coquille est ornée de 7 à 8 sillons étroits,
flexueux, décrivant en arrière un sinus marqué et formant comme
un moulinet autour d'un point central : un peu avant d'arriver au
milieu du tour ces sillons se changent brusquement en côtes larges,
arrondies, peu saillantes, droites, qui continuent dans le sens du
rayon et passent sur le contour siphonal sans inflexion.

Le test paraît très-mince.

Les lobes ?

L'*A. vorticosus* a quelques rapports avec l'*A. tatricus*, mais elle a
des tours plus épais, plus arrondis sur les flancs et ses ornements
sont bien différents.

Localités : la Verpillière, Crussol, *r. r.*

Explication des figures : pl. LVII, fig. 9 et 10, *A. vorticosus*,
de la Verpillière, grandeur naturelle.

Ammonites dilucidus (Oppel).

(Pl. LVIII, fig. 4 et 5.)

1856. Oppel, *Ammonites dilucidus. (Die Juraform.,* p. 402.)
1858. Quenstedt, *Ammonites lineatus opalinus. (Der Jura,* p. 307,
  pl. LXII, fig. 6.)

Je n'ai que des fragments de cette espèce intéressante qui paraît
être aussi peu commune en Allemagne que dans nos régions.

Le fragment le plus gros que j'ai recueilli à la Verpillière est
couvert de très-petites côtes simples, droites, un peu irrégulières,

sans autres traces d'ornements. Le tour est de forme elliptique comprimée; sa hauteur est de 30 millimètres sur une épaisseur de 23 à 24 millimètres. Les traces laissées à l'intérieur du tour font voir que le recouvrement était à peu près nul et que les tours étaient simplement en contact : cette circonstance semble expliquer la rareté des exemplaires entiers; en effet, d'après sa construction même, les tours de cette Ammonite devaient manquer de points d'appui et n'étaient pas plus solidaires les uns des autres que ceux d'un véritable *Crioceras*.

Plusieurs auteurs, entre autres Quenstedt, tendent à rapprocher l'*A. dilucidus* de l'*A. Jurensis ;* mais si les ornements des deux espèces ont quelque ressemblance, les proportions de l'enroulement sont si différentes qu'il est impossible de les confondre ; en effet, l'*A. Jurensis* a ses tours recouverts sur plus de la moitié de leur largeur.

Localité : la Verpillière, *r. r.*

Explication des figures : pl. LVIII, fig. 4, *A. dilucidus*, de la Verpillière, grandeur naturelle. Fig. 5, même fragment, vu par le contour intérieur.

Ammonites hircinus (Schlotheim, sp.).

(Voir présent volume, partie inférieure, à *A. bifrons,* p. 117.)

L'*A. hircinus* se rencontre à la Verpillière dans les deux zones du lias supérieur; elle est rare dans la zone à *A. opalinus* et ne se trouve jamais en bonnes conditions.

Voici les proportions que me donne un petit exemplaire, un peu complet :

Diamètre, 65 millimètres; largeur du dernier tour , 35/00; épaisseur, 30/00 ; ombilic, 31/00.

Localité : la Verpillière, *r. r.*

Ammonites torulosus (SCHUBLER).

(Pl. LVIII, fig. 1.)

1831. Zieten, Am. torulosus. (Würtemb., pl. 14, fig.1 .)
1849. Quenstedt, Am. torulosus. (Cephal., pl. VI, fig. 9.)
1856. Oppel, Am. torulosus. (Die Juraform., p. 486.)
1858. Quenstedt, Am. torulosus. (Der Jura, pl. LXII, fig. 7.)

Dimensions : diamètre, 69 millimètres ; largeur du dernier
tour, 36/00 ; épaisseur, 30/00 ; ombilic, 33/00.

Coquille comprimée, non carénée, à ombilic de moyenne grandeur. Spire composée de tours ovales, plus hauts qu'épais, qui se
recouvrent presque sur la moitié de leur largeur ; le dernier tour est
orné de 32 côtes grosses, arrondies, saillantes, égales, rectilignes,
qui vont en augmentant en grosseur et en saillie depuis l'ombilic
jusque sur le contour siphonal, où elles sont énergiquement développées ; leur direction est un peu en avant; chacune de ces côtes
est recouverte d'un certain nombre de lignes rayonnantes.

L'ornementation des tours intérieurs n'est plus la même, les côtes
paraissent plus larges et beaucoup moins saillantes. La figure que
donne d'Orbigny, pl. 99, fig. 4, sous le nom d'A. cornucopiæ (par
erreur certainement), représente une A. torulosus de petite taille et
peut donner une idée des ornements.

Cette Ammonite est très-répandue en Allemagne, où elle caractérise le niveau où on la rencontre. Elle est au contraire excessivement rare dans le bassin du Rhône. La figure que je donne d'un
échantillon de la Verpillière prouvera cependant qu'elle se rencontre quelquefois.

Localité : la Verpillière, r. r.

Explication des figures : pl. LVIII, fig. 1, A. torulosus, de la
Verpillière, de grandeur naturelle.

Ammonites norma (Nov. sp.).

(Pl. LVII, fig. 7 et 8.)

Testa discoïdea, compressa, non carinata; anfractibus rotun-
datis, transversim costatis; costis regularibus rectis, anfractum
omnino circumdantibus; umbilico per magno nec profundo.

Dimensions : diamètre, 21 millimètres; largeur du dernier
tour, 28/00 ; épaisseur, 28/00 ; ombilic, 55/00.

Ammonite de petite taille, comprimée dans son ensemble, non
carénée et très-largement ombiliquée. Spire composée de 6 tours
ronds, ornés sur le dernier de 42 côtes simples, arrondies, saillantes, dirigées sans contour un peu en avant et séparées par des
intervalles égaux à elles-mêmes; ces côtes passent sur le contour
extérieur, toujours simples sans aucune bifurcation, formant des
anneaux réguliers.

Très-rapprochée de l'*A. Dumortieri* par ses proportions et ses
ornements, elle s'en distingue par l'absence de carène et ses tours
réguliers non interrompus par des dépressions ou fausses bouches.

Localité : la Verpillière, r. r.

Explication des figures : pl. LVII, fig. 7 et 8, *A. norma*, de
la Verpillière, de grandeur naturelle.

Ammonites opalinoïdes (CH. MAYER).

1855. V. Hauer, A*m. complanatus. (Ueber die Cephalopoden,
d. N. O. Alpen,* pl. 9, fig. 9 et 10.)
1858. Quenstedt, A*m. Murchisonæ acutus. (Der Jura,* pl. 46,
fig. IV.)
1864. Ch. Mayer, A*m. opalinoides. (Descript. de fossiles jurassiques. Journal de Conchyliol.* p. 374.)

Dimensious : échantillon de Crussol : diamètre, 139 millimètres ; largeur du dernier tour, 41/00 ; épaisseur, 20/00 ;
ombilic, 32/00.

Autre échantillon de Bouisson : diamètre, 50 millimètres ; largeur du dernier tour, 40/00 ; épaisseur, 18/00; ombilic,
32/00.

Coquille comprimée, carénée. Spire composée de tours comprimés, peu convexes sur les côtés et coupés carrément dans l'ombilic ;
les tours sont ornés d'un grand nombre de côtes serrées, un peu
inégales, très-flexueuses, souvent groupées par deux en partant de
l'ombilic et se portant fortement en avant contre la carène, qui est
étroite, peu élevée, presque coupante, mais bien séparée des
flancs.

Les tours sont recouverts sur les trois cinquièmes de leur largeur ; je remarque que les premiers tours sont plus convexes sur
les flancs et plus arrondis sur l'ombilic. Très-rapprochée de
l'*A. Aalensis*, elle se distingue de cette espèce par ses tours moins
comprimés, ses côtes beaucoup moins groupées et saillantes, et surtout par l'absence de bifurcation sur le milieu de la largeur des
tours ; l'ombilic de l'*A. opalinoides* est aussi plus vertical.

L'*A. opalinoides* se retrouve dans la partie inférieure de l'oolithe
inférieure, en compagnie de l'*A. Murchisonæ* type ; les différences
qui peuvent exister entre les spécimens des deux niveaux m'échap-
pent, je n'ai pas d'un côté ni de l'autre des échantillons assez nettement caractérisés.

Localités : la Verpillière, r., mas de Bouisson, Crussol, c.

Ammonites serrodens (QUENSTEDT).

(Pl. LVIII, fig. 2 et 3.)

1849. Quenstedt, *Am. serrodens*. *(Cephalopod.,* p. 108, pl. 8,
fig. XIV.)

278 LIAS SUPÉRIEUR. — PARTIE SUPÉRIEURE.

1856. Oppel, Am. serrodens. (Die Juraform., p. 371.)
1858. Quenstedt, Am. serrodem. (Der Jura, p. 281, pl. LX, fig. 6.)
1865. Schlönbach, Am. affinis. (Beiträge zür Paleont. d. r Jura und Kreidt, pl. 2, fig. 2.)
1865. Brauns, Am. affinis. (Die Stroligraphie der kilsmulde, pl. 5, fig. 1 à 4 (Palaeontographica, b. XIII).

Je n'ai de cette Ammonite qu'un fragment que j'ai recueilli dans les marnes de Saint-Romain.

La hauteur du tour mesure 80 millimètres sur une épaisseur de 38 millimètres. Malgré les figures assez nombreuses qui ont été données de cette espèce, comme elle n'a pas encore été signalée en France et que mon échantillon est en fort bon état je pense convenable de le faire figurer avec les lobes.

L'A. serrodens a été nommée et figurée par Quenstedt dès 1849. Il est assez surprenant que cette mention, renouvelée par Quenstedt en 1858, et confirmée par Oppel, ait pu échapper complétement à Schlönbach, à Brauns et à Seebach, qui citent la même espèce sous le nom d'A. affinis.

Localité : Saint-Romain, r. r.

Explication des figures : pl. LVIII, fig. 2, A. serrodens, de Saint-Romain, fragment montrant les lobes. Fig. 3, coupe du même fragment.

Ces deux figures sont de grandeur naturelle.

Coup d'œil sur les Ammonites
DE LA ZONE A AMMONITES OPALINUS

Bien que les Ammonites de la zone de l'A. opalinus soient beaucoup moins variées que celles de la zone inférieure, leur nombre ne laisse pas que d'être assez considérable, puisque nous avons pu en décrire vingt-six espèces bien caractérisées.

Ces espèces, à deux ou trois exceptions près, paraissent spéciales à ce niveau et se montrent toujours sur le même horizon, dans des contrées séparées par des distances considérables,

Un des faits les plus remarquables est la disparition brusque et absolue du groupe des Ammonites à nodosités renflées, irrégulières, que nous avons eu l'occasion d'étudier dans la zone inférieure à *A. bifrons.* Cette famille singulière des *podagrosi* paraît ainsi s'être développée d'une manière notable et caractérisée par de grands et nombreux individus, pour s'éteindre dans la même zone, d'une durée assez limitée, sans qu'une seule des six espèces que nous avons décrites se soit propagée dans la zone qui lui a succédé immédiatement.

Parmi les Ammonites de la zone à *A. opalinus,* il y en a deux, les *A. opalinus* et *A. aalensis* qui, par l'abondance des individus et leur présence dans tous les gisements, acquièrent une importance exceptionnelle ; le nombre des échantillons qu'elles fournissent dépasse de beaucoup celui que donnent les autres espèces réunies, et cela même dans les gisements où l'on rencontre la plupart des autres espèces, comme à la Verpillière.

Après ces deux espèces, les Ammonites qui se montrent encore assez communément, dans le bassin du Rhône, sont les *A. mactra, costula, fluitans* et *subinsignis,* espèces déjà relativement assez rares, mais qui se montrent à peu près partout.

Il est un autre groupe d'Ammonites à côtes fines, bifurquées et avec une carène des plus petites, qui comprend les *A. Fallax, acanthopsis, gonionotus, Dumortieri, scissus,* groupe qui est rare dans notre région, mais qui paraît être très-développé en Lombardie, sur les bords du lac de Garde et dans les gisements à faciès alpin ; je crois que plusieurs de ces espèces se retrouvent dans le lias supérieur de la Lozère.

Les autres types sont isolés et ne paraissent pas appartenir à une région spéciale,

Je dois citer encore pourtant l'*A. tatricus,* signalé depuis si longtemps par Pusch dans les Carpathes, et qui a donné lieu à tant de confusions. Il est à remarquer que dans tous les étages jurassiques, au milieu d'Ammonites de formes les plus variées, on rencontre une ou deux espèces appartenant au groupe si spécial des *heterophylli* (*phylloceras*), qui jouent un rôle spécial à ces niveaux. L'*A. tatricus* est rare, mais cependant on le rencontre quelquefois ; l'autre *phylloceras*, l'*A. vorticosus*, qui l'accompagne, paraît beaucoup plus rare.

Je n'ai jamais trouvé d'Aptychus avec les Ammonites de la zone supérieure.

GASTÉROPODES

Chemnitzia procera (Deslonchamps sp.).

(Voir partie inférieure, présent volume, p. 127.)

Les spécimens de cette espèce sont plus rares et de moindre taille dans la zone supérieure.

La *Chemnitzia procera* est une des espèces assez nombreuses qui sont communes aux deux subdivisions du lias supérieur.

Localité : la Verpillière, *r*.

Chemnitzia Normaniana (d'Orbigny).

1850. D'Orbigny, *Chemnitzia Normaniana*. *(Prodrome,* étage 10ᵉ, nᵒ 51.)

1850. D'Orbigny, *Chemnitzia Normaniana*. *(Paléont. française,* p. 40, pl. 238, fig. 4 à 6.

Dimensions : longueur, 21 millimètres ; diamètre, 7 millimètres 1/2.

Petite coquille turriculée, qui me paraît se rapporter exactement à l'espèce décrite par d'Orbigny d'un niveau bien plus élevé.

Localité : Villebois, *r*.

Natica Lemeslei (Nov. sp.).

(Pl. LIX, fig. 1 et 2.)

Testa ovato-oblonga, conica, levigata ; anfractibus subconvexis, ultimo dimidiam testæ partem superante ; apertura ovato-elongata.

Dimensions : longueur, 30 millimètres ; diamètre, 18 millimètres ; ouverture de l'angle spiral, 59°.

Coquille allongée, conique, à demi-globuleuse. Spire formée d'un angle régulier, composée de 6 tours arrondis, sans aucun indice d'angle ou de méplat, séparés par une suture profonde ; le dernier tour est plus grand que le reste de la spire ; ouverture longue, ovale, arrondie en dehors, un peu oblique ; columelle droite, sans encroûtement ; la surface paraît tout à fait lisse.

La *Natica Lemeslei* se rapproche beaucoup de la *N. Bajocensis*, de d'Orbigny, dont l'angle spiral n'est pas toujours de 65°, comme le dit d'Orbigny ; il y a des exemplaires de cette dernière espèce qui, pour les proportions et l'angle spiral ne diffèrent pas de cette Natice, mais cette dernière est séparée nettement par la forme de ses tours plus arrondis et tout à fait dépourvus du méplat, très-petit du reste, qui se montre contre la suture de la *N. Bajocensis* ; la columelle de la *N. Lemeslei* est notablement moins inclinée et la bouche plus large en bas.

Localité : la Verpillière, r., de la collection de M. Lemesle.

Explication des figures : pl. LIX, fig. 1 et 2. *N. Lemeslei*, de la Verpillière, grandeur naturelle.

Turbo subduplicatus (D'Orbigny).

1836. Goldfuss, *Turbo duplicatus. (Petrefacta*, pl. 179, fig. 2.)
1850. D'Orbigny, *Turbo subduplicatus. (Paléont. française*, pl. 329, fig. 4 à 6.)
1851. Bronn, *Trochus subduplicatus. (Lethaea geognostica, IV*, Theil, pl. XXI, fig. 8.)
1856. Oppel, *Turbo subduplicatus. (Juraform.*, p. 506.)
1868. Quenstedt, *Trochus duplicatus. (Der Jura*, p. 314, pl. XLIII, fig. 18 et 19.)

Dimensions : longueur, 18 millimètres; diamètre, 15 millimètres 1/2 ; angle spiral, 62°.

Ce *Turbo* que l'on rencontre très-rarement dans la zone inférieure à *A. bifrons* est au contraire des plus abondants dans la zone supérieure, où il ne manque presque jamais; c'est la coquille la plus importante de ce niveau et d'une utilité d'autant plus grande que, dans beaucoup de localités où les Ammonites caractéristiques manquent, le *Trochus subduplicatus* se montre en nombre considérable.

Les figures données par les divers auteurs sont très-exactes ; celles de la *Paléontologie française* sont excellentes.

Localités : Saint-Cyr, Saint-Fortunat, Saint-Romain, Poleymieux, la Verpillière, Villebois, Salins, c. c., Besançon, Bouisson.

Turbo latec lathratus (Nov. sp.).

(Pl. LIX, fig. 6 à 7.)

Testa parvula, globosa, conica, anfractibus convexis, longitudinaliter costatis, transversim pariter decussatis, ultimo crebris

*lineis spiralibus notato. dimidiam testæ partem occupante, aper-
tura rotundata.*

Dimensions ?

Coquille de très-petite taille, globuleuse. Spire composée de tours
convexes, ornés de côtes spirales très-grosses comparativement,
croisées par des côtes transverses de mêmes dimensions, dont les
entrecroisements forment un treillis à mailles carrées, très-grandes
proportionnellement ; le dernier tour, arrondi en avant, est couvert
de lignes spirales saillantes et occupe la moitié de la hauteur totale ,
l'ombilic ?

La bouche est ronde.

Localité : la Verpillière, *r. r.*

Explication des figures : pl. LIX, fig. 6, *T. lateclathratus;*
de la Verpillière, grandeur naturelle. Fig. 7, le même, grossi.

Eucyclus capitaneus (MUNSTER, SP.).

(Voir dans la partie inférieure, présent volume, p. 142)

L'*Eucyclus capitaneus* caractérise les deux zones du lias supérieur, il semble toutefois qu'il soit moins commun dans la zone de
l'*A. opalinus.*

D'après ce que l'on voit à la Verpillière, les exemplaires recueillis
dans la zone supérieure sont moins grands que ceux de la zone à
A. bifrons, mais il n'y a aucune différence dans les caractères spé-
cifiques.

Localités : Saint-Fortunat, la Verpillière, Crussol, la Chapelle, près Aubenas, Privas, Bouisson, Digne (Festons, Lescure).

Discohelix Albinatiensis (Nov. sp.).

(Pl. LIX, fig. 3, 4 et 5.)

Testa depressa, supra late umbilicata, subtus complanata vix concava, spira horizontali, dextra ; anfractibus altis infra complanatis, supra arcuatis ad suturam tuberculatis ; dorso lineis crebris longitudinaliter notato.

Dimensions : diamètre, 20 millimètres ; épaisseur, 9 millimètres.

Coquille discoïdale, déprimée, profondément ombiliquée. Spire très-légèrement concave, composée de 7 tours de forme ogivale, à peine convexes en dehors et ornés en haut et en bas de petits tubercules allongés dans le sens du rayon et épineux sur la partie anguleuse des tours ; le contour extérieur, un peu convexe, est orné de lignes serrées, régulières, longitudinales, au nombre de 21 ; les nodosités épineuses, peu visibles sur les premiers tours, augmentent en grosseur et en saillie, à mesure que la coquille grandit ; l'ombilic est profond pour le genre.

Cette jolie espèce me paraît nettement caractérisée par la forme de son ouverture qui ressemble à une petite nef et ses épines placées tout à fait contre la suture.

Localités : Aubenas, la Chapelle, trois exemplaires trouvés ensemble sur le même bloc.

Explication des figures : pl. LIX, fig. 3, *Discohelix Albinatiensis* vu du côté de l'ombilic, de la Chapelle-sous-Aubenas. Fig. 4, autre exemplaire, même localité. Fig. 5, le même, vu du côté de la bouche.

Pleurotomaria granulata (SOWERBY, SP.).

1818. Sowerby, *Trochus granulatus.* (*Miner. conch.*, pl. 220, fig. 2.)

1844. Goldfuss, *Pleurotomaria granulata.* (*Petrefacta*, pl. 186, fig. 3)

1848. E. Deslongchamps, *Pleurot. granulata.* (*Mém. de la Soc. linn. de Normandie*, t. VIII, p. 98, pl. XVI, fig. 4 à 8.)

Dimensions : hauteur, 28 millimètres ; diamètre, 18 millimètres. Autre spécimen : hauteur, 48 millimètres ; diamètre, 34 millimètres.

Coquille très-déprimée ; la bandelette du sinus un peu large, saillante, est, en avant, plus rapprochée de la suture. La face supérieure du dernier tour est couverte de lignes concentriques, serrées, régulières, croisées par des lignes rayonnantes, onduleuses.

Localités : la Verpillière, Hières, *r.*

Pleurotomaria punctata (SOWERBY, SP).

1825. Sowerby, *Trochus punctatus.* (*Miner. conch.*, pl. 193, fig. 1.)

1850. D'Orbigny, *Pleurotomaria punctata.* (*Paléont. française*, p. 513, pl. 399, fig. 11 à 13 (non Goldfuss).

Dimensions : longueur, 38 millimètres ; diamètre, 30 millimètres ; angle spiral, 46°.

Tous mes échantillons paraissent se rapporter assez exactement au dessin donné par d'Orbigny, tout en montrant un angle spiral un peu moindre.

Le dernier tour anguleux et plat en avant est couvert de lignes concentriques très-rapprochées, un peu irrégulièrement espacées ; l'ombilic est nul.

La bande du sinus est anguleuse et forme une petite saillie depuis les premiers tours de la spire, ce que la figure de d'Orbigny n'indique pas.

Localités : la Verpillière, Hières, *r*.

Pleurotomaria geometrica (Nov. sp.).

(Pl. LIX, fig. 8 et 9.)

Testa conica, elongata, imperforata, anfractibus depressis, complanatis, longitudinaliter lineis crebris notatis, transversim decussatis ; ultimo anfractu externe anguloso, lineis concen- tricis regulariter ornato ; sutura vix perspicua ; apertura angulosa, perdepressa.

Dimensions : longueur, 33 millimètres ; diamètre, 25 millimètres ; angle spiral, 41°.

Coquille conique, sans ombilic, bien plus haute que large. Spire formée d'un angle très-régulier, composée de 12 tours déprimés, plats en dehors, ornés de lignes spirales fines et régulières, croisées par des lignes transverses, un peu sinueuses et de même valeur ; la bandelette du sinus, un peu plus en avant que le milieu du tour, est étroite, saillante et porte 3 lignes longitudinales ; l'ouverture du sinus est parfaitement conservée dans le spécimen dont je donne le dessin.

Le dernier tour, anguleux sans bourrelet, est plat en avant et couvert de petites lignes concentriques serrées et régulières, croisées par des lignes légères d'accroissement, sinueuses. La suture se laisse à peine apercevoir.

Ce joli Pleurotomaire se distingue par le grand nombre de ses tours déprimés, le peu de saillie et l'élégance de ses ornements, et surtout par sa forme conique, absolument géométrique, car toutes les petites inégalités de la surface disparaissent dans l'ensemble ; le *Pleurotomaria geometrica* se distingue du *P. punctata*, qui se rencontre dans les mêmes couches, par ses proportions et son angle un peu moins ouvert, par l'absence de toutes parties saillantes et la moindre épaisseur de ses tours.

Localité : la Verpillière, *r.*

Explication des figures : pl. LIX, fig. 8, *P. geometrica,* de la Verpillière, grandeur naturelle. Fig. 9, le même, vu par-dessus.

Pleurotomaria allionta (d'Orbigny).

(Pl. LIX, fig. 10, 11, et 12.)

1850. D'Orbigny, *Pleurotomaria allionta. (Paléont. franç.,* p. 491, fig. 1-3.)

Dimensions : longueur calculée, 29 millimètres ; diamètre, 22 millimètres ; hauteur du dernier tour, 7 millimètres.

Coquille conique, à peine ombiliquée, plus haute que large. Spire composée de tours anguleux, plats en dehors, striés en long, le dernier plat en avant, anguleux sur le contour extérieur, avec un très-léger bourrelet ; columelle droite portant un renflement sur le milieu de la hauteur de chaque tour.

C'est avec doute que je rapporte ce Pleurotomaire au *P. allionta* décrit par d'Orbigny, d'un niveau bien plus élevé ; la forme générale s'accorde assez bien, mais l'espèce de l'Ardèche paraît avoir ses tours moins épais, plus nombreux, par conséquent. Les détails que je puis observer sur mes échantillons ne me permettent pas de trancher la question.

On verra, pl. LIX, fig. 12, une coupe naturelle d'un spécimen qui montre, contre la columelle, un renflement curieux au milieu des tours.

Localité : la Chapelle-sous-Aubenas, *r.*

Explication des figures : pl. LIX, fig. 10 et 11, *P. allionta,* de la Chapelle, de grandeur naturelle. Fig. 12, autre exemplaire de la même localité, coupe verticale.

Pleurotomaria Rhodanica (Nov. sp.).

(Pl. LIX, fig. 13 et 14.)

*Testa conica, imperforata, anfractibus planis, costis subti-
liter margaritatis antice ornatis, postice lineis humilibus cir-
cumdatis, plicis parvulis arcuatis decussatis; ultimo anfractu
subplano, lineis crebris concentrice notato; fascia sinus tenui,
prominente.*

Dimensions : longueur (calculée), 53 millimètres; diamètre,
43 millimètres; angle spiral, 55°.

Coquille conique, plus haute que large et sans ombilic. Spire
formée d'un angle régulier, composée de 7 à 8 tours, plats à l'extérieur, ornés en avant d'un léger bourrelet portant de petites perles
régulières au-dessous duquel se montre la bandelette du sinus lisse
et saillante, qui n'est séparée du rang de petits tubercules que par
trois petites lignes saillantes; au-dessous de la bandelette la partie
la plus large du tour est couverte d'autres petites lignes spirales
croisées par des plis transverses, arqués, très-obliques en arrière ;
il en résulte une large bande guillochée d'une manière fort élégante.

La face supérieure du dernier tour est couverte de petites lignes
concentriques, serrées; sur les bords, les petits tubercules, s'allon-
geant un peu dans le sens du rayon, rendent la circonférence finement et obliquement crénelée.

Je ne connais de cette belle espèce qu'un seul exemplaire que
j'ai recueilli dans les déblais des mines de fer d'Hières (Isère), sur
les bords du Rhône.

Localité : Hières, *r. r.*

Explication des figures : pl. LIX, fig. 13 et 14, *P. Rhodanica*,
d'Hières, de grandeur naturelle.

Pleurotomaria Repelinana (D'ORBIGNY).

(Voir partie inférieure, présent volume, p. 148.)

Dimensions : hauteur, 54 millimètres ; diamètre, 54 millimètres ; ouverture de l'angle spiral, 59°.

Ce Pleurotomaire se trouve dans les deux zones du lias supérieur, mais il est beaucoup plus rare dans la zone à *A. opalinus* ; j'en ai recueilli, à la Verpillière, un fort bel exemplaire de grande taille ; la forme générale et les ornements sont bien ceux de l'espèce : je remarque cependant que l'ombilic n'est pas absolument fermé, comme on le voit sur les échantillons de la zone inférieure.

Localité : la Verpillière, *r. r.*

Pleurotomaria Proserpina (Nov. sp.).

(Pl. LIX, fig. 15 et 16.)

Testa conica, elongata, subumbilicata anfractibus depressis, complanatis, lineis longitudinaliter ornatis, antice angulosis, postice margaritatis ; ultimo anfractu subplanato, lineis concentricis passim notato ; fascia sinus prominula, antice posita ; apertura angulosa, per depressa.

Dimensions : longueur, 33 millimètres ; diamètre, 24 millimètres ; ouverture de l'angle spiral, 42 à 45°.

Coquille conique, plus haute que large, à peine ombiliquée. Spire formée d'un angle régulier, composée de 12 tours, déprimés, plats, ornés de lignes spirales un peu saillantes et portant une bandelette, petite, lisse, saillante, un peu plus haute que le milieu du tour ; les tours anguleux mais arrondis forment un petit bourrelet en avant et portent en arrière, contre la suture, un rang de petites perles ou tubercules, peu distincts sur les derniers tours, mais très-apparents aux bas des neuf premiers.

L'ombilic est à peine visible ; le dernier tour, plat en avant, est orné, vers la circonférence, de 8 à 10 lignes concentriques, régulières, et vers le centre d'autres lignes semblables, un peu moins serrées ; entre ces deux groupes de lignes spirales, il reste un espace circulaire sans ornements ; des lignes d'accroissement rayonnantes, irrégulières, flexueuses, se montrent sur le dernier tour.

Très-rapprochée du P. *geometrica*, cette espèce s'en distingue par le rang de petites perles qu'elle porte en arrière des tours et surtout par les lignes concentriques interrompues de sa face ombilicale. Comme cette particularité est très-nettement marquée sur tous mes échantillons, il est impossible de n'en pas tenir compte.

Localité : Crussol, ravin d'Enfer.

Explication des figures : pl. LIX, fig. 15. *P. Proserpina*, du ravin d'Enfer, à Crussol, grandeur naturelle. Fig. 16, autre exemplaire de la même localité, vu par-dessus.

Cerithium armatum (GOLDFUSS).

1844. Goldfuss, *Cerithium armatum*. (*Petrefacta*, pl. 173, fig. 7.)
1844. Goldfuss, *Cerithium costellatum*. (*Petrefacta*, pl. 173, fig. 8.)
1856. Oppel, *Cerithium armatum*. (*Die Juraform.*, p. 810.)
1858. Quenstedt, *Cerithium armatum*. (*Der Jura*, p. 315, pl. XLIII, fig. 22.)

Petite espèce, abondante dans les gisements où on la rencontre ; assez rarement d'une bonne conservation ; malheureusement, facile à confondre avec les *Cerithium* de même taille qui se trouvent dans l'oolithe inférieure et l'oxfordien.

Localités : Poleymieux, Saint-Romain, la Verpillière, environs de Salins et de Besançon.

Alaria Thiollierei (Nov. sp.)

Testa fusiformi, elongata; anfractibus 8 convexis, medio carinatis, angulatis, longitudinaliter lineatis, striisque parvulis, arcuatis, humilibus, transverse decussatis; ultimo anfractu bicarinato; labro?

Coquille turriculée, fusiforme, allongée, d'une longueur totale de 15 millimètres. Spire formée d'un angle convexe, composée de 8 tours convexes portant une carène sur leur milieu, ornés en long de lignes spirales fines, régulières, croisées par de très-fines stries transversales arquées, et dont la convexité est tournée en arrière. Le dernier tour montre une carène de plus en avant; les digitations manquent sur mon échantillon.

Aucune des *Alaria* carénées déjà décrites ne me paraît avoir une spire convexe aussi allongée; le *Pterocera Lorieri*, de d'Orbigny, a des ornements fort rapprochés de ceux de l'*Alaria Thiollierei*.

L'échantillon unique qui me sert de type a été trouvé il y a quelques jours seulement, ce qui fait qu'il n'a pas pu être communiqué à M. Piette comme j'aurais voulu le faire.

Localité : je l'ai recueilli à Saint-Quentin, chantier de Fallavier, r. r.

La disposition des planches n'a pas permis de dessiner cette *Alaria*, qui appartient très-sûrement à la zone de l'*A. opalinus*.

LAMELLIBRANCHES

Pholadomya Zieteni (Agassiz).

(Pl. LX, fig. 1.)

1834. Zieten, *Pholadomya fidicula*. (*Würtemb.* (non Sowerby), pl. LXV, fig. 2.)
1840. Agassiz, *Pholadomya Zieteni*. (*Études critiques*, p. 60, pl. 3, fig. 13 à 15.)
1858. Quenstedt, *Pholadomya Zieteni*. (*Der Jura*, pl. 52, fig. 7.)

Dimensions : longueur, 30 millimètres; largeur, 48 millimètres; épaisseur, 27 millimètres.

Coquille transverse ; jamais de grande taille ; les extrémités largement arrondies ; les crochets antérieurs peu saillants et contigus. Bord cardinal légèrement concave, presque droit; le bord palléa très-peu convexe. L'échantillon dont je donne le dessin a le bord palléal plus arqué que chez la plupart des spécimens.

La coquille porte un grand nombre de côtes minces rayonnantes, presque coupantes, dont les quatre premières du côté antérieur son bien plus espacées que les autres qui sont un peu moins fortes et très-rapprochées ; les côtes, qui sont ordinairement au nombre d'une vingtaine, disparaissent tout à fait du côté postérieur qui reste lisse et fortement comprimé ; de très-faibles lignes d'accroissement se montrent partout.

Cette Pholadomye a été souvent confondue avec la *Pholadomya fidicula* (*lutraria lyrata*) de Sowerby, qui est une espèce fort différente ; elle est plus épaisse et plus arquée, les crochets sont plus gros; enfin la forme générale n'est plus la même. La *P. Zieteni*, tout en variant beaucoup dans le nombre de ses côtes et leur position, conserve cependant toujours une physionomie spéciale; qui permet de la reconnaître assez facilement. C'est une des espèces caractéristiques de la zone à *A. opalinus ;* elle n'est pas commune dans le bassin du Rhône, mais elle est des plus abondantes à notre niveau dans la Haute-Marne, sur l'extrême frontière nord de nos limites. M. Eugène Babeau, de Langres, a bien voulu me communiquer de nombreux spécimens qu'il a recueillis à Suaucourt (Pisseloup) et sur d'autres points rapprochés de cette localité.

Localités : la Verpillière, Nolay, Crussol, *r*.

Explication des figures : pl. LX. fig. 1. *P. Zieteni*, de la Verpillière, grandeur naturelle.

Gresslya abducta (Phillips, sp.).

(Pl. LX, fig. 2 et 3.)

1829. Phillips, *Unio abductus.* *(Yorkshire,* pl. 11, fig. 42.)
1858. Quenstedt, *Myacites abductus.* *(Der Jura,* pl. 44, fig. 17 et 20.)

Coquille transverse, globuleuse, sans ornements, très-inéquilatérale ; crochets tout à fait du côté antérieur, peu saillants, mais fortement recourbés en avant et laissant voir au-dessous une lunule profonde.

Je ne donne pas la très-nombreuse synonymie de cette espèce, qui me paraît être peu sûre ; il faudrait de nombreuses séries de bons échantillons qui font souvent défaut.

La *Gresslya abducta* n'est pas commune dans les localités que j'ai visitées du bassin du Rhône, mais elle est très-abondante sur ses limites extrêmes, à Suaucourt (Haute-Saône), hameau de Pisseloup. Je dois à la bienveillance de M. Perron, de Gray, la communication des échantillons de ce gisement : je donne le dessin de l'un d'eux ; ils sont généralement de petite taille.

Parmi les figures données qui paraissent s'accorder le mieux avec nos fossiles, on peut citer la *G. latior,* d'Agassiz, *Études critiques,* pl. 13, 6, fig. 10 à 12, et la *G. major,* aussi d'Agassiz.

Localités : Saint-Romain, *r.*, Suaucourt (Haute-Saône), *c.*

Explication des figures : pl. LX, fig. 2 et 3, *G. abducta,* de Suaucourt, de grandeur naturelle.

Cardita gibbosa (D'ORBIGNY, SP.).

(Pl. LX, fig. 4, 5, 6 et 7.)

1850. D'Orbigny, *Hippopodium gibbosum. (Prodrome,* étage 10, n° 301.)

Dimensions : longueur, 15 millimètres; largeur, 22 millimètres; épaisseur, 15 millimètres.

Coquille petite, transverse, épaisse, robuste; sommet tout à fait antérieur, les crochets un peu contournés et contigus; valves ornées d'une douzaine de gros plis arrondis, peu saillants, très-inégaux; côté palléal rectiligne; côté postérieur largement arrondi; caractères intérieurs invisibles sur mes échantillons.

D'Orbigny a décrit dans le *Prodrome* deux Hippopodium de l'oolithe inférieure; l'examen ultérieur de ces deux coquilles a démontré qu'elles étaient de véritables *Cardita :* l'espèce indiquée par d'Orbigny sous le nom d'*Hippopodium gibbosum* me paraît absolument conforme aux coquilles de Crussol. J'ai des spécimens, recueillis à Sully (Calvados), dans le bajocien : je fais dessiner un de ceux-ci à côté de la coquille de l'Ardèche pour que l'on puisse faire la comparaison.

La *Cardita gibbosa* ressemble beaucoup à l'espèce suivante, que je décris sous le nom de *C. procellosa* et qui est beaucoup plus abondante à Crussol; mais cette dernière, indépendamment de la taille qui est toujours bien plus grande, est moins bombée, plus sinueuse, et a ses plis beaucoup plus saillants.

L'espèce du Calvados appartient à un niveau beaucoup plus élevé que celle de l'Ardèche.

Localité : Crussol, ravin d'Enfer, de la collection de M. Garnier et de la mienne.

Explication des figures : pl. LX, fig. 4, *C. gibbosa*, de Crussol, grandeur naturelle. Fig. 5 et 6, la même, vue intérieure et de profil. Fig. 7, *C. gibbosa*, du bajocien supérieur de Sully (Calvados).

Cardita procellosa (Nov. sp.).

(Pl. LX, fig. 10 et 11.)

Testa ovato transversa, crassa, obliqua sinuosa, plicis prominentibus rotundatis, rusticis concentrice sulcata; umbonibus minimis, latis; margine inferiore excavata.

Dimensions : longueur, 28 millimètres ; largeur, 40 millimètres ; épaisseur, 20 millimètres.

Coquille épaisse, plus large que longue, inéquilatérale, très sinueuse, ornée de 10 à 12 gros plis concentriques, arrondis, saillants, assez égaux entre eux ; les crochets larges, mais très-peu saillants, sont placés du côté antérieur, au tiers de la largeur ; le bord palléal est concave, les deux extrémités de la valve sont arrondies, mais le côté postérieur est plus étroit et plus prolongé ; une carène arrondie descend du crochet sur ce prolongement et la plus grande épaisseur de la coquille se trouve sur le milieu de cette élévation ; les plis suivent toutes les sinuosités de la forme de la valve et décrivent du côté postérieur des sinus aigus mais à contours arrondis. Les ornements sinueux des valves imitent tout à fait en petit les mouvements d'une mer agitée dans une baie profonde ; le test est très-épais ; je ne connais pas de coquille dont les ornements soient aussi énergiquement modelés pour une taille aussi médiocre.

La *C. procellosa* paraît au premier coup d'œil devoir être réunie à la *C. gibbosa*, dont la description précède celle-ci et qui se rencontre dans les mêmes couches, mais la *C. procellosa* a les côtes plus régulières, le côté palléal rentrant, la forme beaucoup plus sinueuse, et ses crochets sont beaucoup moins du côté antérieur ; la coquille est aussi moins épaisse; la taille est toujours deux fois plus grande. Je n'ai jamais trouvé un fragment qui annonçât un exemplaire d'une taille intermédiaire, ce qui serait arrivé très-probablement si la *C. gibbosa* n'était qu'un exemplaire jeune de la *C. procellosa.*

Cette coquille remarquable paraît spéciale au gisement de Crussol (ravin d'Enfer), dans les calcaires gris foncés, durs, siliceux, qui recouvrent la couche à *A. bifrons ;* elle paraît y être singulièrement abondante, car, sur une surface de 1 mètre carré, cette couche, qui n'a pas plus de 25 centimètres d'épaisseur, m'a fourni des fragments qui prouvent la présence de plus de vingt individus ; malheureusement ces échantillons sont empâtés dans une roche aussi dure que de la fonte et qui ne livre que des spécimens mutilés ; comme cette petite couche n'est pas exploitée et qu'elle est presque partout recouverte par les éboulis, les nombreux fossiles qu'elle contient restent cachés, et cette circonstance vient ajouter aux difficultés qui résultent de l'extrême dureté de la couche.

Il ne m'a pas été possible de voir la charnière, et par conséquent la détermination du genre n'est que conjecturale.

Localité : Crussol, c. c.

Explication des figures : pl. LX, fig. 10 et 11, *C. procellosa,* de Crussol, de grandeur naturelle.

Lucina Murviclensis (Nov. sp.).

(Pl. LX, fig. 8 et 9.)

Testa inflata, rotundata, subæquilatera ; lineis fascicularibus tenuissimis, concentrice ornata ; umbonibus acuminatis subrecurvis ; margine late rotundato.

Dimensions : longueur, 16 millimètres ; largeur, 18 millimètres ; épaisseur, 12 à 13 millimètres.

Petite coquille globuleuse, subéquilatérale, un peu plus large que longue, couverte de stries concentriques irrégulières, ou plutôt de faisceaux de petites lignes groupées sur un gros pli ; le côté antérieur est un peu moins large.

Crochets petits, aigus, légèrement contournés et presque médiants ; lunule médiocre avec un double rebord, corselet court à contour anguleux ; côté palléal largement et régulièrement arrondi.

Cette jolie espèce paraît être fort abondante dans les marnes supérieures du mas de Bouisson, près de Murviel (Hérault). Je dois à l'obligeance de M. A. Bioche la communication des fossiles qu'il a recueillis dans ce gisement.

Elle est très-abondante aussi aux environs de Digne, à Festons et Lescure ; de la collection de M. Garnier, mais la conservation des échantillons des Basses-Alpes est moins bonne.

Localités : mas de Bouisson, c., collection de M. Bioche ; Digne, de la collection de M. Garnier.

Explication des figures : pl. LX, fig. 8 et 9, *Lucina Murvielensis*, du mas de Bouisson, près Murviel, grandeur naturelle.

Nucula Hausmanni (ROEMER).

(Pl. LX, fig. 12 et 13.)

1836. Roemer, *Nucula Hausmanni.* (Zool. Geb., pl. 6, fig. 12.)

Dimensions : longueur, 11 millimètres ; largeur, 15 millimètres ; épaisseur, 9 millimètres.

Très-abondante dans les marnes supérieures à nucules, du mas de Bouisson.

La *Nucula Hausmanni* se distingue de la *N. Hammeri* par sa forme moins renflée et plus étroite en arrière.

Mes échantillons ne montrent de stries concentriques que sur les bords.

Localité : mas de Bouisson, c.

Explication des figures : pl. LX, fig. 12 et 13, *N. Hausmanni*, du mas de Bouisson, grandeur naturelle.

Leda rostralis (LAMARCK, SP.).

1822. Lamarck, *Nucula rostralis*. (*Anim. sans vertèbres*, 2e édit., vol. VI, p. 508.)

1824. Sowerby, *Nucula claviformis*. (*Miner. Conch.*, pl. 476, fig. 2.)

1834. Goldfuss, *Nucula rostralis*. (*Petrefacta*, pl. 125, fig. 8.)

1856. Oppel, *Leda rostralis*. (*Die Juraform.*, p. 517.)

1858. Quenstedt, *Nucula claviformis*. (*Der Jura*, p. 312, pl. 43, fig. 5 et 6.)

Dimensions : longueur, 14 millimètres ; largeur ; 19 millimètres ; épaisseur, 7 millimètres 1/2.

Coquille allongée en rostre, grande pour le genre et qui paraît être partout très-caractéristique de notre niveau.

Les figures données par Sowerby, Goldfuss et Quenstedt sont bonnes et suffisantes.

Localités : Saint-Romain, Besançon.

Leda Diana (D'ORBIGNY).

(Pl. LX, fig. 14 et 15.)

1836. Goldfuss, *Nucula mucronata*. (*Petrefacta*, pl. 125, fig. 9.)

1850. D'Orbigny, *Leda Diana*. (*Prodrome*, étage 9, n° 177.)

1856. Oppel, *Leda Diana*. (*Die Juraform.*, p. 518.)

1858. Quenstedt, *Nucula claviformis*. (*Der Jura*, pl. 43, fig. 4 ; excl. fig. 5 et 6.)

Dimensions : longueur, 8 millimètres ; largeur, 11 millimètres ; épaisseur, 6 millimètres.

Petite coquille globuleuse, couverte de stries concentriques fines et régulières ; le côté anal est terminé par un rostre fort court,

acuminé, qui remonte jusqu'au crochet ; séparé des flancs par une
carène anguleuse avec area concave bien marquée.

Le nom de *mucronata* ayant été donné dès 1823 par Sowerby à
une très-petite *Leda* de la grande oolithe, ne peut pas être mainte-
nu à l'espèce figurée par Goldfuss sous cette dénomination.

La *Leda Diana* est nettement séparée de la *L. lacryma* (*Nucula
Sowerby*) par sa forme plus renflée, par son rostre plus court et plus
fortement caréné, et par ses stries concentriques. Quenstedt la regarde comme une *L. claviformis* jeune, mais c'est une erreur ; il
suffit, pour s'en convaincre, de visiter un moment les localités où,
comme à Bouisson, la *L. Diana* se rencontre par milliers, d'une
taille et d'une forme qui ne varient pas, et sans un seul spécimen de
la *Leda* à long rostre.

Localités : mas de Bouisson (Hérault), Besançon, Chapelle-
des-Buis, *c. c.*

Explication des figures : pl. LX, fig. 14 et 15, *L. Diana*, du
mas de Bouisson, de grandeur naturelle.

Area Plutonis (Nov. sp.).

(Pl. LXI, fig. 1, 2 et 3.)

*Testa ventricosa, obliqua, inæquilatera, striis confertis undi-
que cancellata, lineis incrementi 5 vel 6 concentrice sulcata ;
nusquam angulosa ; basi subarcuata ; umbonibus latis, depressis,
haud remotis.*

Dimensions : longueur , 25 millimètres ; largeur, 42 millimètres ; épaisseur, 26 millimètres.

Coquille ovale, globuleuse, oblique, très-inéquilatérale, arrondie
partout sans aucune partie anguleuse ; couverte partout de fines
lignes rayonnantes, régulières, croisées par des lignes concentriques
encore plus déliées, qui rendent la surface très-finement quadrillée,
mais les lignes rayonnantes paraissent dominer toujours.

On remarque, de plus, des lignes d'accroissement fortement marquées et espacées d'une manière capricieuse, au nombre de 5 ou 6
à peu près; ces temps d'arrêt coupent les lignes rayonnantes et
donnent à la coquille un aspect caractéristique.

Les crochets, bas et très-arrondis, sont placés fort près du bord
antérieur et devaient être très-rapprochés. La ligne cardinale est
bien moins large que la coquille, qui est oblique ; le côté buccal est
court et arrondi, le côté anal étroit, prolongé, déprimé, sans aucune
trace de carène ; bord palléal arrondi.

Facette ligamentaire peu apparente; les détails de la charnière
me sont inconnus malgré le grand nombre d'échantillons que j'ai
entre les mains.

L'*Arca Plutonis*, très-rare à la Verpillière, est très-commune à
Crussol, dans les calcaires durs, siliceux, du ravin d'Enfer; c'est
une des coquilles les plus caractéristiques de ce gisement; malheureusement la dureté excessive de la roche ne permet pas d'obtenir
des échantillons satisfaisants.

Le test n'a qu'une épaisseur médiocre.

Localités : la Verpillière, *r. r.*, Crussol, *c. c.*

Explication des figures : pl. LXI, fig. 1 et 2, *A. Plutonis*, de
la Verpillière, grandeur naturelle. Fig. 3, grossissement d'une
portion du test.

Arca Liasina (ROEMER).

(Pl. LXI, fig. 4, et 5.)

1836. Roemer, *Arca Liasina*. (*Oolithgebirg*, p. 102, pl. 14, fig. 8.)
1838. Goldfuss, *Arca inæquivalvis*. (*Petrefacta*, pl. 122, fig. 12.)
1850. D'Orbigny, *Arca subliasina*. (*Prodrome*, étage 8, n° 189.)
1856. Oppel, *Arca liasina* (*Die Juraform.*, p. 531.)

Dimensions : longueur, 30 millimètres ; largeur, 45 millimètres; épaisseur, 29 millimètres.

Coquille transverse, assez renflée, inéquilatérale ; côté antérieur arrondi, tronqué en dessus ; côté postérieur anguleux ; la coquille est couverte de lignes concentriques peu régulières et de lignes rayonnantes saillantes mais très-étroites ; assez espacées et plus marquées sur la valve gauche ; crochets antérieurs assez étroits, recourbés, anguleux, seulement vers le sommet et assez fortement disjoints ; surface ligamentaire médiocre, un peu concave ; le test fort épais ; le bord intérieur de la coquille est fortement en biseau, de manière à devenir coupant sur son contour.

Les échantillons que je fais figurer viennent d'une localité réellement en dehors du bassin actuel du Rhône, mais très-rapprochée de ses frontières ; ces échantillons, remarquables par leur taille, m'ont été communiqués par M. Eugène Babeau, de Langres.

Localités : Salins, Besançon, et sur les limites nord du bassin du Rhône, à Mennouveaux (Haute-Marne), près de la ferme d'Orsoy, où elle est abondante.

Explication des figures : pl. LXI, fig. 4 et 5, *A. Liasina*, de Mennouveaux, grandeur naturelle.

Arca Egæa (D'ORBIGNY).

(Pl. LX, fig. 16 et 17.)

1850. D'Orbigny, *Arca Egæa.* *(Prodrome,* étage 9, nº 211.)

Dimensions : longueur, 13 millimètres ; largeur, 29 millimètres ; épaisseur, 14 millimètres.

Coquille de taille médiocre, renflée, beaucoup plus large que longue, très-inéquilatérale ; les ornements ne sont pas visibles sur mes échantillons, où il ne reste que des traces de lignes concentriques ; les crochets, placés au tiers antérieur, sont des plus effacés, à peine saillants ; le côté buccal arrondi, coupé en dessus, le côté anal arrondi, plus large que l'autre, mais sans trace de carène ; le bord palléal sinueux, un peu rentrant ; la coquille partout étroite, renflée,

sans aucun angle, montre la forme d'un parallélograme allongé,
dont les petits côtés sont arrondis; surface ligamentaire petite.
Quand la coquille est fermée, elle a la forme d'un petit cylindre
allongé.

C'est avec doute que je donne à cette Arche le nom d'*A. Egœa*,
imposé par d'Orbigny à une espèce des environs de Lyon, et que je
n'ai pas eu l'occasion de comparer à mes échantillons ; la diagnose
de d'Orbigny est très-incomplète; il dit seulement : « Espèce oblongue, sinueuse sur la région palléale, obtuse aux deux extrémités ; »
détails qui s'accordent parfaitement avec la coquille que j'ai sous les
yeux.

La *Cucullœa elongata*, de Phillips (*Yorkshire*, pl. XI, fig. 43), et
l'*A. elongata*, de Buchman (*Geology of Cheltenham*, pl. 5, fig. 4),
sont très-rapprochées de l'*A. Egœa*, mais cette espèce est moins
transverse, moins convexe et moins anguleuse, autant que je puis en
juger par les figures données.

Cette jolie espèce provient encore de Mennouveaux (Haute-
Marne), un peu en dehors de mes limites. Je la dois aussi à la bien-
veillante communication de M. E. Babeau.

Localités : Lyon, *r. r.*, Mennouveaux (Haute-Marne), ferme
d'Orsoy, *c. c.*

Explication des figures : pl. LX, fig. 16 et 17, *A. Egœa,* de
Mennouveaux, de grandeur naturelle.

Trigonia formosa (LYCETT).

(Pl. LXI, fig. 10 et 11.)

1837. Goldfuss, *Lyrodon striatum. (Petrefacta,* p. 201, pl. 137,
fig. 2.)

1872. Lycett, *Trigonia formosa.* (*A Monogr. of British fossil
Trigonia*, p. 35, pl. 5, fig. 4, 5, 6. *Paleont. Soc.*, vol. XXVI.)

Dimensions : longueur, 33 millimètres ; largeur, 39 millimètres ; épaisseur, 18 millimètres.

Coquille très-comprimée dans son ensemble, ornée de séries concentriques de petits tubercules qui descendent très-obliquement de
la carène et décrivent un contour arrondi ; les quatre derniers rangs
descendent perpendiculairement sur le bord palléal, presque sans
inflexion ; la carène, très-peu courbe, est formée d'une petite ligne
à peine saillante, et elle en contact intime avec l'origine des côtes.
L'area est plane, couverte de petites lignes transverses, largement
développées sans autres ornements.

On a confondu longtemps cette *Trigonia* avec la *Trigonia striata*,
de Sowerby, du bajocien supérieur, mais cette dernière est moins
comprimée, plus sinueuse ; le bord postérieur, à partir des crochets,
y est plus concave et plus prolongé ; les rangs de tubercules plus
espacés ne sont pas soudés d'une manière aussi intime à la carène
qui est beaucoup plus forte et saillante ; l'area est ornée de carènes
secondaires qui manquent chez la *T. formosa ;* l'area est d'ailleurs
agrandie dans cette dernière, aux dépens de la région costulée ; la
proportion est inverse chez la *T. striata.*

Comme le montre la figure pl. LXI, fig. 11, la coquille était
ondulée, à l'intérieur, sur le bord palléal, caractère qui paraît manquer absolument chez la *T. striata.*

Localités : Villebois, Crussol, *r.*

Explication des figures : pl. LXI, fig. 10 et 11, *T. formosa*,
de Villebois, de grandeur naturelle.

Trigonia costata (LAMARCK).

(Pl. LXI, fig. 8, et 9.)

1825. Sowerby, *Trigonia costata. (Miner. conchol.,* pl. 85.)
1833. Zieten, *Trigonia costata. (Würtemberg,* pl. 58, fig. 5.)
1834. Bronn, *Lyriodon costatus. (Lethæa,* 3e édit., pl. XX, fig. 4.)
1840. Agassiz, *Trigonia costata. (Études critiques,* pl. 3, fig. 12
   à 14.)

Dimensions : longueur, 28 millimètres ; largeur, 30 millimètres ; épaisseur, 20 millimètres.

La *T. costata* est très-abondante et souvent de très-grande taille
dans la partie supérieure du bajocien; cependant elle se rencontre
déjà dans la zone à *Ammonites opalinus*, comme on peut le voir par
la coquille dont je donne le dessin et qui a été recueillie à ce niveau
par M. E. Babeau, qui a bien voulu me la communiquer. Quoiqu'il
me paraisse impossible de la séparer, on peut cependant remarquer quelques petites différences; ainsi notre espèce du lias supérieur paraît un peu moins large : la grosse carène est plus droite et
surtout les ornements de l'area semblent disposés de manière à ce
que les côtes crénelées, rayonnantes, qui descendent du crochet,
dominent fortement sur les stries horizontales. Je ne parle pas des
deux carènes auxiliaires qui se montrent dans cette area, mais des
côtes qui en garnissent le fond.

Localité : Mennouveaux (Haute-Marne), ferme d'Orsoyes
collection de M. Babeau.

Explication des figures : pl. LXI, fig. 8 et 9, *T. costata*, de
Mennouveaux, de grandeur naturelle.

Trigonia pulchella (AGASSIZ).

1840. Agassiz, *Trigonia pulchella. (Études critiques,* p. 14,
    pl. 2, fig. 1-7.)
1850. D'Orbigny, *Trigonia pulchella. (Prodrome,* étage 9, n° 197.)
1858. Quenstedt, *Trigonia pulchella. (Der Jura,* p. 311, pl. 43,
    fig. 1.)

Dimensions : longueur et largeur, 9 millimètres ; épaisseur,
5 millimètres.

Coquille toujours de très-petite taille, dont les ornements ont une
saillie considérable relativement. La forme générale rappelle en petit
celle de la *T. navis*.

Cette jolie petite espèce est assez commune dans les gisements marneux ; il est probable que sa petitesse et sa fragilité s'opposent à sa conservation et font qu'on ne la rencontre pas dans les roches plus dures de la plupart des localités.

Localités : Salins, Montservant (Jura), Besançon.

Myoconcha sulcata (GOLDF. SP.).

1836. Goldfuss, *Mytilus sulcatus*. *(Petrefacta*, pl. 12, fig. 4.)

Coquille d'assez grande taille, à test épais ; abondante à Crussol dans le banc de calcaire siliceux, dur, gris foncé, qui contient les *A. Aalensis*, mais aucun de mes échantillons ne permet une assimilation complète avec la figure de Goldfuss. Je retrouve la forme générale et les ornements, mais, malgré le nombre des fragments que j'ai pu recueillir, je ne puis donner aucuns détails précis sur ce fossile, qui se trouve généralement dans l'oolithe inférieure.

Localité : Crussol. *c.*

Posidonomya orbicularis (MÜNSTER).

(Pl. LXII, fig. 2.)

1836. Goldfuss, *Posidonia orbicularis.* *(Petrefacta*, pl. 114, fig. 3.)

Dimensions : longueur et largeur, 30 millimètres.

Coquille arrondie, très-mince, ornée de petits plis concentriques irréguliers ; surface plane, légèrement convexe près du sommet qui ne paraît pas dépasser le bord cardinal. C'est là la seule différence que je remarque entre l'espèce de Crussol et le dessin donné par Goldfuss ; la forme est aussi moins convexe.

Localités : Crussol, 4 spécimens ; la Verpillière, collection Thiollière, 1 spécimen.

Explication des figures : pl. LXII fig. 2, *Posidonomya orbicularis*, de la Verpillière, de grandeur naturelle.

Lima Elea (D'ORBIGNY).

(Voir dans la partie inférieure, présent volume, p. 188.)

La *Lima Elea* se montre aussi bien dans la zone à *Ammonites opalinus* que dans la zone inférieure. Il semble qu'elle atteigne à ce premier niveau une plus grande taille ; j'ai sous les yeux des exemplaires de Villebois et de Crussol, dont les parties conservées indiquent une longueur de 120 millimètres.

Les côtes sont un peu plus aiguës dans le jeune âge, et les imbrications qui les couvrent sont sous-épineuses ; quand la coquille est bien développée les côtes deviennent larges, arrondies, et leur saillie est exactement la contre-partie des sillons qui les séparent. Le test est épais, solide, et le mouvement des côtes est apparent à l'intérieur de la coquille, sur la moitié de la longueur. Le nombre des côtes est assez régulièrement de 10. Cependant on en compte 2 de plus dans les très-grands spécimens.

Je l'ai rencontrée en nombre très-considérable dans les calcaires durs, gris foncé, du ravin d'Enfer, à Crussol, où elle se trouve de toutes les tailles.

Localités : la Verpillière, Saint-Romain, *r.*, Villebois, Crussol, *c. c.*

Lima punctata (SOWERBY).

(Voir dans la partie inférieure, présent volume, p. 191.)

On trouve dans le banc de calcaire dur, siliceux, de Crussol, un nombre considérable de fragments d'une *Lima* que je rapporte à la

L. punctata. C'est une coquille de taille moyenne, arrondie, gibbeuse, ornée de lignes ponctuées, rayonnantes, très-serrées, qui me paraissent plus rapprochées que dans la *L. punctata*, que l'on trouve dans le lias inférieur et dans le lias moyen ; ces lignes sont plus espacées en se rapprochant des côtés. L'état fragmentaire de mes échantillons ne permet pas de comparer les types, ni d'arriver à une étude complète.

Cette espèce est une des moins caractéristiques, car on la retrouve à la plupart des niveaux de la formation jurassique.

Localité : Crussol, *c. c.*

Lima semicircularis (GOLDFUSS).

(Pl. LXII, fig. 1.)

(Voir dans la partie inférieure, présent volume, p. 190.)

Coquille très abondante dans les calcaires durs, gris foncé, de Crussol ; sa longueur varie entre 40 et 50 millimètres. Sa forme est arrondie, peu oblique ; les côtes rayonnantes dont elle est ornée sont étroites, serrées, saillantes et très-uniformes dans toutes les régions de la coquille ; elle me paraît être plus large et moins tronquée que le type figuré par Goldfuss. L'état de mes nombreux échantillons ne me permet pas de constater sûrement son identité.

Localités : Villebois, Crussol, ravin d'Enfer, *c. c.*

Explication des figures : pl. LXII, fig. 1, *L. semicircularis*, de Crussol, grandeur naturelle.

Inoceramus fuscus (QUENSTEDT).

(Pl. LXI, fig. 6 et 7.)

1830. Zieten, *Inoceramus sp.* (*Würtemberg*, pl. 72, fig. 8.)
1858. Quenstedt, *Inoceramus fuscus.* (*Der Jura*, pl. XLVIII, fig. 18.)

Dimensions : longueur, 70 millimètres; largeur, 40 millimètres.

Coquille plus longue que large, acuminée ; très-renflée vers le crochet qui est étroit, presque toujours prolongé en ligne droite, quelquefois légèrement infléchi ; coquille largement arrondie sur le bord palléal. Les seuls ornements consistent en lignes concentriques, irrégulières , peu marquées vers les crochets ; la coquille tombe perpendiculairement en se rejoignant de chaque côté, mais bientôt les valves se réunissent sous un angle qui devient de plus en plus aigu en approchant du bord palléal.

Mes échantillons ne permettent pas d'observer la charnière.

Localité : la Verpillière, r.

Explication des figures : pl. LXI, fig. 6 et 7, *Inoceramus fuscus*, de la Verpillière, grandeur naturelle.

Hinnites velatus (GOLDFUSS, SP.).

(Pl. LXII, fig. 3 et 4.)

1834. Goldfuss, *Pecten velatus*. (*Petrefacta*, p. 45, pl. 90, fig. 2.)
1858. Quenstedt, *Pecten velatus*. (*Der Jura*, p. 148, pl. XVIII, fig. 26.)
1864. E. Dumortier, *Hinnites velatus*. (*Études paléont.*, 1re partie, pl. IV, fig. 1 à 3.)
1869. E. Dumortier, *Hinnites velatus*. (*Études paléont.*, 3e partie, p. 309, et présent volume, p. 195.)

Dimensions : longueur, 42 millimètres; largeur, 40 millimètres ; épaisseur, 8 millimètres.

Valve gauche médiocrement et régulièrement renflée, de forme arrondie; sommet aigu, un peu oblique et dépassant de 2 millimètres la ligne cardinale ; les oreilles larges, non anguleuses; la valve est ornée de 20 côtes rayonnantes principales, minces, peu saillantes, un peu flottantes, entre chacune desquelles on remarque 6 à 8 petites côtes secondaires, séparées en deux groupes par une côte un peu plus forte. Toutes ces côtes continuent, en diminuant de volume, jusqu'à la partie la plus extrême du crochet ; aucune n'est rigoureusement rectiligne et toutes se propagent en subissant de petites oscillations irrégulières. Des lignes d'accroissement concentriques, à peine visibles et rarement conservées, viennent croiser partout les lignes rayonnantes ; on remarque de plus des plis concentriques, inégalement distribués.

La valve droite, un peu plus petite que l'autre, est non-seulement plate, mais toujours un peu concave ; elle est ornée de fines côtes rayonnantes, de la même importance que les côtes secondaires de la valve gauche, mais toutes uniformes ; elles sont flexueuses, irrégulières et nombreuses ; il y a de plus des lignes concentriques extraordinairement serrées qui donnent à la surface l'aspect d'un tissu à fils rapprochés, mais il faut des échantillons bien conservés pour discerner ces détails ; la valve droite porte du côté antérieur une très-grande oreille étroite, arrondie à son extrémité, et séparée par une échancrure (passage du byssus) des plus profondes.

Il est excessivement rare de trouver les deux valves réunies, et cependant les échantillons bivalves sont d'autant plus nécessaires à étudier que les deux valves présentent de grandes différences, soit dans la forme, soit dans les ornements : les gisements de la Verpillière et de Saint-Romain ont seuls pu fournir de semblables spécimens.

L'*Hinnites velatus*, que nous avons déjà rencontré successivement dans tous les étages du lias, se retrouve encore partout dans la zone de l'*A. opalinus*, il y est même si abondant et si régulier que l'on peut considérer cette zone comme son domaine par excellence, puisque dans aucune autre subdivision des terrains jurassiques il ne se montre aussi répandu et ne fournit d'aussi bons échantillons.

L'*H. velatus* est allié de très-près à l'*H. Gingensis* (Waagen) *Geognostisch-Palœontologische Beiträge Band*, p. 633, qui n'en diffère que par quelques détails dans les ornements. L'*H. Gingensis* se rencontre dans la partie moyenne du bajocien.

Localités : Saint-Romain, Poleymieux, Saint-Cyr, la Verpillière, Crussol, Frontenas, la Jobernie, Piérredon, Saint-Nazaire.

Explication des figures : pl. LXII, fig. 3, *H. velatus*, de la Verpillière, vu par la valve supérieure. Fig. 5, *H. velatus*, de la Verpillière, autre spécimen, vu par la valve, plane ou inférieure.

Pecten barbatus (SOWERBY).

(Pl. LXII, fig. 5.)

(Voir dans la partie inférieure, présent volume, p. 199.)

Je donne le dessin d'une valve vue par l'intérieur : la surface extérieure est fortement engagée dans la roche, circonstance qui se présente souvent pour les coquilles qui, comme celle-ci, ont des ornements en forte saillie.

Ce spécimen fait voir que le *P. barbatus* était profondément costulé à l'intérieur. On remarquera que notre Pecten est fort semblable, sous ce rapport, à celui que Sowerby a figuré de Dundry (*Mineral conchology*, pl. 231).

Localités : la Verpillière, Villebois, *r. r.*

Explication des figures : pl. LXII, fig. 5, *P. barbatus*, de la Verpillière, valve vue du côté intérieur, grandeur naturelle.

Pecten textorius (SCHLOTHEIM SP.).

(Voir dans la partie inférieure, présent volume, p. 198.)

Dimensions : longueur, 40 millimètres.

Le *P. textorius* est très-abondant dans le banc dur, siliceux, gris foncé, du ravin d'Enfer, à Crussol. On le trouve de toutes les tailles. Les côtes sont plus fines et plus serrées que dans la zone inférieure.

Localité : Crussol, *c. c.*

Ostrea eduliformis (SCHLOTHEIM, SP.).

1820. Schlotheim, *Ostracites eduliformis. (Petrefacta*, p. 233.)
1832. Zieten. *Ostrea eduliformis. (Würtemberg*, pl. 45, fig. 1.)
1834. Goldfuss, *Ostrea explanata. (Petrefacta*, pl. 80, fig. 5.)
1858. Quenstedt, *Ostrea eduliformis. (Der Jura*, p. 433.)

Dimensions : longueur, 76 millimètres; largeur, 65 millimètres.

Grande coquille plus longue que large ; valve supérieure (la seule visible) légèrement convexe, couverte partout de stries d'accroissement concentriques, d'abord très-peu marquées, mais plus fortes et presque lamelleuses sur les bords ; le sommet étroit est fort dévié à gauche, ce qui donne à la coquille l'apparence d'une perne. L'échantillon, d'une fort belle conservation, est engagé de manière à ne laisser voir que le dessus de la valve supérieure.

Cette *Ostrea* se rencontre ordinairement dans les dépôts de l'oolithe inférieure.

Localité : la Verpillière, 1 seul échantillon attaché sur le même fragment avec un bel exemplaire de l'*A. Aalensis* [1].

---

[1] Depuis que ces lignes sont écrites j'ai recueilli à Charnay, dans la zone inférieure, de fort beaux exemplaires de l'*Ostrea Erina* d'Orbigny d'assez grande taille; leur comparaison avec la grande Ostrea de la Verpillière, que je viens de décrire, ne permet pas de les séparer. Je crois donc qu'il faut conclure, de cette similitude, que l'*Ostrea eduliformis* n'existe pas dans la zone à *Amm. opalinus*, et que l'*Ostrea Erina* s'y est propagé de la zone inférieure comme beaucoup d'autres coquilles. Cette rectification que je fais au dernier moment me paraît basée sur des faits très-sûrs.

Rhynchonella quinqueplicata (Zieten, sp.).

1830. Zieten, *Terebratula quinqueplicata. (Württemb.*, pl. 41, fig. 2.)
1868. Quenstedt, *Terebratula quinqueplicata. (Petrefactenkunde, Brachiopoden,* p. 67.)

Dimensions : longueur, 20 millimètres ; largenr, 16 millimètres ; épaisseur, 14 millimètres.

Coquille globuleuse, plus longue que large, couverte de 12 à 14 plis aigus. Le lobe est saillant, porte 4 plis, et dépasse en se prolongeant le front de la coquille.

Crochet médiocre, recourbé, aigu.

On trouve dans le même gisement des exemplaires plus arrondis et avec lobe moins allongé.

Lacalité : la Jobernie.

Rhynchonella Jurensis (Quenstedt).

(Voir dans la partie inférieure, présent volume, p. 205.)

Cette petite Rhynchonelle se rencontre encore quelquefois avec l'*A. opalinus.*

Il est impossible de distinguer les échantillons de ceux fournis par la zone inférieure.

Localité : la Verpillière.

Rhynchonella subtetrahedra (Davidson).

(Voir dans la partie inférieure, présent volume, p. 208.)

Dimensions : longueur et largeur, 19 millimètres.

Coquille de taille moyenne, ornée de 20 plis aigus réguliers ; le sinus est à peine indiqué. Je n'ai rencontré cette Rhynchonelle que dans le gisement de Crussol, où elle est assez abondante, mais elle présente une grande diversité pour l'épaisseur ; les autres détails de forme et d'ornements varient peu.

Localités : Crussol, calcaires durs siliceux, gris foncé du ravin d'Enfer, c.

Cidaris cucumifera (Agassiz).

1839. Agassiz, *Cidaris cucumifera.* (*Échinod. Suisses*, p. 70, pl. 21, fig. 27.)

1849. Cotteau, *Cidaris Courteaudina.* (*Études sur les Échinides*, pl. 2, fig. 1 et 2.)

1855. Cotteau et Triger, *Cidaris Courteaudina.* (*Échinides de la Sarthe*, pl. 2, fig. 5.)

1858. Desor, *Cidaris Courteaudina.* (*Synopsis*, p. 29, pl. 4, fig. 7 et 8.)

Dimensions (radiole) : longueur, 26 millimètres ; diamètre, 8 millimètres.

Radiole en forme d'olive, à sommet plus ou moins acuminé, couvert de gros granules saillants, arrondis, disposés en séries longitudinales régulières ; col court ; anneau crénelé grossièrement. Les caractères sont bien ceux de l'espèce, dans sa variété la moins renflée.

Le *Cidaris cucumifera* est un des fossiles les plus caractéristiques de la partie moyenne de l'oolithe inférieure, et ce n'est pas sans surprise que je l'ai rencontré à la Jobernie, au niveau de l'*A. opalinus*, en compagnie du *C. Royssyi*, qui est si abondant dans toute l'Ardèche.

On trouve aussi dans le même gisement des radioles qui sont abondants et qui s'éloignent assez du *C. cucumifera* par leur forme moins renflée, plus cylindrique, et par la finesse de leurs séries de granulations; mais ces échantillons ne sont pas en assez bon état pour pouvoir en discuter l'espèce.

Localité : la Jobernie, près de Privas, c.

Cidaris Royssyi (DESOR).

(Pl. LXII, fig. 10, 11 et 12.)

1858. Desor, *Cidaris Royssyi. (Synopsis des Échinides fossiles*, p. 429, pl. 4, fig. 12.)

Dimensions (radiole) : longueur, 30 millimètres ; diamètre, 17 à 20 millimètres.

Radioles glandiformes, globuleux, à sommet très-acuminé, couverts de granules qui paraissent entourés de lignes radiantes ; chaque granule prenant ainsi la forme d'une petite étoile. Ces granules nombreux, qui semblent d'abord disposés sans ordre, sont cependant coordonnés en lignes verticales régulières, ce qui est fort apparent sur les radioles dont la surface est mal conservée. Ces lignes verticales, de granules en série, sont du reste toujours marquées avec une grande énergie sur la portion du radiole qui est entre l'équateur et le bouton, sur environ le tiers de la longueur totale ; le col est court; l'anneau petit, peu saillant; facette articulaire non crénelée ; le diamètre de l'anneau dépasse à peine celui du col.

Les radioles du *Cidaris Royssyi* se rencontrent dans les environs

de Privas (Ardèche), sur une foule de points, et quelquefois en
nombre considérable, comme par exemple dans le minerai de fer
de Veyras. Il est bien difficile de comprendre comment dans tous
ces gisements on ne rencontre jamais le moindre fragment de test ;
la destruction complète de ces Échinides est d'autant plus singulière
que la roche n'étant pas de même nature dans tous les gisements,
les conditions de fossilisation ont été cependant telles que tout en
conservant les radioles, les tests ont été partout complétement
anéantis.

Le *C. Royssyi* se trouve toujours dans les couches qui recouvrent
en contact la zone à *A. bifrons* ; on trouve encore quelquefois l'*Eucyclus capitaneus* associé à notre Cidaris.

Cette belle espèce paraît spéciale à la région (environs de Privas),
où elle se rencontre si communément.

Localités : Veyras, dans le minerai, la Jobernie, Vammal
(route de l'Escrinet), le pont de Couz et tous les environs de
Privas, *c.*

Explication des figures : pl. LXII, fig. 10 et 11, *C. Royssyi*,
de Privas, 2 exemplaires de grandeur naturelle. Fig. 12, grossissement d'une portion de la surface.

Stomechinus..., SP.

Dimensions : diamètre, 14 millimètres ; épaisseur, 7 millimètres.

Petit Échinide en mauvais état, et dont le genre seul semble pouvoir être déterminé avec un peu de certitude ; les détails sont trop
mal conservés pour que je puisse en donner une figure.

Les calcaires siliceux de Crussol m'ont aussi fourni des fragments
mal conservés d'un *Stomechinus*, un peu plus grand. J'en ai recueilli 4 échantillons.

Je ne mentionne ici ces fragments que pour donner une liste plus complète des fossiles de la zone.

Localités : Villebois, *r.*, Crussol.

Pentacrinus Jurensis (QUENSTEDT).

(Pl. LXII, fig. 8 et 9.)
(Voir dans la partie inférieure. présent volume, p. 224.)

Je ne vois pas de caractères essentiels qui permettent de séparer l'espèce que fournit la zone supérieure du *Pentacrinus Jurensis* de la zone à *A. bifrons*.

Il y a cependant des échantillons de l'Ardèche (la Jobernie) dont les angles sont un peu arrondis et dont les articles alternent de largeur, de manière à montrer des saillies successives et régulières sur les colonnes.

Les environs de Privas m'ont encore fourni des portions de colonne d'un diamètre assez fort (10 millimètres), tout en étant lisses et anguleuses : je les inscris sous le nom de *P. Jurensis* et j'en donne la figure.

Localités : Saint-Romain, la Verpillière, la Jobernie, Privas (Tranchant), *r.*

Explication des figures : pl. LXII, fig. 8 et 9, *P. Jurensis*, de Privas, grandeur naturelle.

Pentacrinus Bollensis .(SCHLOTHEIM).

1813. Schlotheim, *Taschenb.*, p. 56. (Knorr., vol. I, pl. 11, *c.*)
1856. Quenstedt, *Pentacrinus colligatus. (Jahresheftedes vereins für vaterlandischeNaturk. in Wurttemb.*,p. 109,pl. 11.)
1857. Oppel, *Pentacrinus Bollensis. (Die Juraformation*, p. 387.)

M. Huguenin a recueilli dans les couches de calcaire dur, siliceux, de Crussol, quelques fragments de colonnes d'Encrines à tiges rondes, entre autres un échantillon composé de 6 à 7 articles d'un diamètre de 5 millimètres. J'inscris ce fossile sous le nom de *P. Bollensis*, puisqu'il paraît très-semblable aux figures de cette espèce, mais je n'ai pas de matériaux suffisants pour pouvoir affirmer l'identité.

Localité : Crussol, *r. r.*

Thecocyathus mactra (GOLDF. SP.).

(Pl. LXII, fig. 6 et 7.)

1830. Goldfuss, *Cyathophyllum mactra.* (*Petrefacta*, pl. 16, fig. 7.)
1857. Milne Edwards et Haime, *Thecocyathus mactra.* (*Histoire naturelle des Coralliaires*, vol. II, p. 49.)
1858. Quenstedt, *Cyathophyllum mactra.* (*Der Jura*, p. 317, pl. XLIII, fig. 38.)

Dimensions : diamètre, 20 millimètres ; épaisseur, 6 à 10 millimètres.

Polypier discoïde, comprimé, jamais allongé ; épithèque mince ; calice remarquable par le nombre des tigelles columellaires qui occupent une place importante au centre.

La taille est assez variable, suivant les localités. A la Verpillière on le trouve de grande dimension et bien conservé pour sa face inférieure ; malheureusement le calice reste presque toujours empâté et caché par la gangue.

Le *Thecocyathus mactra* est un des fossiles les plus importants et les plus caractéristiques de la zone à *Ammonites opalinus*. Quoiqu'il soit déjà bien figuré, j'en donne cependant un dessin, vu son importance.

Localités : Saint-Romain, la Verpillière, Arresches, Chapelle-des-Buis, Pinperdu, *c.*

Explication des figures : pl. LXII, fig. 6, *T. mactra*, de la Verpillière, vu par dessous, de grandeur naturelle. Fig. 7, le même, vu par côté.

GÉNÉRALITÉS SUR LES FOSSILES

DE LA ZONE A *AMMONITES OPALINUS*

Les fossiles de la zone à *Ammonites opalinus* forment une petite faune très-caractérisée et très-constante ; on la retrouve, composée des mêmes espèces, à de très-grandes distances de notre région. Cependant, sauf quelques fossiles typiques, elle est fort peu connue et semble jouer un rôle peu important : il faut en chercher la cause dans l'épaisseur relativement minime des dépôts et dans leur position entre deux niveaux formés de couches plus importantes par leur épaisseur, et par leurs fossiles plus variés et plus répandus. Les sédiments de la zone à *A. opalinus* semblent de plus avoir subi de grandes érosions. L'énorme changement qui s'est opéré dans la nature des roches, quand les premières couches du bajocien sont venues recouvrir le lias, peut faire présumer un grand mouvement des eaux, et la nature peu cohérente de notre zone a dû en souffrir ; aussi la plupart du temps les *A. Aalensis* et *opalinus* se présentent seules au géologue, si l'on y joint l'*A. subinsignis*, le *Turbo subduplicatus* et le *Thecocyathus mactra*, avec quelques nucules, on aura une idée des fossiles qui s'offrent aux recherches dans la grande majorité des cas.

Les Bélemnites, abondantes seulement dans quelques gisements spéciaux, sont malheureusement très-rares généralement, circonstance fâcheuse, parce qu'elles sont pour la plupart caractéristiques de notre niveau.

Les Ammonites, au nombre de 26 espèces, présentent des formes très-remarquables ; plusieurs d'entre elles subissent, en grandissant, des changements curieux, soit dans la disposition de leurs ornements, soit dans leur mode d'enroulement (*A. fallax* et *A. subinsignis*).

Aucune ne peut être comparée, pour le nombre des individus,

aux *A. Aalensis* et *opalinus*, qui sont, sans contredit, les plus importantes de la zone ; quelques espèces ont leur dernière loge conservée, et cependant je n'ai jamais rencontré d'Aptychus.

Les Gastéropodes jouent un rôle assez important ; les Pleurotomaires sont encore ici au nombre de 8 espèces, dont plusieurs sont nouvelles. Le *Turbo subduplicatus* mérite de fixer l'attention par son abondance extrême ; il se montre à peu près partout ; il est très-caractéristique et pourrait tout comme l'*A. opalinus* donner son nom à la subdivision du lias supérieur qu'il remplit de ses coquilles. L'*Encyclus capitaneus* se retrouve assez fréquemment et relie la zone à *A. opalinus* à la zone inférieure qui paraît être cependant son niveau de prédilection. La *Natica Lemeslei* se montre aussi aux deux niveaux.

Parmi les bivalves, la *Pholadomya Zieteni*, quoique peu commune, est importante par sa forme tranchée et sa constance sans déviation à notre niveau ; il n'en est pas de même de l'*Hinnites velatus* ; cette belle coquille, si répandue dans tous les gisements, n'a malheureusement aucune signification précise, car on la retrouve à peu près dans tous les étages jurassiques. Les *Lima Elea* et *punctata* présentent la même particularité et n'appartiennent à aucun horizon spécialement ; une des coquilles bivalves qui méritent le plus de fixer l'attention est la *Cardita procellosa*, si singulière par le contournement de ses valves et l'énergique saillie de ses sillons sinueux. Abondante à Crussol et n'ayant pas encore été signalée sur un autre point, il serait fort intéressant de la retrouver dans d'autres régions. Comme la coquille est très-nettement caractérisée et reconnaissable sur les plus petits fragments, j'espère qu'elle n'échappera pas longtemps aux recherches, dans les gisements des Alpes italiennes et du Tyrol.

Pour les rayonnés, il faut noter le *Cidaris Royssyi*, dont les radioles se rencontrent en nombre immense dans les environs de Privas. Cette espèce, qui n'a pas encore été signalée ailleurs, est fort caractéristique, en même temps que spéciale pour la région.

Si l'on considère les fossiles qui passent dans la zone suivante et qui reparaissent dans les couches inférieures du bajocien, l'on est frappé du petit nombre de ces espèces, surtout si l'on remarque que ce nombre est moins grand que celui des fossiles de la zone inférieure à *A. bifrons*, qui remontent dans l'oolithe inférieure : il y a là une apparente contradiction qui disparaîtra sans doute devant des observations plus attentives ; les gisements de la Provence sont surtout ceux qui paraissent contenir ensemble les fossiles du lias supérieur et du bajocien ; la suite prouvera probablement que ces gisements comprennent en réalité deux niveaux.

LISTE DES FOSSILES LES PLUS RÉPANDUS

De la zone à Ammonites opalinus

Belemnites exilis.
Ammonites opalinus.
   —   *Aalensis.*
   —   *costula.*
   —   *fluitans.*
   —   *subinsignis.*
   —   *Nilssoni.*
Turbo subduplicatus.

Cerithium armatum.
Lima Elea.
Lima punctata.
Hinnites velatus.
Rhynchonella subtetrahedra.
Cidaris Royssyi.
Thecocyathus mactra.

LISTE DES FOSSILES CARACTÉRISTIQUES

De la zone à Ammonites opalinus

Belemnites exilis.
   —   *junceus.*
Ammonites opalinus.
   —   *Aalensis.*
   —   *mactra.*

Ammonites costula.
   —   *fluitans.*
   —   *Alleoni.*
   —   *subinsignis.*
   —   *fallax.*

Ammonites scissus.
— Dumortieri.
— tatricus.
— dilucidus.
— torulosus.
— Norma.
Pleurotomaria geometrica.
— Mulsanti.
— Rhodani.
Pholadomya Zieteni.

Cardita procellosa.
Lucina Murvielensis.
Leda rostralis.
— Diana.
Arca Plutonis.
Posidonomya orbicularis.
Rhynchonella subtetrahedra.
Cidaris Royssyi.
Thecocyathus mactra.

LISTE DES FOSSILES DE LA ZONE A *AMMONITES OPALINUS*

Qui passent dans l'oolithe inférieure

Ammonites gonionotus.
— Murchisonæ.
— opalinoides.

Trigonia costata.
Lima semicircularis.
Cidaris cucumifera.

Il importe de remarquer que l'*A. Murchisonæ*, que j'ai décrite de la zone à *A. opalinus*, n'est pas toujours identique avec l'*A. Murchisonæ* que l'on rencontre à la base de l'oolithe inférieure. Il y a des différences assez marquées entre les deux variétés, quoique ces différences ne m'aient pas paru assez caractérisées pour en faire deux espèces.

Il est cependant certain que le vrai type de l'*A. Murchisonæ*, de Sowerby, se trouve quelquefois à la Verpillière, dans la zone à *A. opalinus*.

APPENDICE

Depuis l'impression de ce volume, quelques informations nouvelles sont venues à ma connaissance et je les ajoute ici.

Sur le flanc est du mont Ceindre, commune de Collonges, au-dessus de la vieille église de ce village, des travaux récents commencés pour forer un puits ont mis à découvert les marnes rougeâtres du lias supérieur, qui paraissent sur ce point très-fossilifères, car visibles sur une très-petite étendue et par de faibles déblais, elles m'ont fourni déjà un ensemble très-varié d'espèces de ce niveau.

Parmi les Ammonites, je citerai :

Ammonites Emilianus.	*Ammonites Grunowi.*
— *Mercati.*	— *serrodens.*

Je ne parle pas des espèces les plus communes, qui y sont très-abondantes et se retrouvent partout. Les autres fossiles remarquables de cette station sont :

Onustus heliacus.
Trochus Guimeti.

Je nomme ainsi une coquille que je crois nouvelle et dont voici la description :

Coquille conique, surbaissée, plus large que haute, anguleuse en avant et ombiliquée. Spire formée d'un angle régulier, composé de 5 tours anguleux en avant, plats en dehors, ornés de 7 lignes spirales saillantes et d'un rang de petits tubercules sur l'angle extérieur. Le dernier tour en avant légèrement arrondi porte des lignes concentriques. L'ombilic, sans être grand, est assez profond et laisse voir les tours intérieurs.

Dimensions : hauteur, 15 millimètres; diamètre, 22 millimètres. L'angle spiral est à peu près de 45°.

Je suis heureux de dédier ce joli Trochus à M. Émile Guimet.

La même station de Collonges m'a encore fourni :

Astarte subtetragona.	*Rhynchonella cynocephala.*
Opis curvirostris.	*Serpula substriata.*
Ostrea Pictaviensis.	

A propos des traces d'adhérence que présente quelquefois l'*Hinnites velatus* (voir présent volume, p. 195), je trouve dans mes notes de voyage une observation intéressante. Il y a quelques années, j'ai eu l'occasion de voir dans la belle collection de fossiles de Mme Guillaumot, à Saint-Julien (Jura), un exemplaire d'*Hinnites velatus* d'une admirable conservation de détails, et montrant cependant en même temps l'empreinte extrêmement nette d'une Ammonite qui lui servait de support. Ce bel échantillon avait été recueilli dans l'oxfordien inférieur.

Nous en conclurons que cette manière d'être de l'*Hinnites velatus* est un fait bien général, puisqu'on la retrouve dans des couches aussi éloignées verticalement de notre niveau.

TABLE ALPHABÉTIQUE DES FOSSILES

DÉCRITS

DANS LA TROISIÈME ET LA QUATRIÈME PARTIE

La première colonne indique la troisième partie publiée en 1869
(lias moyen); et la seconde colonne, la quatrième partie ou présent volume
(lias supérieur).
Les espèces nouvelles sont précédées d'un astérisque.

TABLE

DE LA QUATRIÈME PARTIE

FIN DE LA TABLE DE LA QUATRIÈME PARTIE

ERRATA

DU QUATRIÈME VOLUME

LYON — IMP. PITRAT AINÉ, RUE GENTIL, 4

PLANCHE II

Zone de l'Ammonites bifrons

Fig. 1. **Stencosaurus Chapmani** (Kœnig sp.), fragment de mâchoire
inférieure, vu de profil, de grandeur naturelle.
   a. Entrée du canot dentaire.
— 2. **Belemnites tripartitus** (Schlotheim), de Marcigny-sur-Loire,
vu de face, page 34.
— 3. La même, de côté.
— 4. *Belemnites tripartitus* de Saint-Romain, fragment de la région
alvéolaire.
— 5. Coupe du même fragment.
— 6. Vue d'une cloison de *Belemnites tripartitus* de Saint-Romain.
— 7. Fragment d'un rostre de *Belemnites tripartitus* de Saint-Romain,
montrant le cône alvéolaire.
— 8. **Belemnites pyramidalis** (Zieten), gros fragment de Fressac
(Gard), vu du côté dorsal, page 36.
— 9. **Belemnites longisulcatus** (Voltz), de Bettant (Ain), du côté
ventral, page 39.
— 10. La même, par côté.

Tous les dessins de la planche II sont de grandeur naturelle.

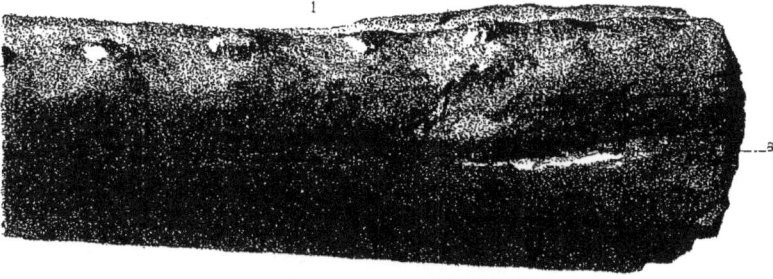

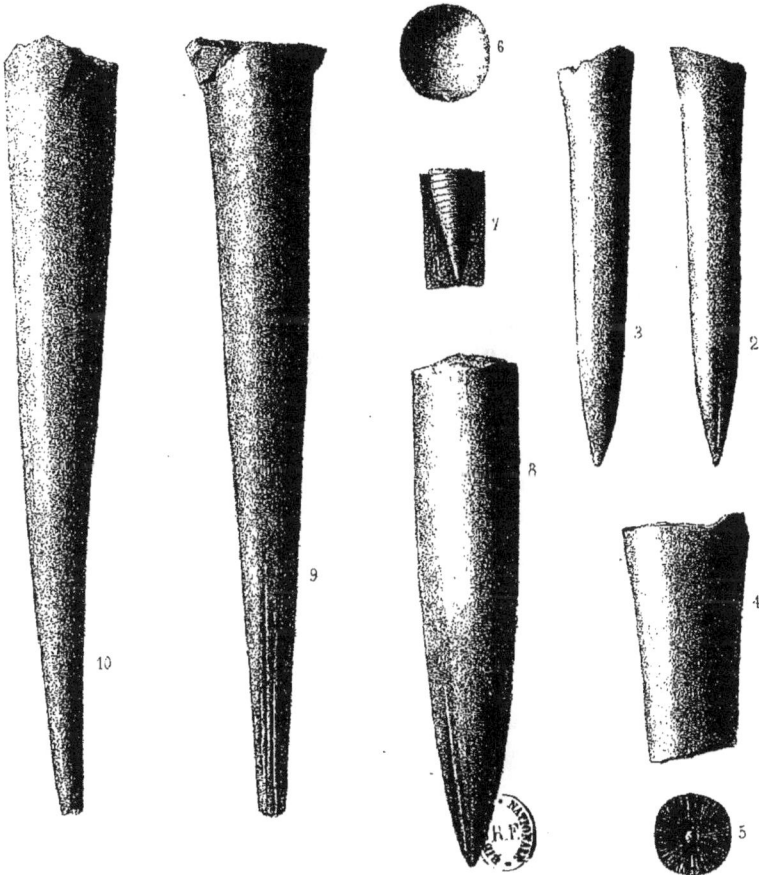

PLANCHE III

Zone de l'Ammonites bifrons

Fig. 1. **Belemnites Quenstedti** (Oppel), gros échantillon de Brienon (Loire), vu du côté ventral, page 35.
— 2. La même, par côté.
— 3. *Belemnites Quenstedti*, de la Verpillière, du côté ventral.
— 4. La même, de côté.
— 5. **Belemnites unisulcatus** (Blainville), de Saint-Romain, côté ventral, page 35.
— 6. La même, par côté.
— 7. La même, vu du côté de l'ouverture,
— 8. **Belemnites unisulcatus**, de Semur-en-Brionnais.
— 9. **Belemnites Quenstedti** de Brienon, coupe latérale pour montrer la ligne apiciale.

Toutes les figures de la planche III sont de grandeur naturelle.

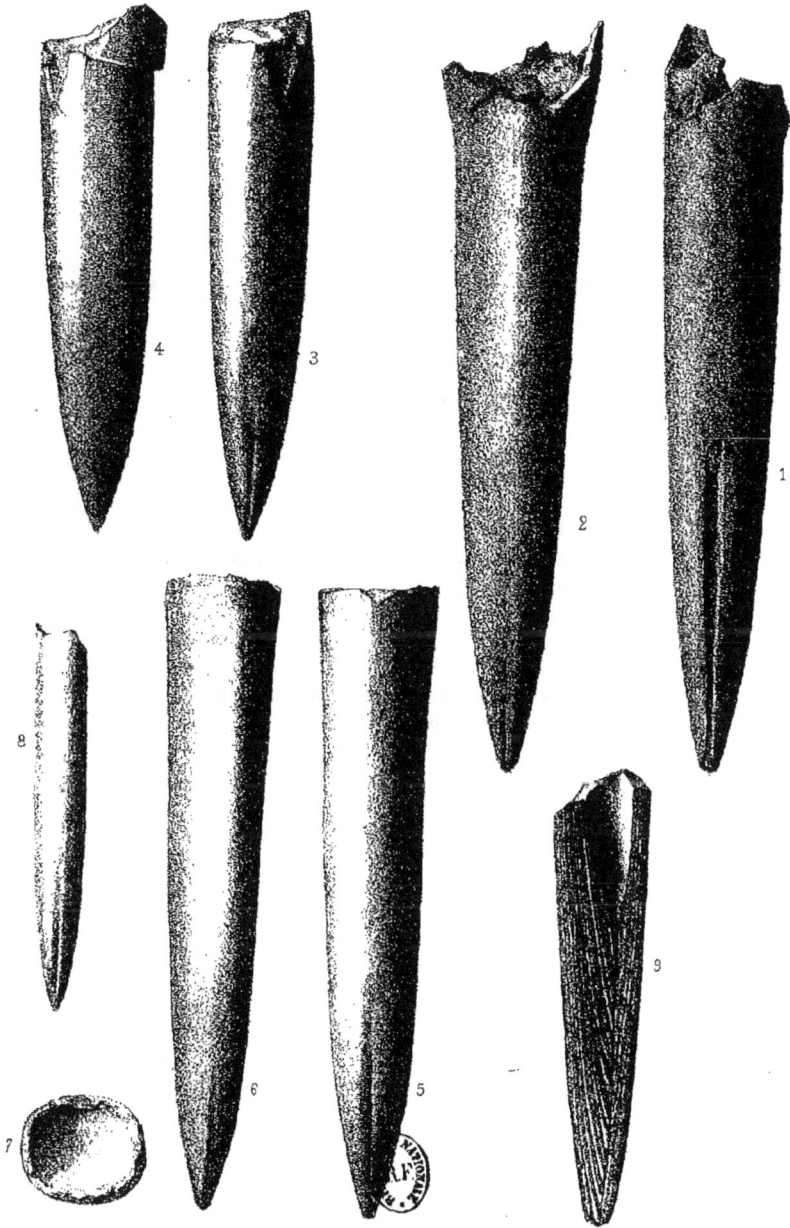

Ad.nat.ir. Iap. Bidault.   Lyon, Lith Marmorat.

PLANCHE IV

Zone de l'Ammonites bifrons

Toutes les figures de la planche IV sont de grandeur naturelle.

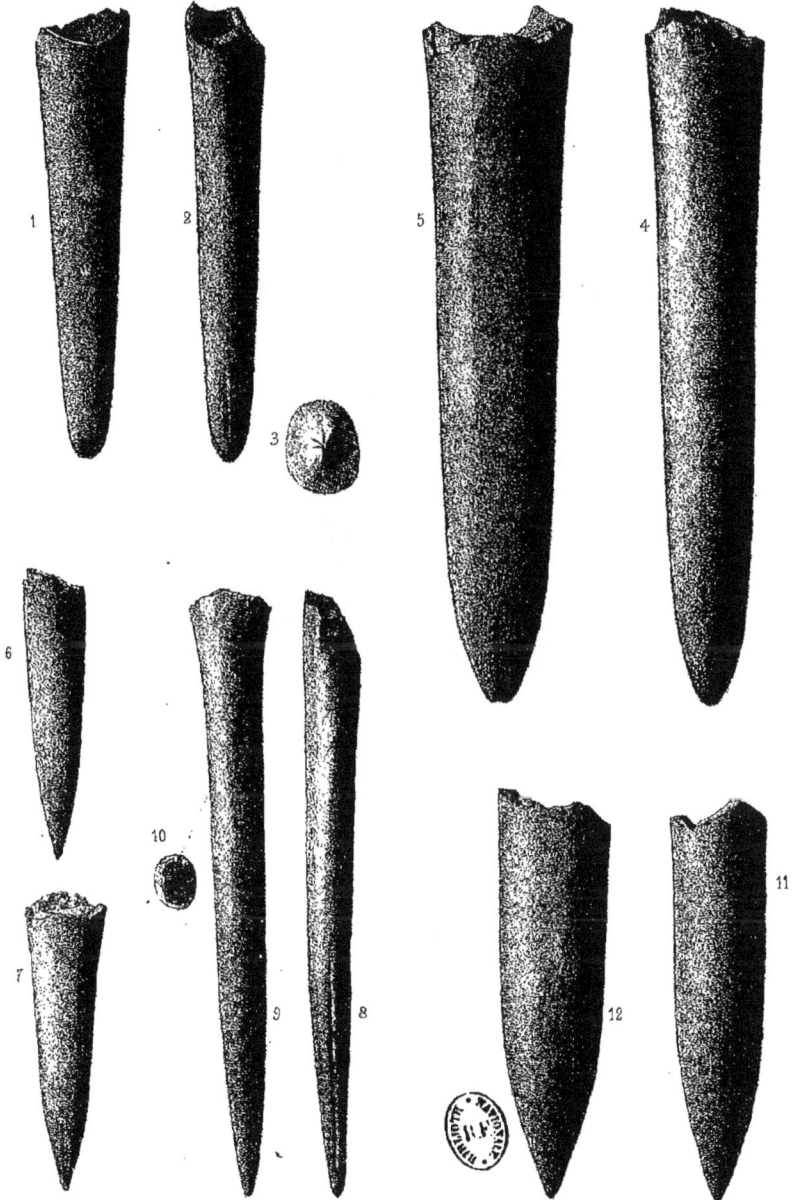

Ad. nat. in lap. Bidault.

Lyon, Lith. Marmorat.

PLANCHE V

Zone de l'Ammonites bifrons

Fig. 1. **Nautilus astacoides** (Young et Bird), Saint-Cyr, mont Ceindre,
vu par côté, page 41.
— 2. Le même, vu du côté de l'ouverture.
— 3. Partie du même échantillon, vue d'une cloison.
— 4. Partie intérieure du même échantillon, ayant conservé son test.

Toutes les figures de la planche V sont de grandeur naturelle.

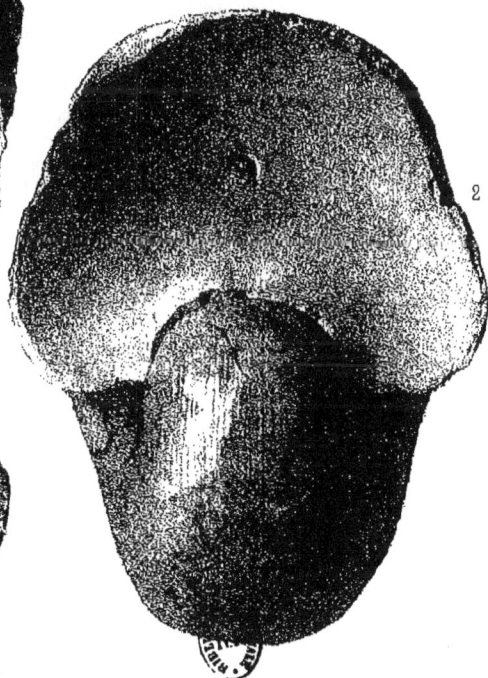

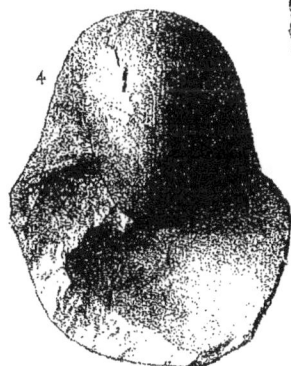

Ad nat. in. lap. Bidault.   Lyon, lith. Marmorat.

PLANCHE VI

Zone de l'Ammonites bifrons

Fɪɢ. 1 et 2. **Nautilus terebratus** (TʜɪᴏʟʟɪÈʀᴇ), de la Verpillière, page 42.

— 3. Autre échantillon de la Verpillière montrant le côté convexe d'une cloison et le siphon.

— 4. Autre exemplaire de la même localité, avec le test bien conservé, sur l'ombilic.

Tous les dessins de la planche VI sont de grandeur naturelle.

PLANCHE VII

Zone de l'Ammonites bifrons

FIG. 1. **Nautilus Jourdani** (E. DUMORTIER), fragment avec test, de la
Verpillière, page 44.

— 2. Le même, montrant les ornements intérieurs de l'ombilic.

— 3. *Nautilus Jourdani*, autre exemplaire de la Verpillière, vu par
le dos.

— 4. Vue d'une cloison, du côté convexe.

— 5. *Nautilus Jourdani*, moule de Saint-Romain.

Toutes les figures de la planche VII sont de grandeur naturelle.

PLANCHE VIII

Zone de l'Ammonites bifrons

Fig. 1. **Nautilus Fourneti** (E. Dumortier), de la Verpillière, vu par côté, page 45.
— 2. Le même, vu de face.
— 3. Autre spécimen, aussi de la Verpillière.
— 4. **Nautilus astacoides** (Young et Bird), fragment de Crussol muni de son test, page 41.

Toutes les figures de la planche VIII sont de grandeur naturelle.

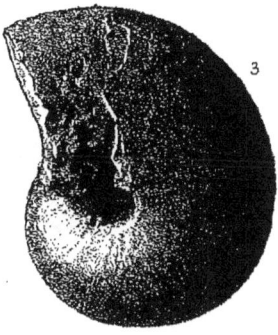

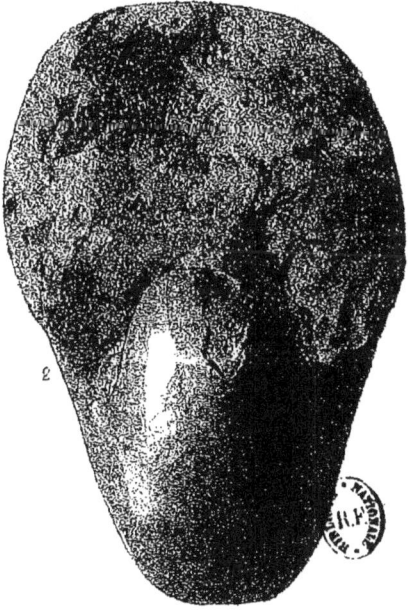

PLANCHE IX

Zone de l'Ammonites bifrons

Fig. 1 et 2. **Ammonites bifrons** (Bruguières), de la Verpillière,
page 48.

— 3 et 4. **Ammonites Levisoni** (Simpson), du Luc (Var), page 49.

Les quatre figures sont de grandeur naturelle.

PLANCHE X

Zone de l'Ammonites bifrons

Ammonites subplanatus (OPPEL), de la Verpillière, grand spécimen
préparé pour montrer les tours intérieurs, de grandeur naturelle, page 51.

Ad. nat. in. lap. L... Bideault. Lyon, Lith. Marmorat.

PLANCHE XI

Zone de l'Ammonites bifrons

Toutes les figures de la planche XI sont de grandeur naturelle.

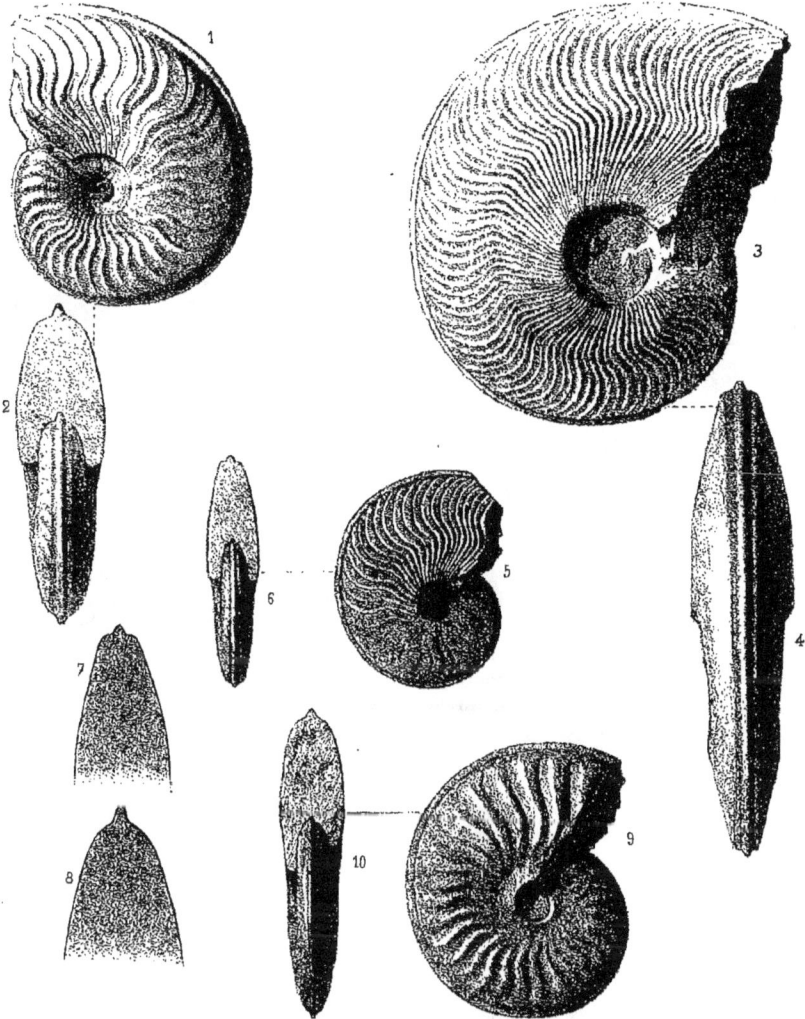

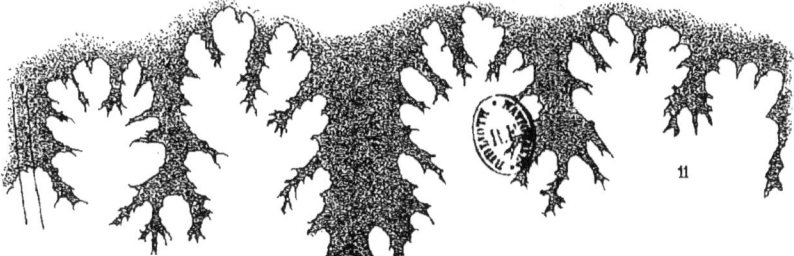

PLANCHE XII

Zone de l'Ammonites bifrons

Fig. 1 et 2. **Ammonites exaratus** (Young et Bird), de la Verpillière,
      page 57.

— 3. **Ammonites Eseri** (Oppel), de la Verpillière, page 62.

— 4. **Ammonites exaratus**, moule de Saint-Romain, page 57.

Toutes les figures de la planche XII, sont de grandeur naturelle.

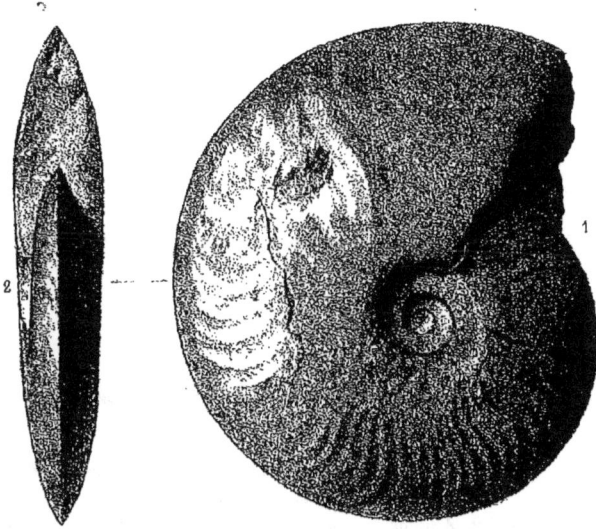

Ad. nat. in lap. L. Bideault.   Lyon, Lith. Marmorat.

PLANCHE XIII

Zone de l'Ammonites bifrons

Fig. 1. **Ammonites concavus** (Sowerby), spécimen de la Verpillière, muni de son test, page 59.
— 2. *Ammonites concavus*, de Villebois, moule montrant les lobes.
— 3. Coupe de la même *Ammonites*.
— 4. **Ammonites Sæmanni** (Oppel), fragment de Saint Romain (moule), page 61.
— 5. Coupe du même fragment.
— 6. Lobes du même.

Tous les dessins de la planche XIII sont de grandeur naturelle.

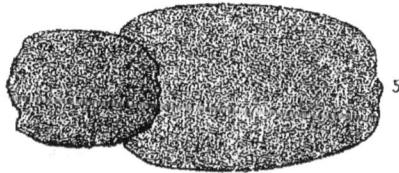

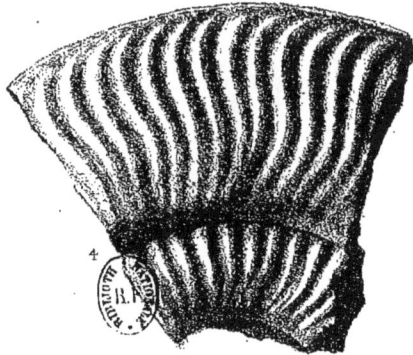

PLANCHE XIV

Zone de l'Ammonites bifrons

FIG. 1. **Ammonites Cæcilia** (REINECKE sp.), de la Verpillière, page 63.

— 2. **Ammonites radiosus** (SEEBACH), de la Verpillière, variété comprimée, page 66.

— 3 et 4. *Ammonites radiosus,* de la Verpillière, forme épaisse, la plus ordinaire.

— 5. Lobes de l'*Ammonites radiosus.*

— 6 et 7. **Ammonites Grunowi** (V. HAUER), de Fressac, page 67.

Toutes les figures de la planche XIV sont de grandeur naturelle.

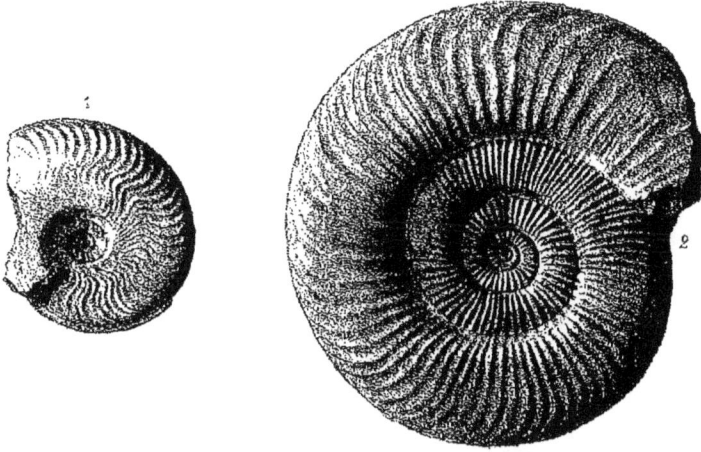

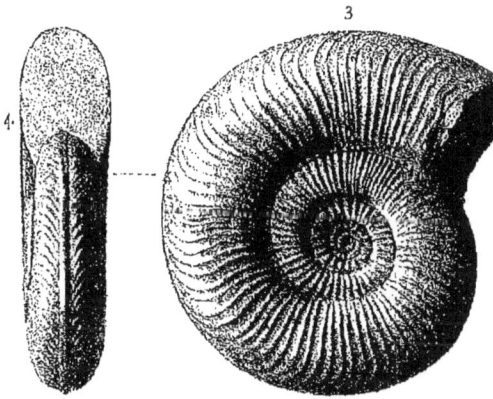

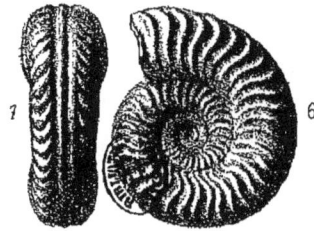

PLANCHE XV

Zone de l'Ammonites bifrons

Fig. 1 et 2. **Ammonites Grunowi** (V. Hauer), de la Verpillière, page 67.
— 3 et 4. **Ammonites Mercati** (V. Hauer), de la Verpillière, page 68.

Toutes les figures de la planche XV sont de grandeur naturelle.

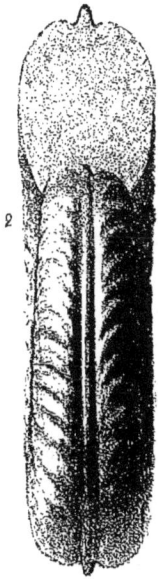

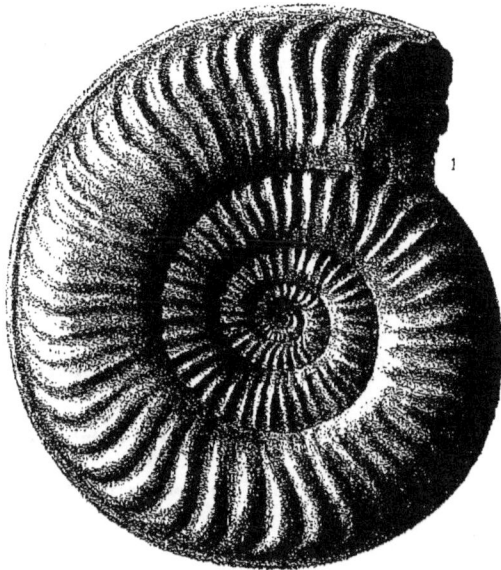

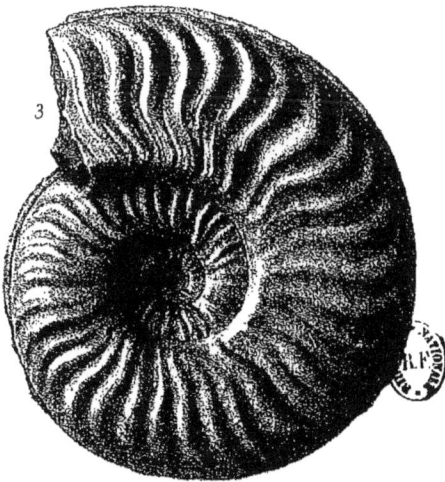

Toutes les figures de la planche XVI sont de grandeur naturelle.

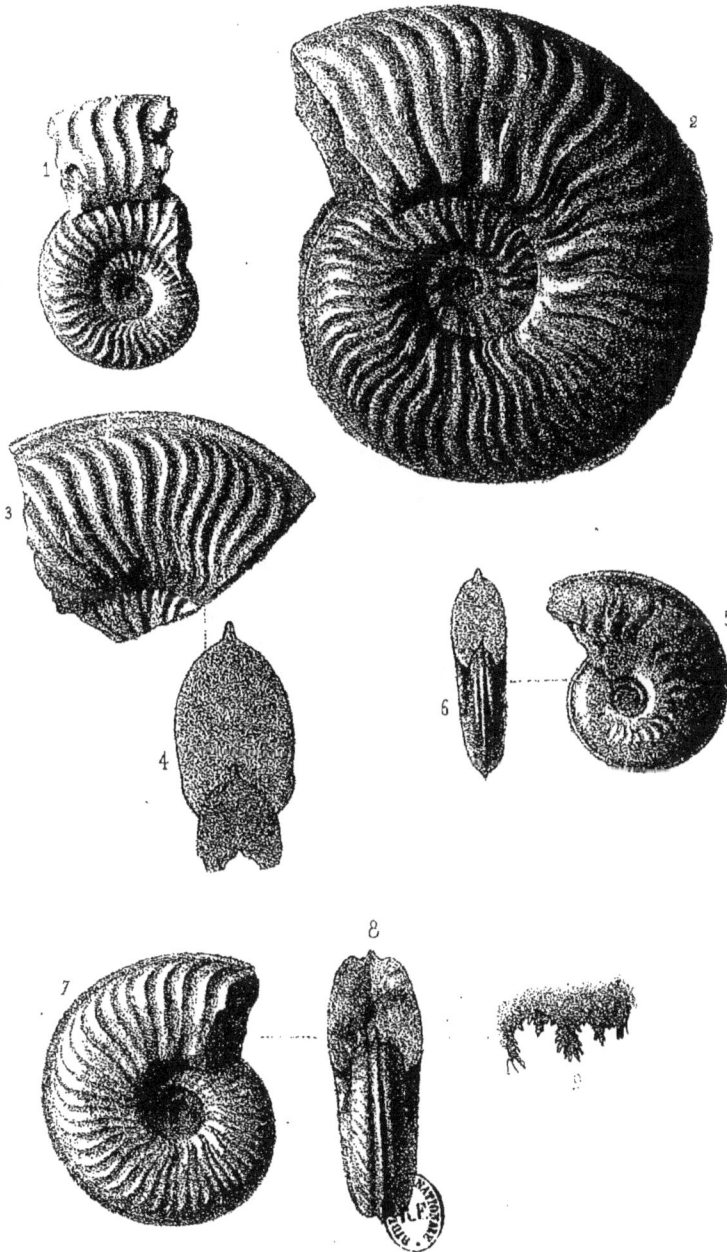

PLANCHE XVII

Zone de l'Ammonites bifrons

Fig.   1. **Ammonites insignis** (SCHUBLER), fragment à tours carrés, de Saint-Julien-de-Jonzy, p. 74.

—   2. Lobes du même.

—   3. *Ammonites insignis*, fragment à tours étroits de Saint-Fortunat. — Collection Thiollière.

—   4 et 5. *Ammonites insignis,* variété à ornements grossiers, de Saint-Nizier.

Toutes les figures de la planche XVII sont de grandeur naturelle.

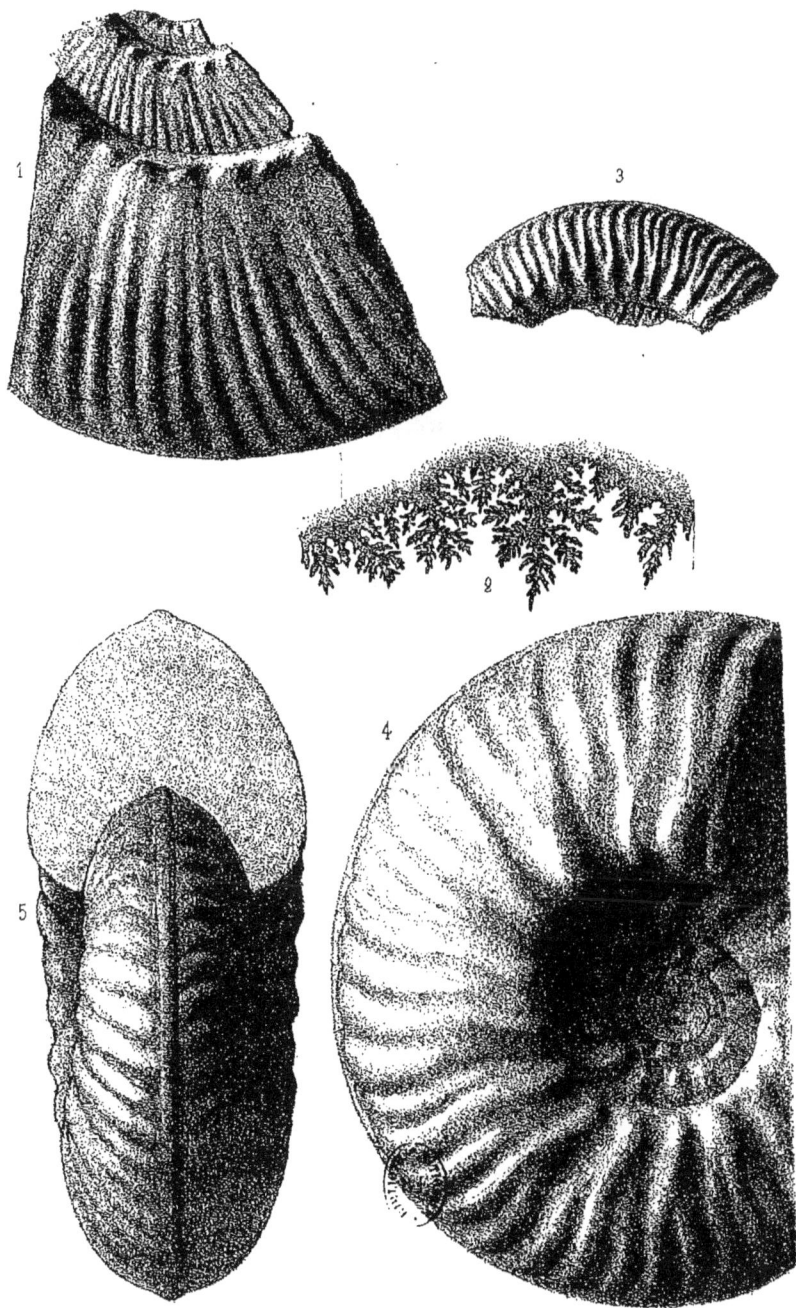

Ad nat. in. lap. L. Bideault.   Lyon, Lith. Marmorat

PLANCHE XVIII

Zone de l'Ammonites bifrons

FIG. 1. **Ammonites insignis** (SCHUBLER), variété à tours comprimés, elliptiques, non triangulaires, de Semur-en-Brionnais. — De la collection des Frères de la doctrine chrétienne de Lyon ; on voit en bas de la figure, à gauche, la
dépression annulaire très-apparente, p. 74.
— 2. Coupe des tours du même échantillon.

Toutes les figures de la planche XVIII sont de grandeur naturelle.

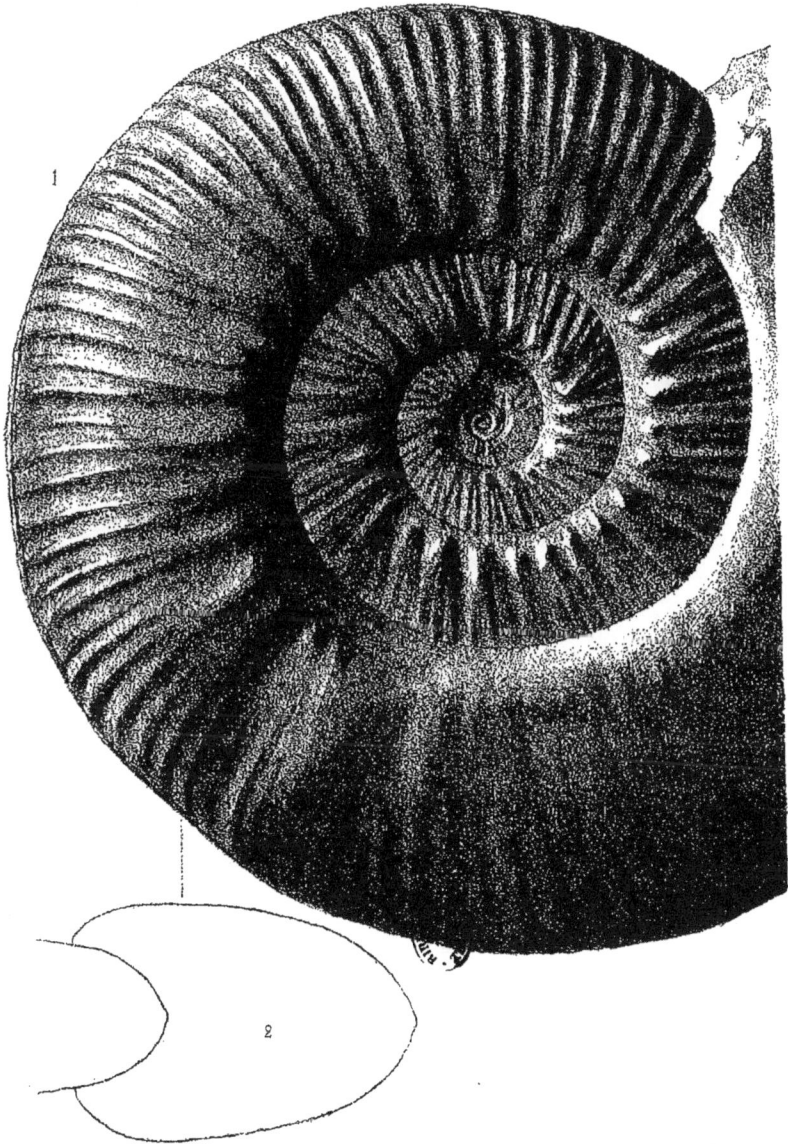

Ad.nat.in lap.L.Bideault   Lyon,Lith.Marmorat,A.Roux,succʳ

PLANCHE XIX

Zone de l'Ammonites bifrons

Tous les dessins de la planche XIX sont de grandeur naturelle.

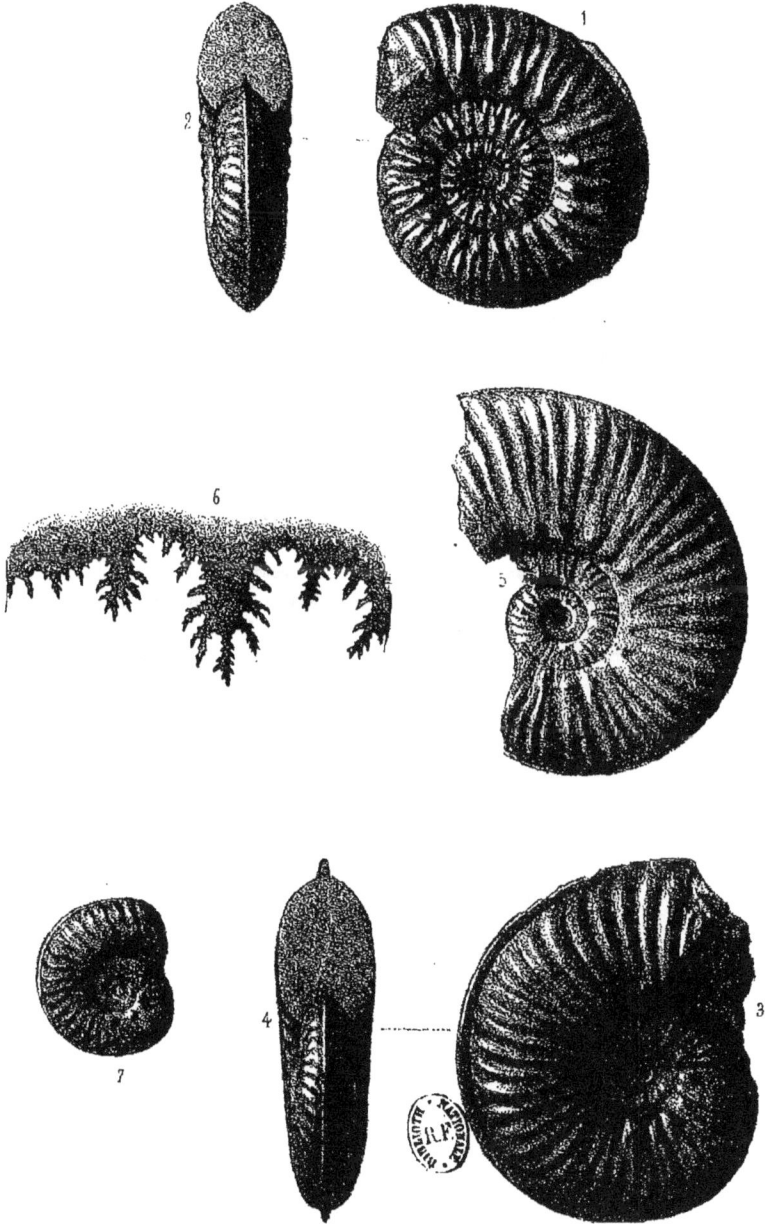

PLANCHE XX

Zone de l'Ammonites bifrons

Fig.   1. **Ammonites Comensis** (V. Buch), de la Verpillière, page 80.
—   2. *Ammonites Comensis*, coupe d'un tour.
— 3 et 4. **Ammonites navis** (E. Dumortier), échantillon, moule, de
           Poleymieux. — Collection Thiollière, page 89.
—   5. Lobes du même échantillon.
—   6. *Ammonites navis*, fragment de la Verpillière, ayant conservé
           son test.

Toutes les figures de la planche XX sont de grandeur naturelle.

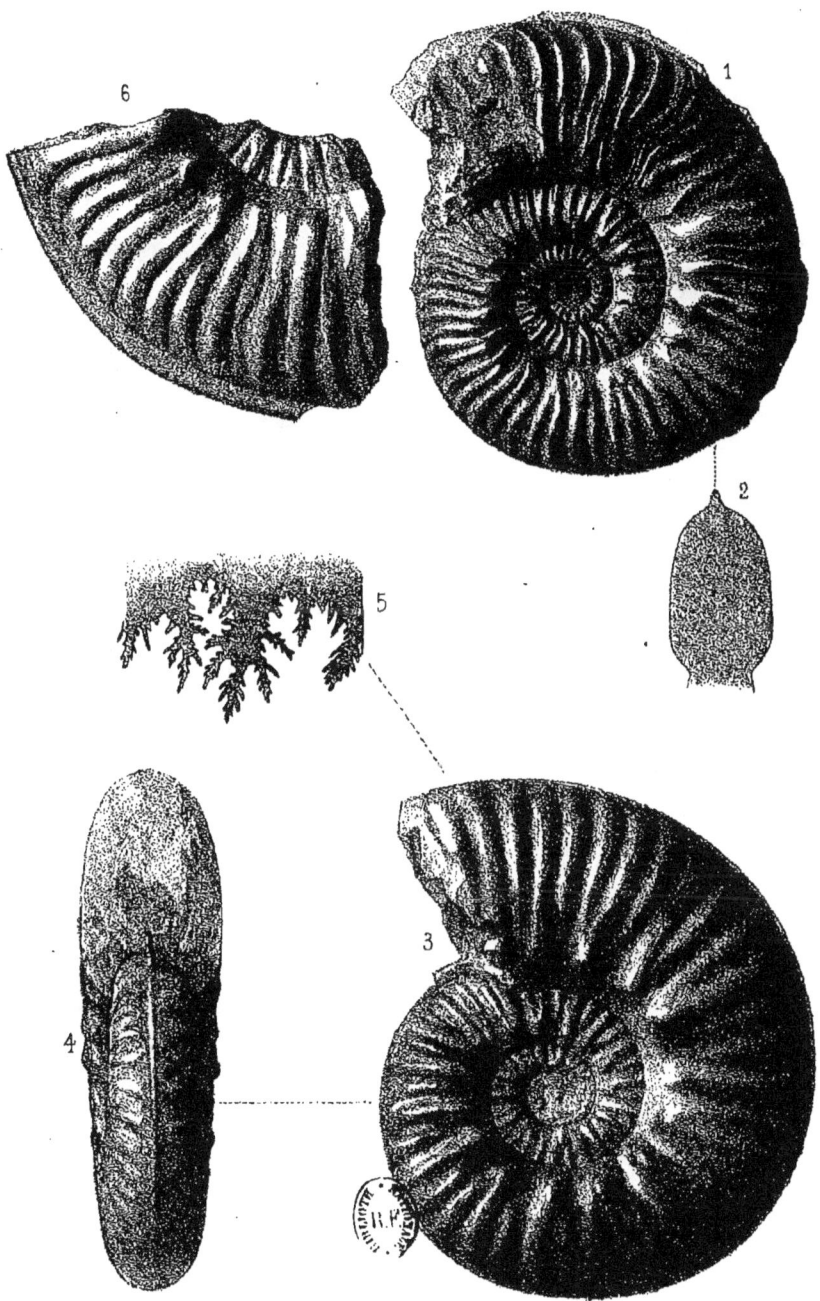

PLANCHE XXI

Zone de l'Ammonites bifrons

FIG. 1 et 2. **Ammonites Lilli** (VON HAUER), de la Verpillière, page 82.

Les deux figures de la planche XXI sont de grandeur naturelle.

PLANCHE XXII

Zone de l'Ammonites bifrons

Fig. 1. **Ammonites malagma** (E. Dumortier), de Serrières-de-Briord,
　　　　 page 85.
— 2. *Ammonites malagma*, de Saint-Romain.
— 3. Coupe de la même.
— 4. Lobes du même échantillon.

Toutes les figures de la planche XXII sont de grandeur naturelle.

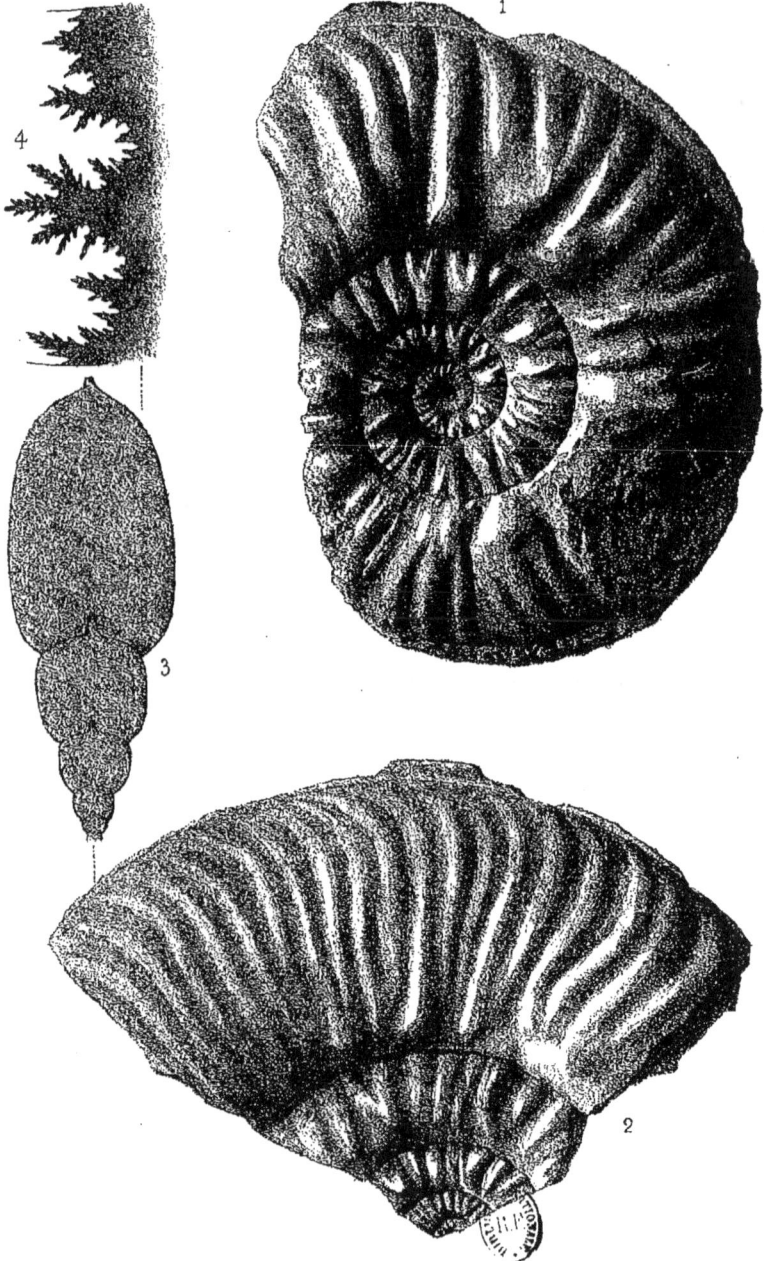

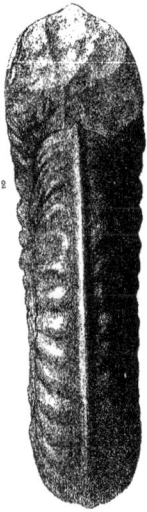

AG.nature imp. L... Brédault.   Lyon, Lith Marmorat, A. Noue, imp.

PLANCHE XXIV

Zone de l'Ammonites bifrons

FIG. 1 et 2. **Ammonites Tirolensis** (VON HAUER), de la Verpillière, page 86. — L'échantillon fait partie de la collection Thiollière, au musée de Lyon.

Les figures de la planche XXIV sont de grandeur naturelle.

1

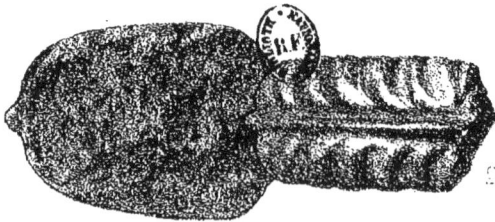

Ad.nat.in lap. L. Bideault   Lyon.Lith.Marmorat.A.Roux,succ.ʳ

PLANCHE XXV

Zone de l'Ammonites bifrons

Fig. 1 et 2. **Ammonites rheumatisans** (E. Dumortier), de Poleymieux. — De la collection de M. A. Falsan, page 88.

Les figures de la planche XXV sont de grandeur naturelle.

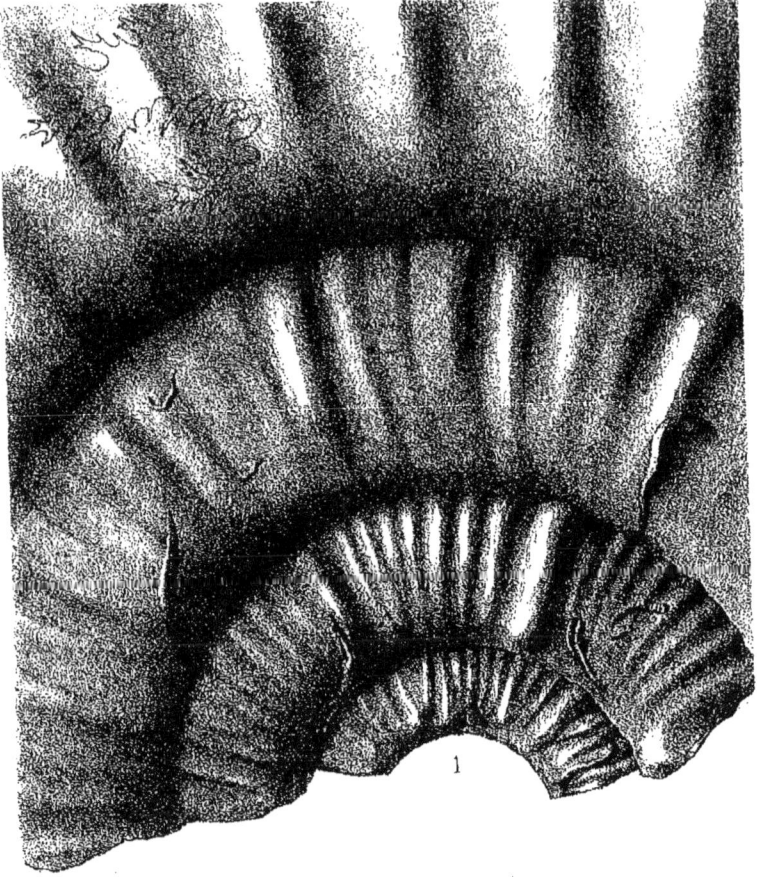

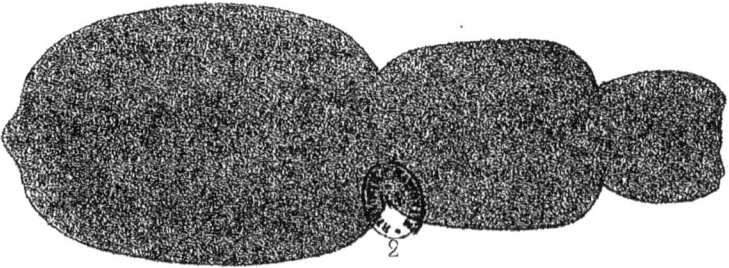

Ad.nat.in lap. L. Bideault   Lyon.Lith.Marmorat.A.Roux.succr

PLANCHE XXVI

Zone de l'Ammonites bifrons

Fig. 1 et 2. **Ammonites communis** (Sowerby), de la Verpillière, p. 93.
— 3 et 4. **Ammonites annulatus** (Sowerby), de la Verpillière,
page 90.

Toutes les figures de la planche XXVI sont de grandeur naturelle.

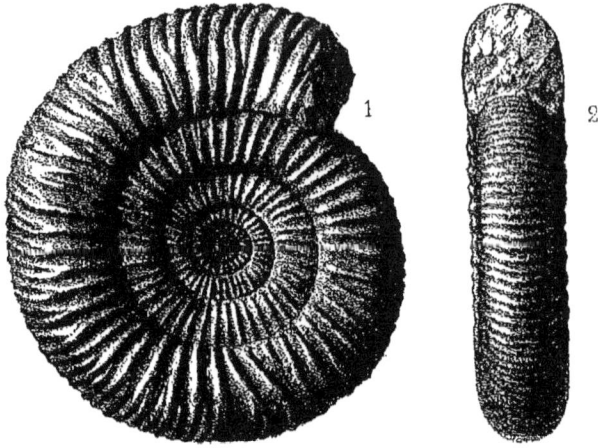

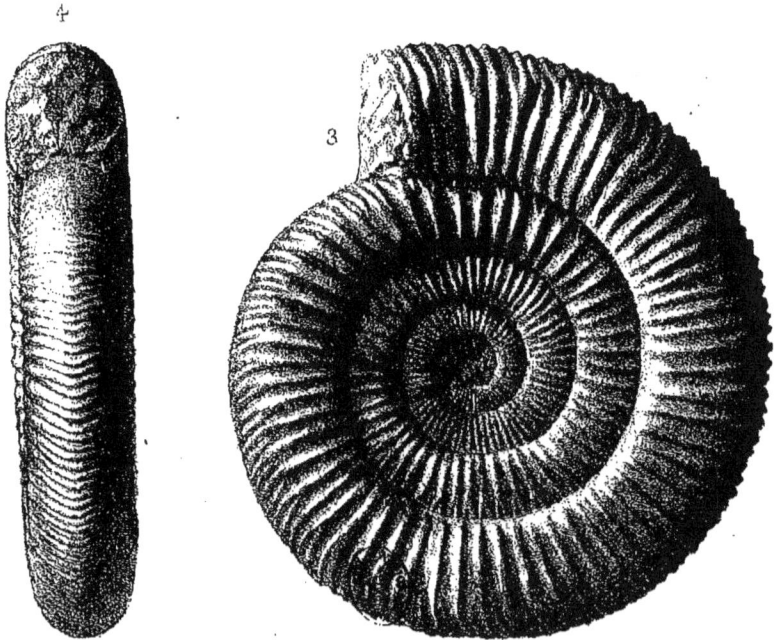

Ad.nat.in lap.L. Bideault   Lyon.Lith.Marmorat, A.Roux,succ.ᵗ

PLANCHE XXVII

Zone de l'Ammonites bifrons

FIG.   1. **Ammonites Holandrei** (D'ORBIGNY), de la Verpillière,
page 94.

— 2 et 3. *Ammonites Holandrei*. Fragment de Saint-Romain.

—   4. **Ammonites Desplacci** (D'ORBIGNY), de la Verpillière,
page 102.

— 5,6,7. **Ammonites crassus** (PHILLIPS), de la Verpillière, variété
comprimée avec sa bouche, page 95.

— 8 et 9. *Ammonites crassus*, de la Verpillière, variété déprimée à
grosses côtes.

— 10. *Ammonites crassus*, moule de Saint-Nizier montrant la loge.

— 11. Le même échantillon, vu par le contour siphonal, entièrement
lisse.

Tous les dessins de la planche XXVII sont de grandeur naturelle.

1

4

5

6

7

8

3

2

10

11

9

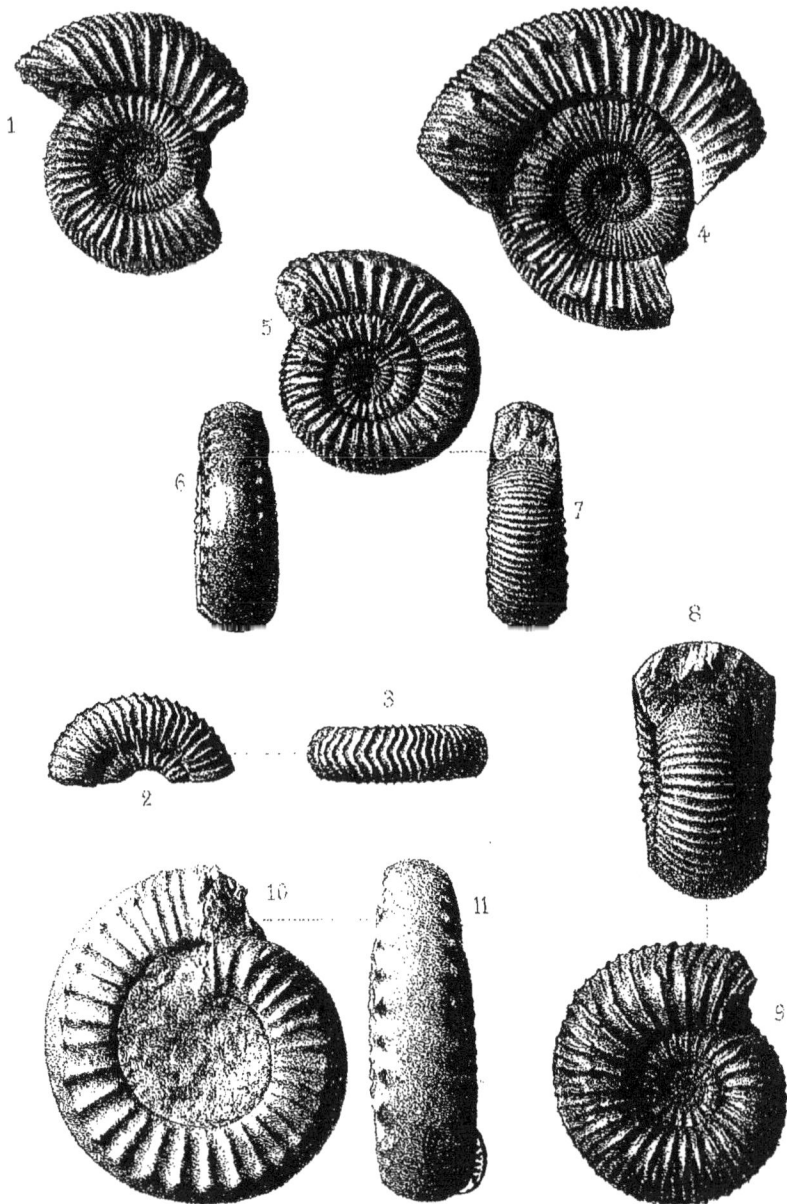

Ad.nat.in lap.l Bideault.

Lyon.Lith.Marmorat.A.Roux.succᵣ

PLANCHE XXVIII

Zone de l'Ammonites bifrons

Toutes les figures de la planche XXVIII sont de grandeur naturelle.

1

2

3

4.

5

6

7

8

9

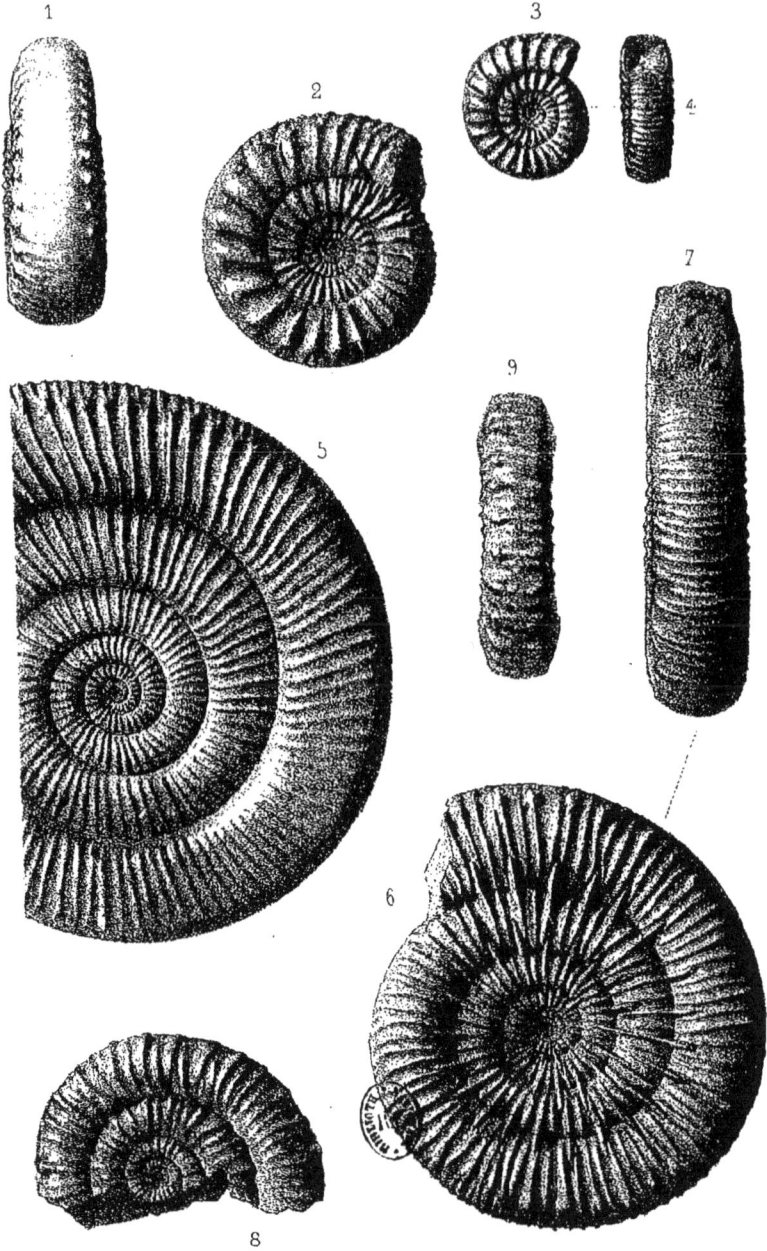

Ad:nat.in lap. L Bideault   Lyon. Lith. Marmorat. A. Roux. succ.ʳ

1

2

3

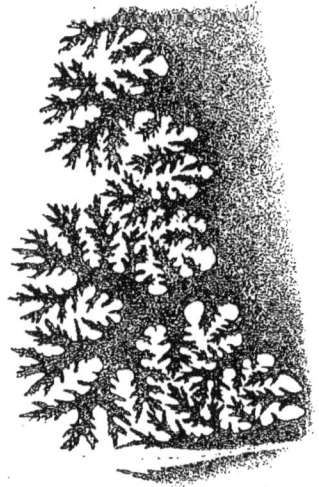

5

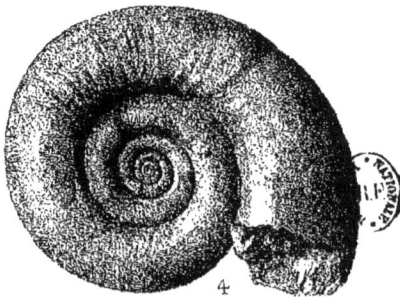

4

Adnatin iap. L. Bideault.   Lyon, Lith. Marmorat, A. Roux, succ.ʳ

PLANCHE XXX

Zone de l'Ammonites bifrons

Toutes les figures de la planche XXX, excepté la fig. 3, sont de gandeur naturelle.

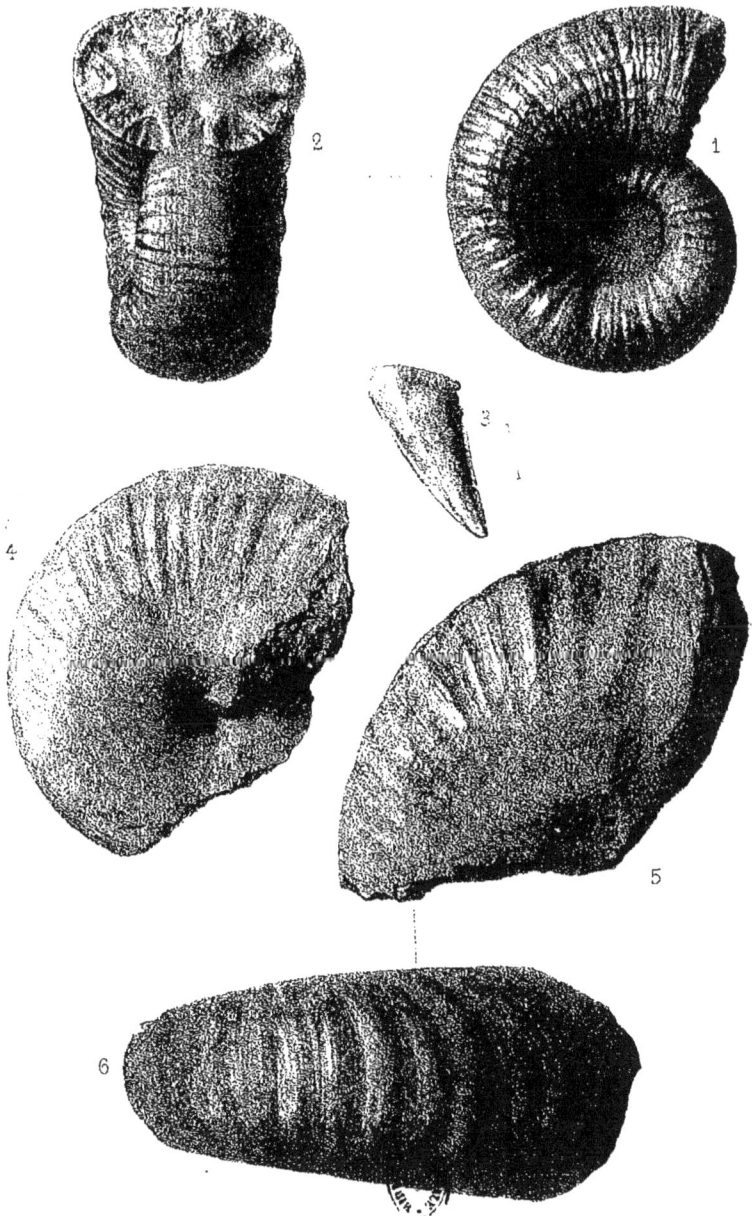

Ad:nat.in Isp.L. Bideault   Lyon.Lith.Marmorat.A.Roux.succ⁰

Toutes les figures de la planche XXXI sont de grandeur naturelle.

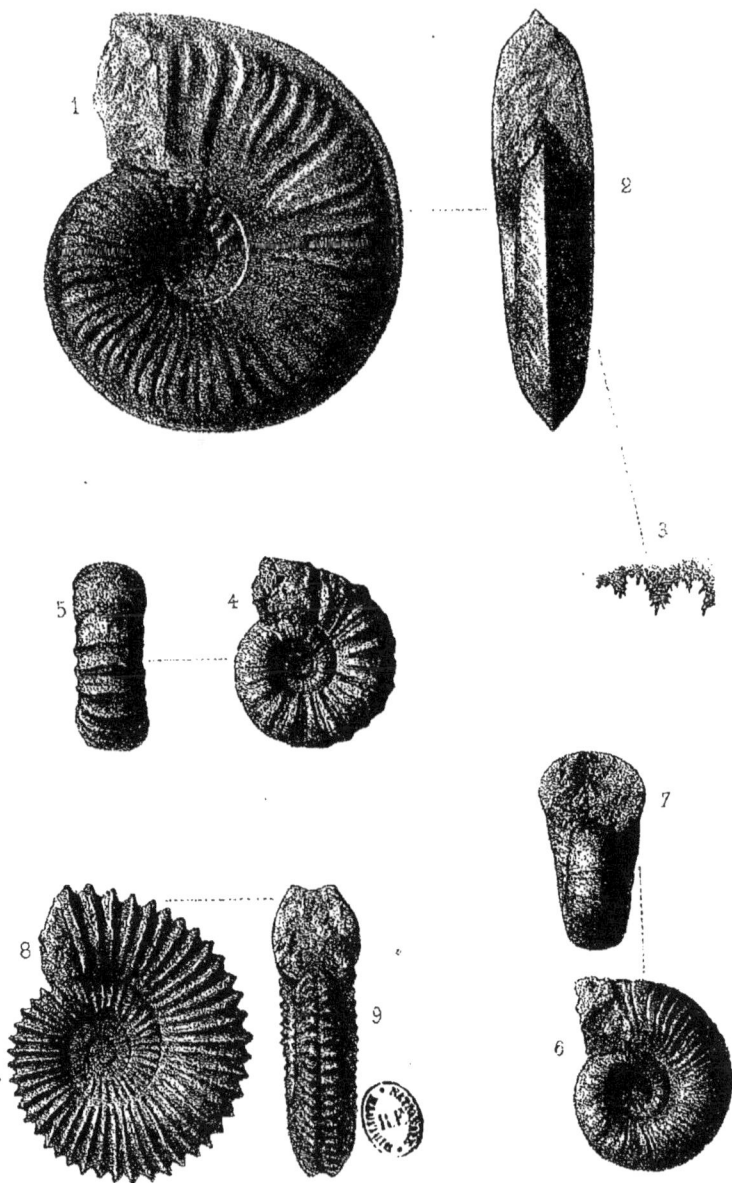

PLANCHE XXXII

Zone de l'Ammonites bifrons

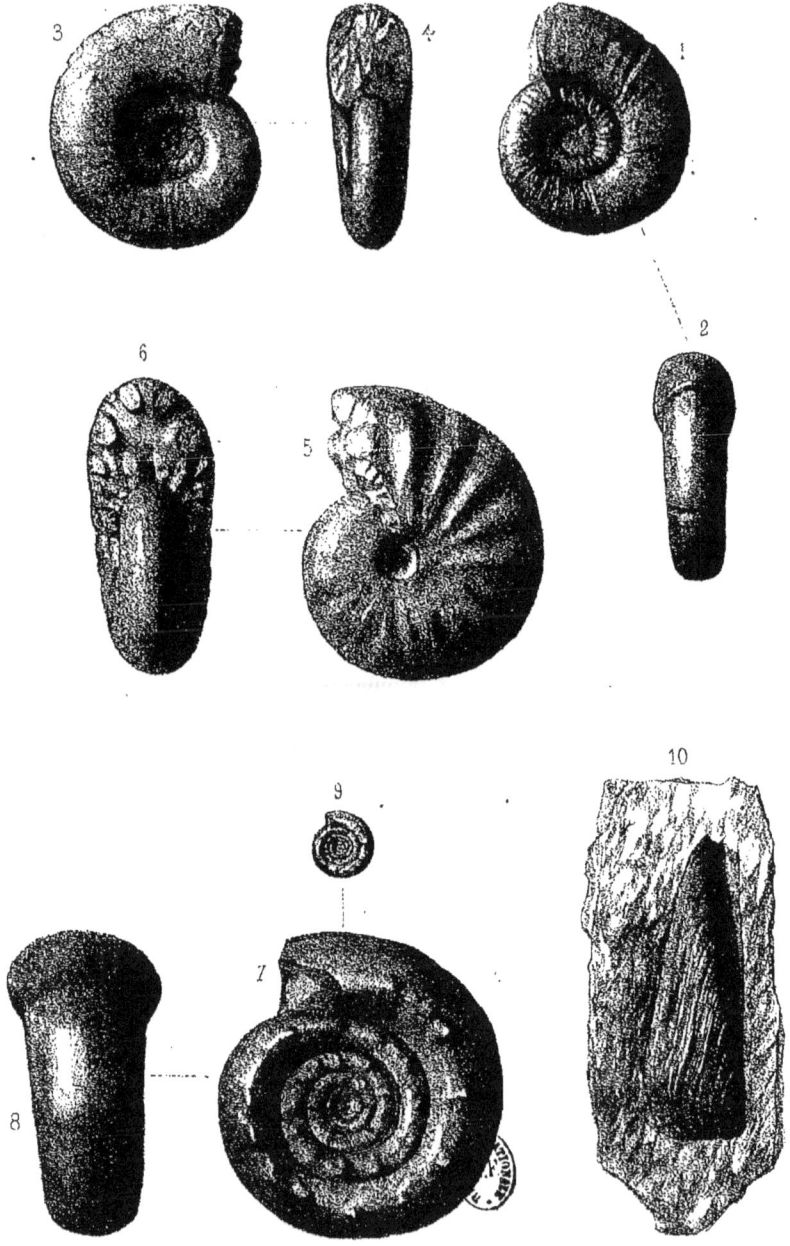

Ad.nat.in iap. L. Bideault   Lyon,Lith.Marmorat.A.Roux,succ.ᵗ

Zone de l'Ammonites bifrons

Fig. 1. **Ammonites Leoneiæ** (E. Dumortier), fragment de Gap, de la collection de M. Jaubert, de grandeur naturelle, page 122.

— 2. Même fragment, coupe.

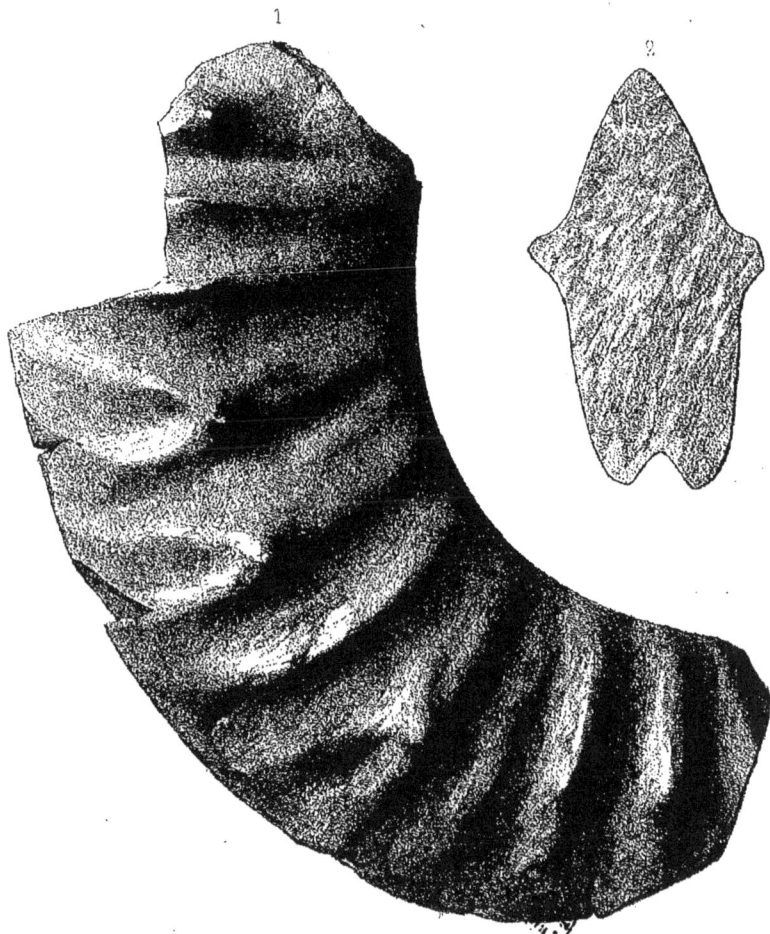

Ad. ..ein ... ... Bideault   Lyon, Lith. Marmorat, A. Roux, succ.ʳ

PLANCHE XXXIV

Zone de l'Ammonites bifrons

PLANCHE XXXV

Zone de l'Ammonites bifrons

PLANCHE XXXVI

Zone de l'Ammonites bifrons

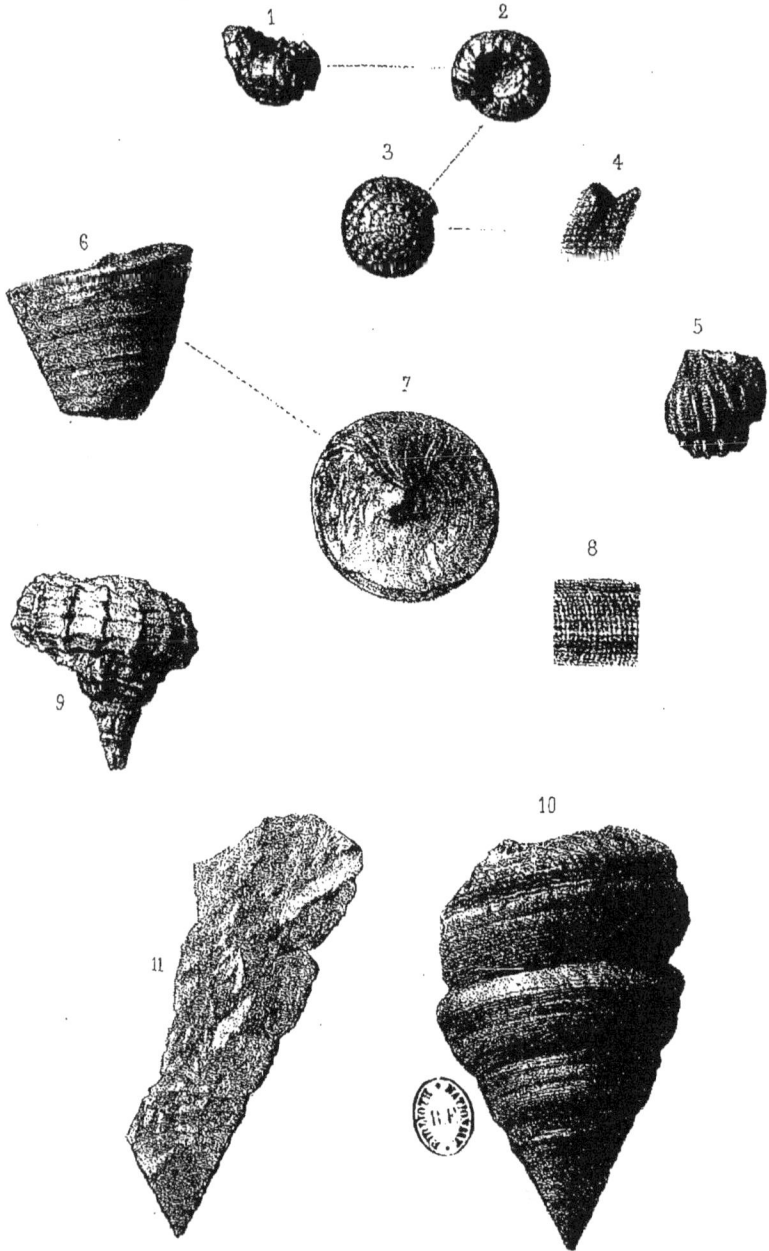

PLANCHE XXXVII

Zone de l'Ammonites bifrons

Dépôts Jurassiques   4.ᵉ partie   PL. XXXVII

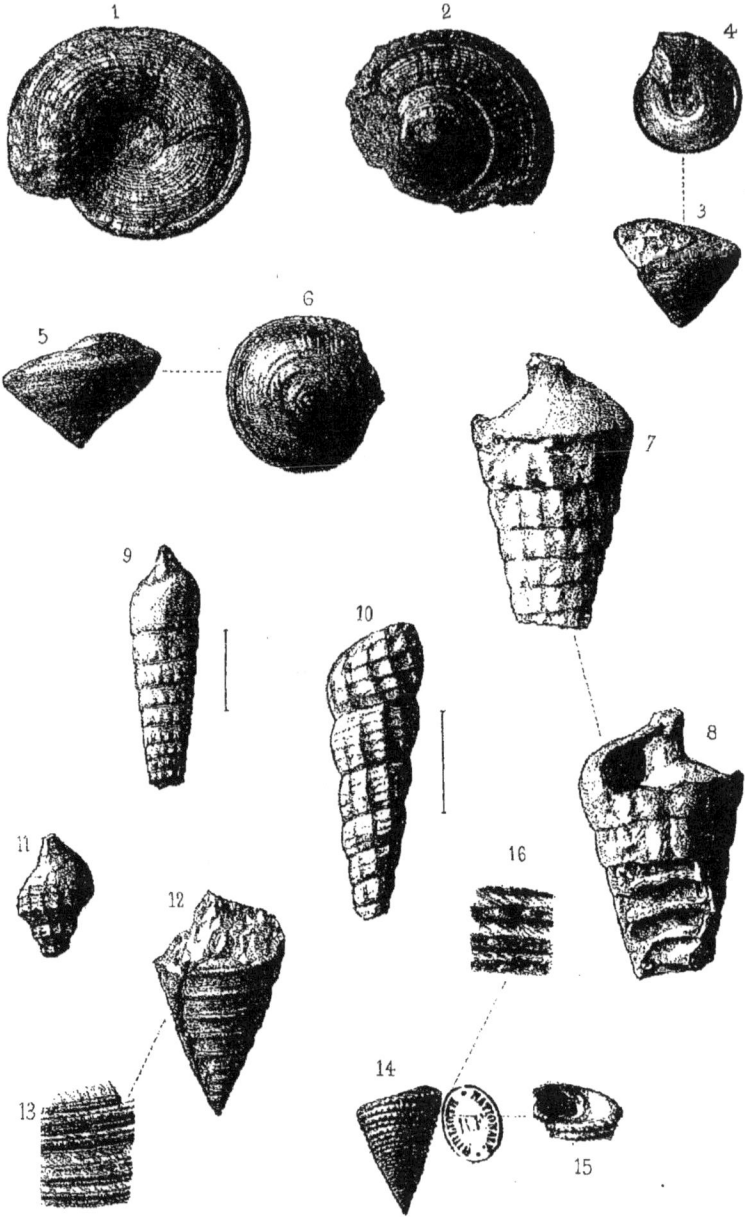

Ad.nat.in lap. L. Bideault   Lyon.Lith.Marmorat.A.Roux.succʳ

PLANCHE XXXVIII

Zone de l'Ammonites bifrons

Tous les dessins de la planche XXXVIII sont de grandeur naturelle.

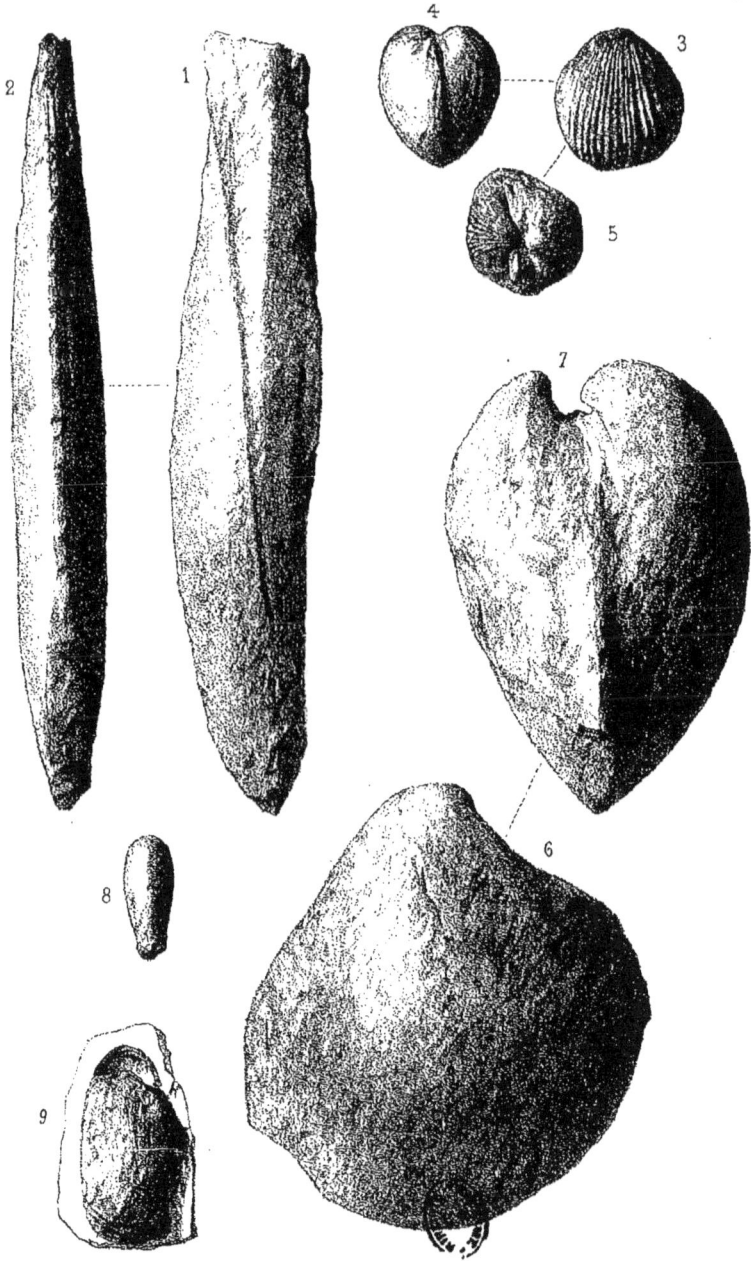

PLANCHE XXXIX

Zone de l'Ammonites bifrons

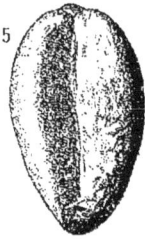

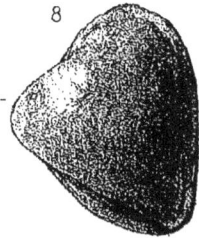

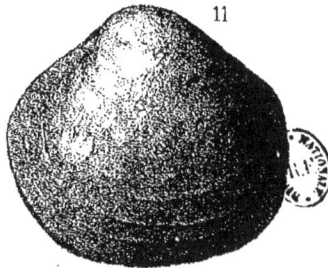

Ad.nat.in lap. L. Bideault   Lyon.Lith.Marmorat.A.Roux,succ.ʳ

PLANCHE XL

Zone de l'Ammonites bifrons

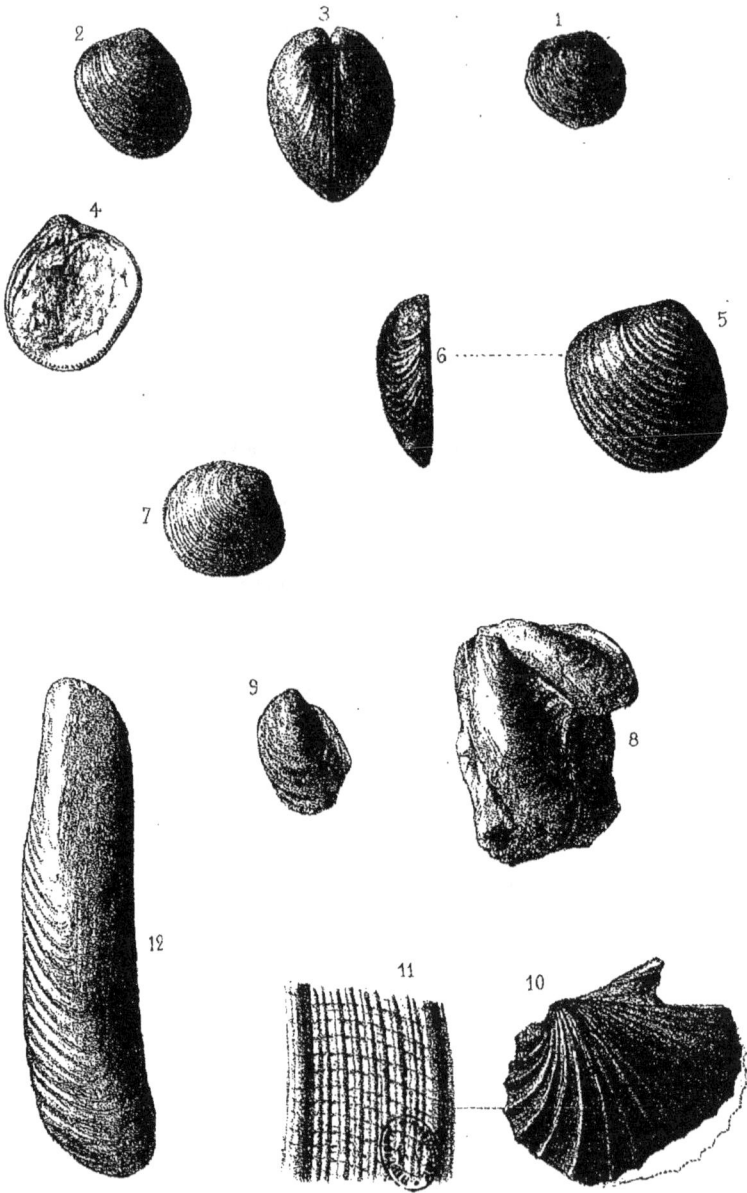

Ad.nat.in lap.L. Bideault   Lyon, Lith.Marmorat.A.Roux,succ.ʳ

Zone de l'Ammonites bifrons

Fig. 1. **Lima Toarcensis** (E. Deslongchamps), échantillon du lias supérieur de Thouars (Deux-Sèvres), vu de face, de grandeur naturelle, page 187.

— 2. Le même, vu du côté antérieur.

Ad.nat.in lap. L. Bideault   Lyon, Lith. Marmorat, A. Roux, succ.ʳ

PLANCHE XLII

Zone de l'Ammonites bifrons

Fig. 1 et 2. **Lima Elea** (D'ORBIGNY), échantillon du lias supérieur de Thouars (Deux-Sèvres), page 188.

— 3 et 4. **Lima Galathea** (D'ORBIGNY), de Charnay, page 190.

— 5 et 6. **Inoceramus dubius** (SOWERBY), échantillon bivalve recueilli par M. L. Pillet, sous le village de la Table, près de la Rochette (Savoie), page 186.

Tous les dessins de la planche XLII sont de grandeur naturelle.

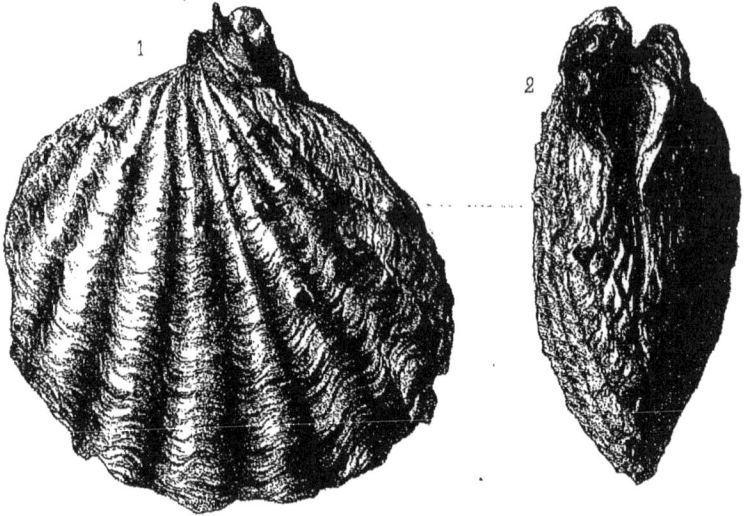

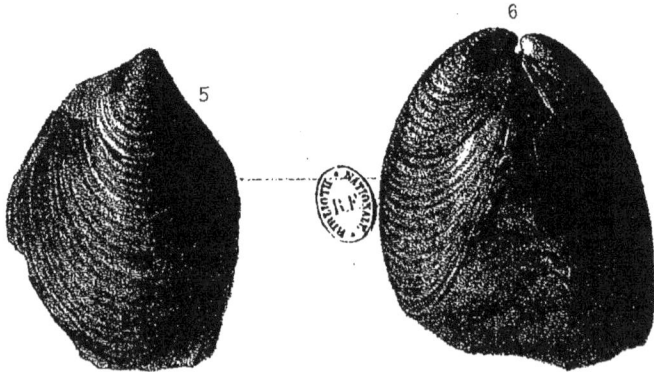

PLANCHE XLIII

Zone de l'Ammonites bifrons

Fig.   1. **Lima Cuersensis** (E. Dumortier), échantillon bivalve de
         Cuers, page 192.

—   2. Autre spécimen plus petit, de la même localité.

—   3 et 4. **Lima Locardi** (E. Dumortier), de Saint-Fortunat, de la
         collection de M. Locard, page 194.

—   5. Grossissement d'une partie du test.

—   6. **Hinnites velatus** (Goldfuss), de Charnay, spécimen qui
         montre les plis de la coquille sur laquelle l'*Hinnites*
         s'est fixé, page 195.

—   7. **Lima Jauberti** (E. Dumortier), de Valaury, page 191.

Les échantillons 1, 2 et 7, appartiennent à la collection de M. Jaubert.

Toutes les figures de la planche XLIII, (sauf le n° 5, sont de grandeur
naturelle.

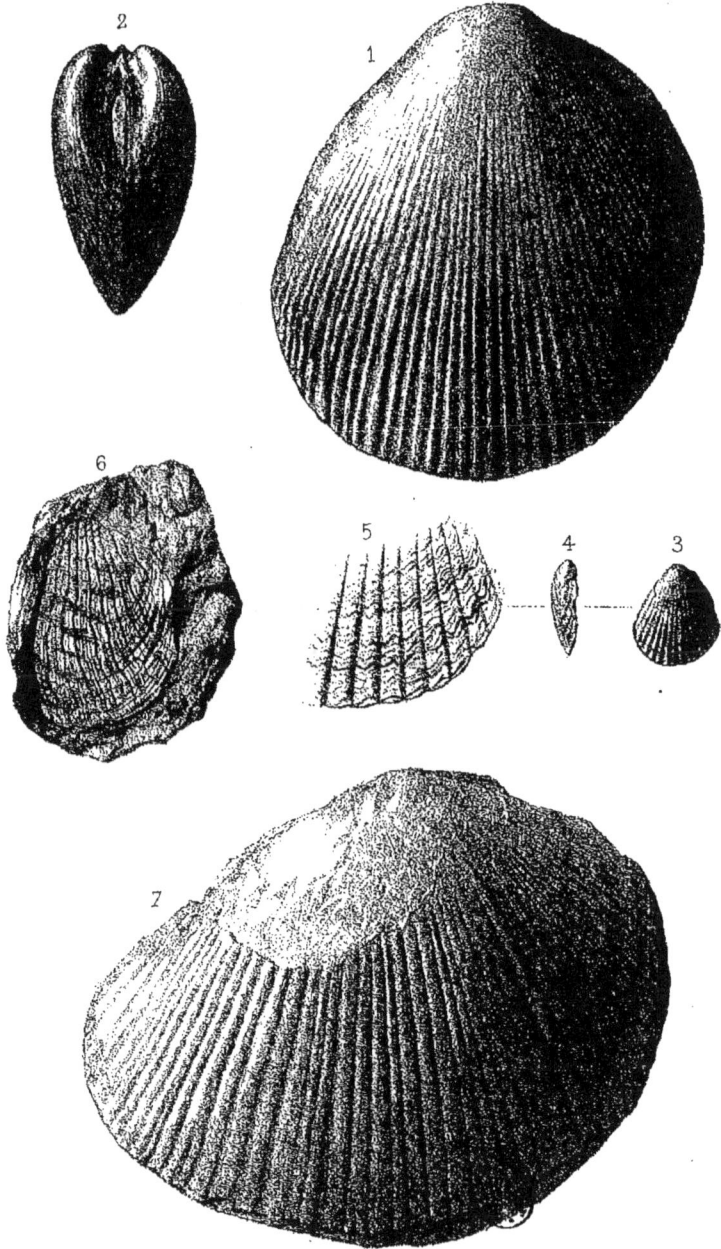

Ad.nat.in lap. L. Bideault   Lyon.Lith.Marmorat.A:Roux.succ.ʳ

PLANCHE XLIV

Zone de l'Ammonites bifrons

Fig.

1. **Pecten pumilus** (Lamarck), valve droite (lisse), de Cuers, de grandeur naturelle, de la collection de M. Jaubert, page 195.

— 2. *Pecten pumilus*, valve gauche (costulée), de Solliès-Ville, de grandeur naturelle.

— 3. Portion de la surface, grossie.

— 4. Vue de profil de l'échantillon fig. 1.

— 5. *Pecten pumilus*, valve gauche, de Cuers, laissant voir une partie des lignes rayonnantes de la surface intérieure.

— 6. **Pecten barbatus** (Sowerby), de la Verpillière, de grandeur naturelle, page 199.

— 7, 8 et 9. **Exogyra Berthaudi** (E. Dumortier), de Saint-Romain, grandeur naturelle, page 200.

— 10. *Exogyra Berthaudi*, valve supérieure de Saint-Romain, vue intérieure.

— 11. Autre valve supérieure de Saint-Romain, vue par-dessus.

— 12. **Pecten textorius** (Schloth. sp.), de Saint-Cyr, de grandeur naturelle, montrant des traces de coloration, page 198.

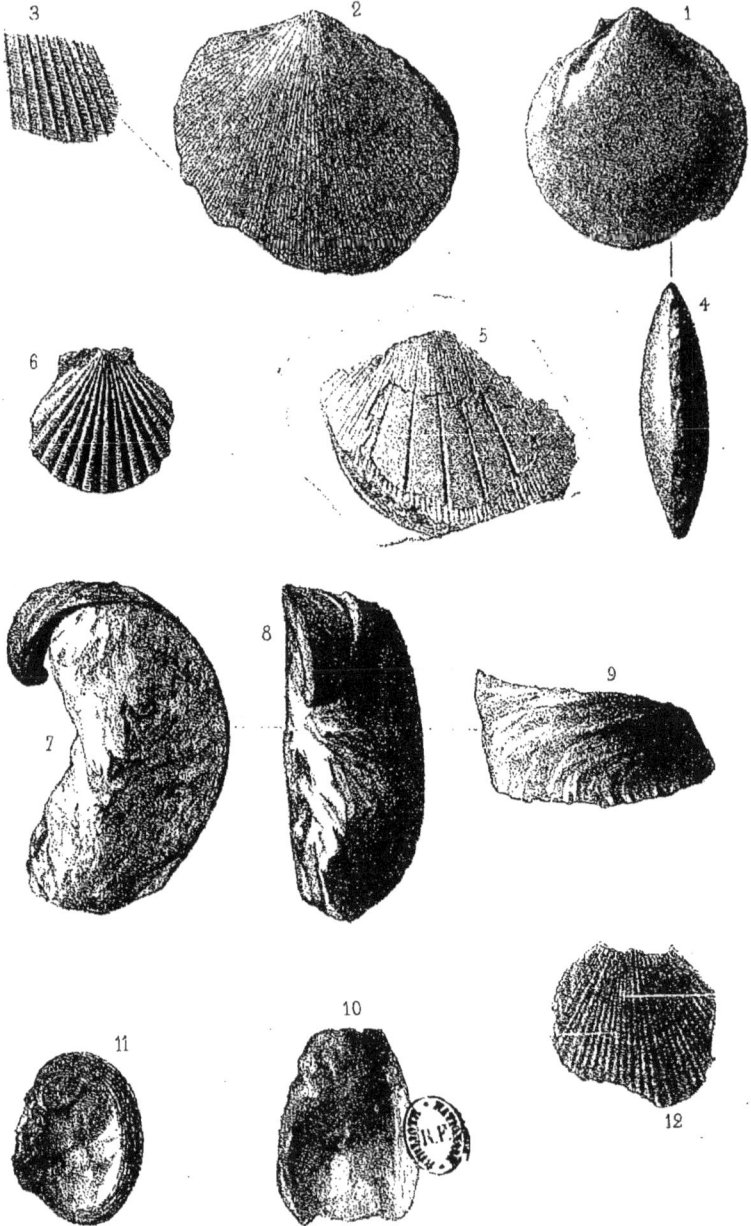

Ad.nat.ın lap. L. Bideault   Lyon, Lith. Marmorat. A. Roux, succⁱ

PLANCHE XLV

Zône de l'Ammonites bifrons

Fig. 1 et 2. **Ostrea Erina** (D'ORBIGNY), de Charnay, grandeur naturelle, page 201.

— 3, 4 et 5. **Plicatula catinus** (E. DESLONGCHAMPS), valves inférieures de Saint-Romain, collection de M. Locard, grandeur naturelle, page 203.

— 6. *Plicatula catinus*, de Saint-Julien, grandeur naturelle, valve supérieure, collection Thiollière, au musée de Lyon.

— 7 et 8. **Ostrea vallata** (E. DUMORTIER), de la Verpillière, grandeur naturelle, page 203.

— 9 et 10. **Rhynchonella Schüleri** (OPPEL), de Saint-Romain, grandeur naturelle, page 206.

— 11. La même, grossie.

— 12. **Harpax gibbosus** (E. DESLONGCHAMPS), de Saint-Julien, grandeur naturelle, page 204.

— 13. **Rhynchonella cynocephala** (RICHARD SP.), de Cuers, grandeur naturelle, page 206.

— 14. Autre, de Belgentier.

— 15 et 16. Autre spécimen de Solliès-Ville.

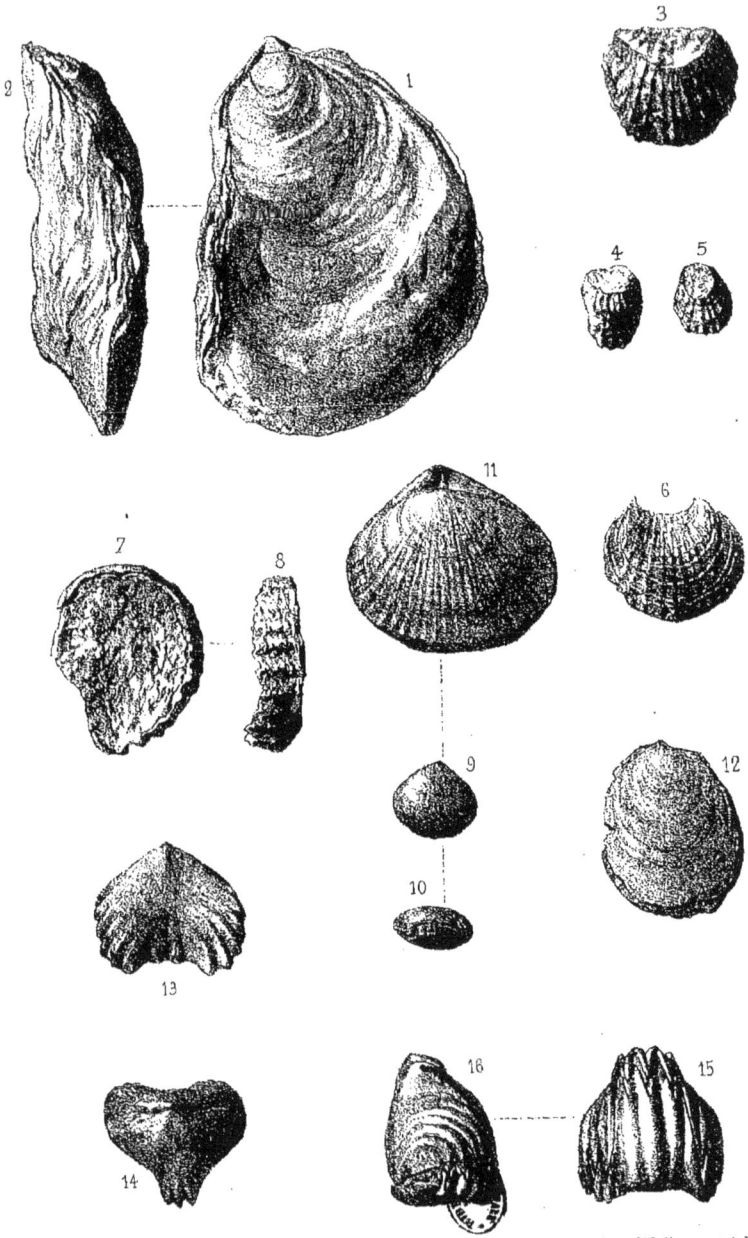

PLANCHE XLVI

Zone de l'Ammonites bifrons

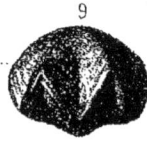

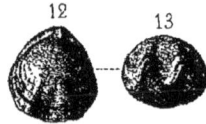

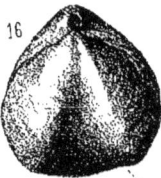

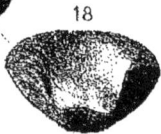

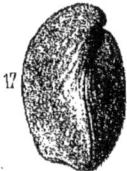

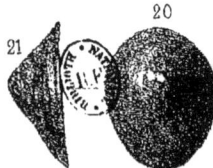

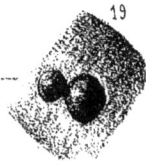

Adnain ap. L. Bideau.   Lyon.Lith. Marmorat. A. Roux, succʳ

PLANCHE XLVII

Zone de l'Ammonites bifrons

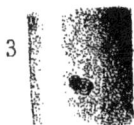

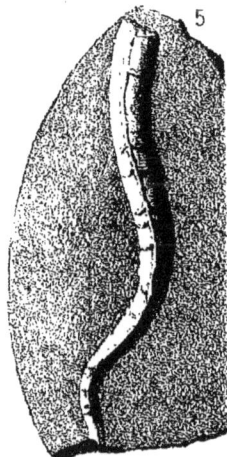

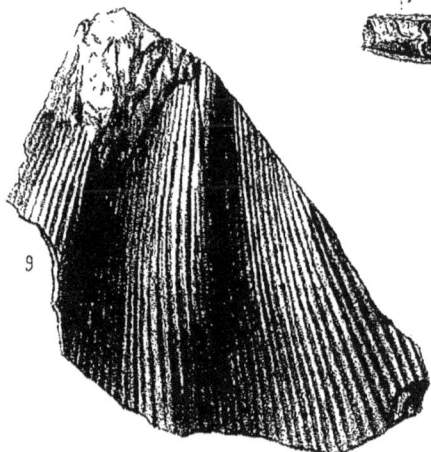

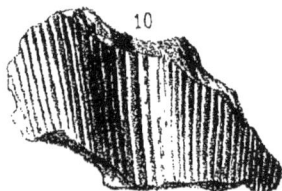

Ad.nat.in lap.L. Bideault   Lyon.Lith.Marmorat.A.Roux succr

PLANCHE XLVIII

Zone de l'Ammonites bifrons

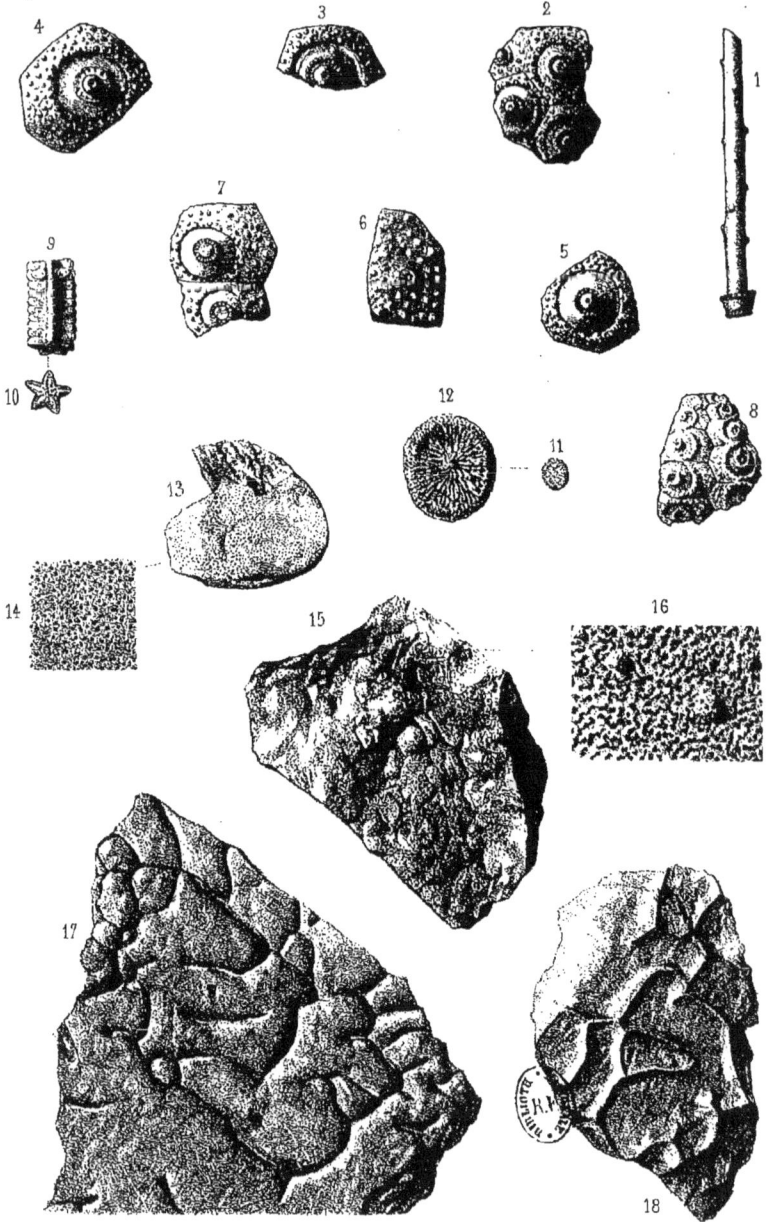

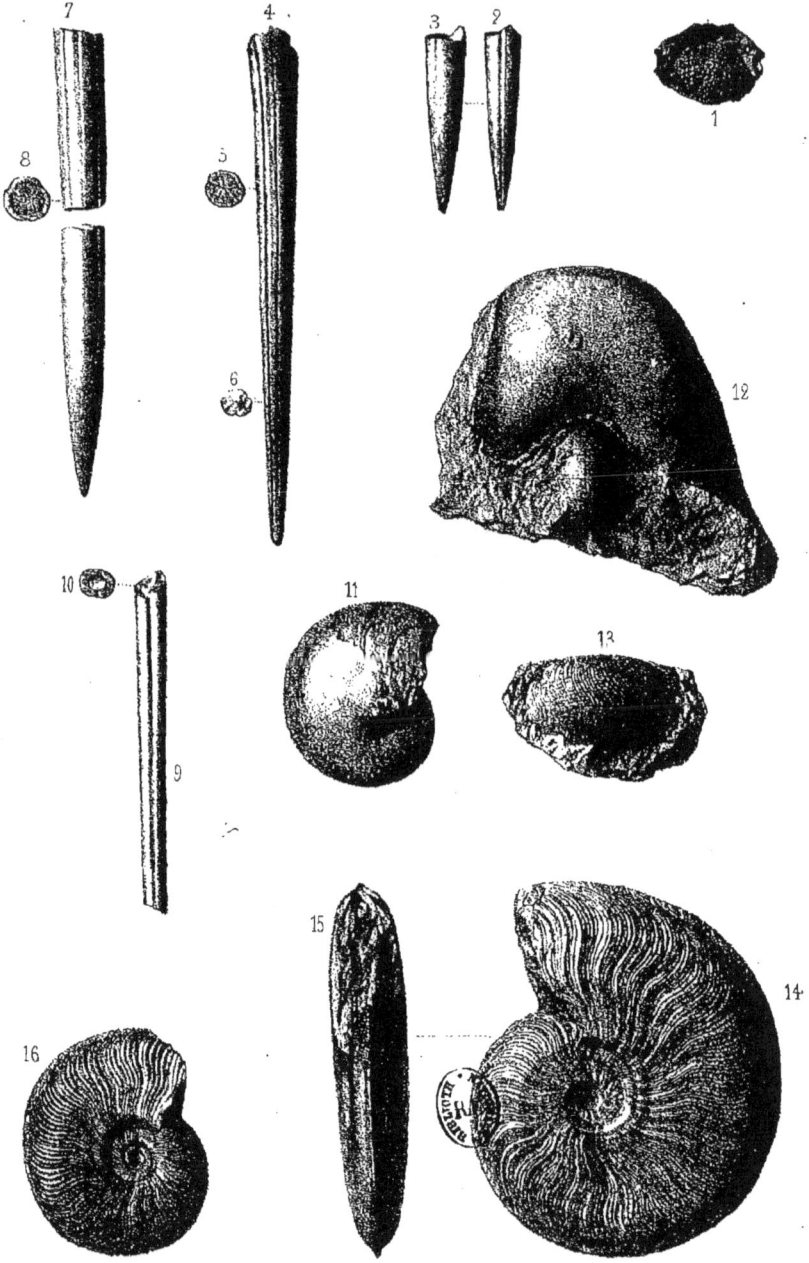

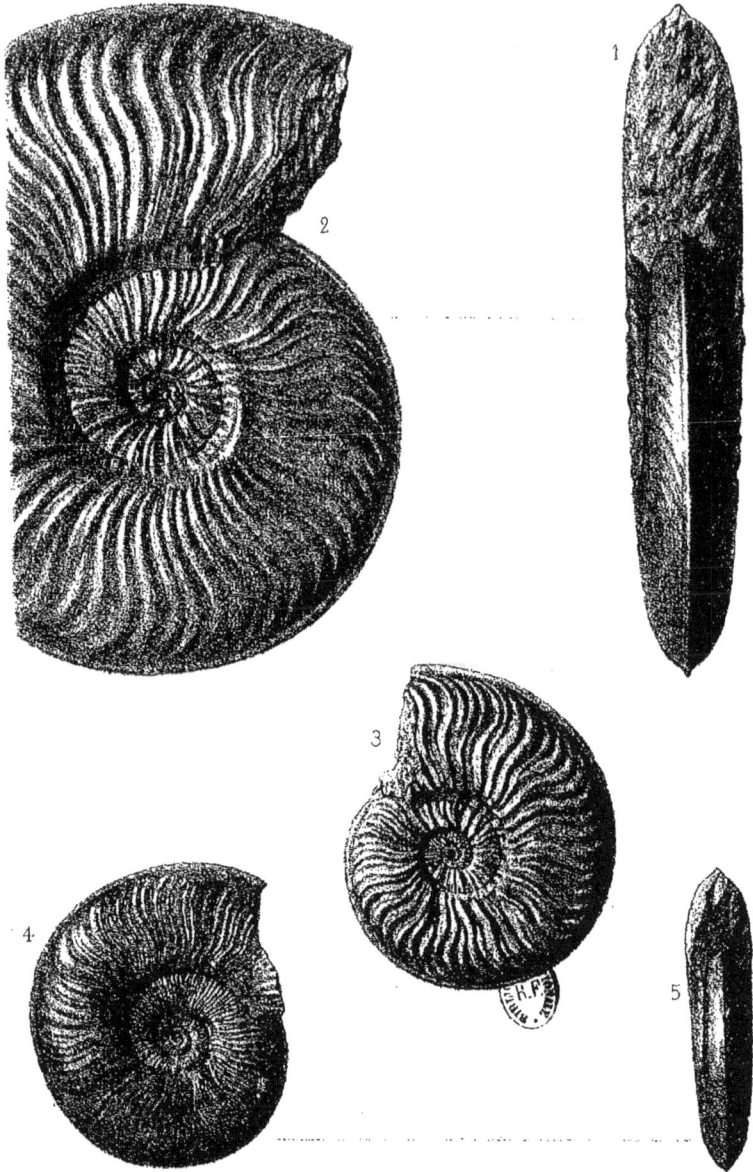

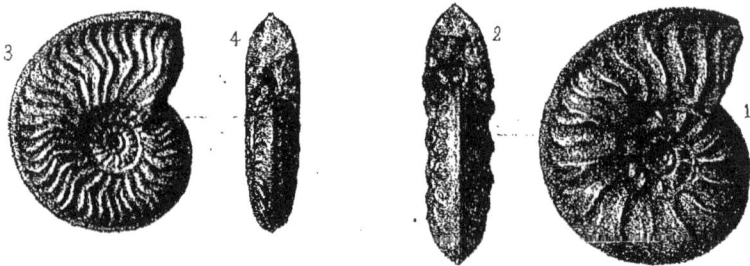

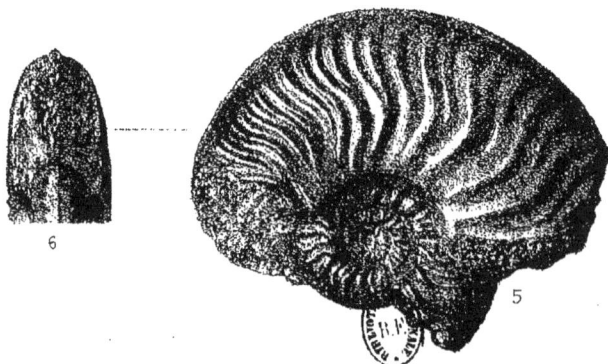

Achiet in lab. L. Bidoault.   Lyon, Lith. Mannorat, A. Roux, succ.ᵗ

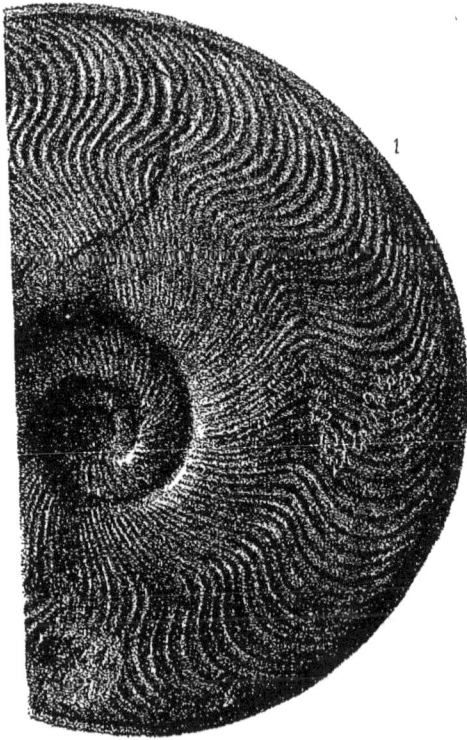

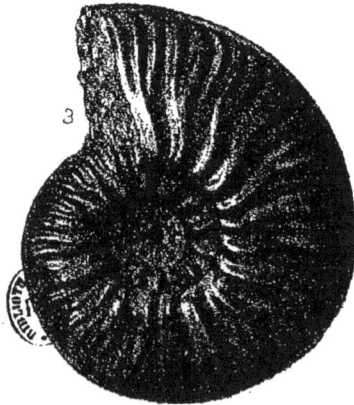

PLANCHE LIII

Zone de l'Ammonites opalinus

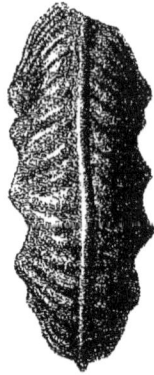

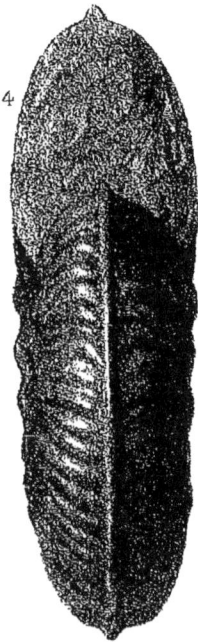

Ad.nat.in lap.L. Bideault Lyon Lith Marmorat.A.Roux.succ.ᵣ

PLANCHE LIV

Zone de l'Ammonites opalinus

FIG. 1. **Ammonites Lorteti** (E. DUMORTIER), de la Verpillière, de grandeur naturelle, page 262.
— 2. Coupe du dernier tour.

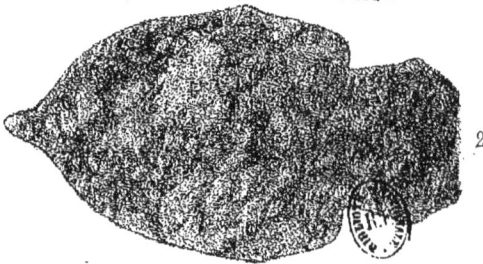

Ad.nat.in lap. L. Bideault   Lyon. Lith.Marmorat.A.Roux,succ⁰

PLANCHE LV

Zone de l'Ammonites opalinus

Toutes les figures de la planche LV sont de grandeur naturelle.

2.

1

6

5

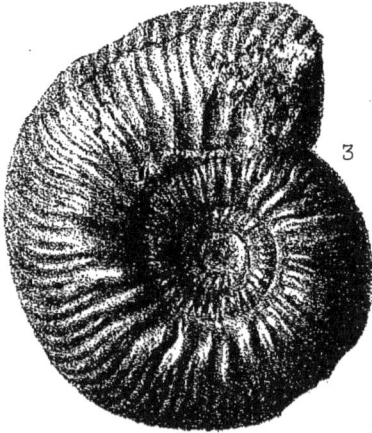

3

4

Ad.nat.in lap. L. Bideault   Lyon, Lith.Marmorat, A. Roux.succᵉʳ

PLANCHE LVI

Zone de l'Ammonites opalinus

Fig. 1. **Ammonites Acanthopsis** (D'ORBIGNY), de la Verpillière, page 265.

— 2. Fragment de la même, vu sur le contour extérieur.

— 3 et 4. *Ammonites acanthopsis*, jeune, de la même localité.

— 5. **Ammonites Gonionotus** (BENECKE), de la Verpillière, page 267.

— 6. *Ammonites Gonionotus*, de la Verpillière, fragment montrant la bouche, vu par côté.

— 7. Le même, vu par-dessus.

Toutes les figures de la planche LVI sont de grandeur naturelle.

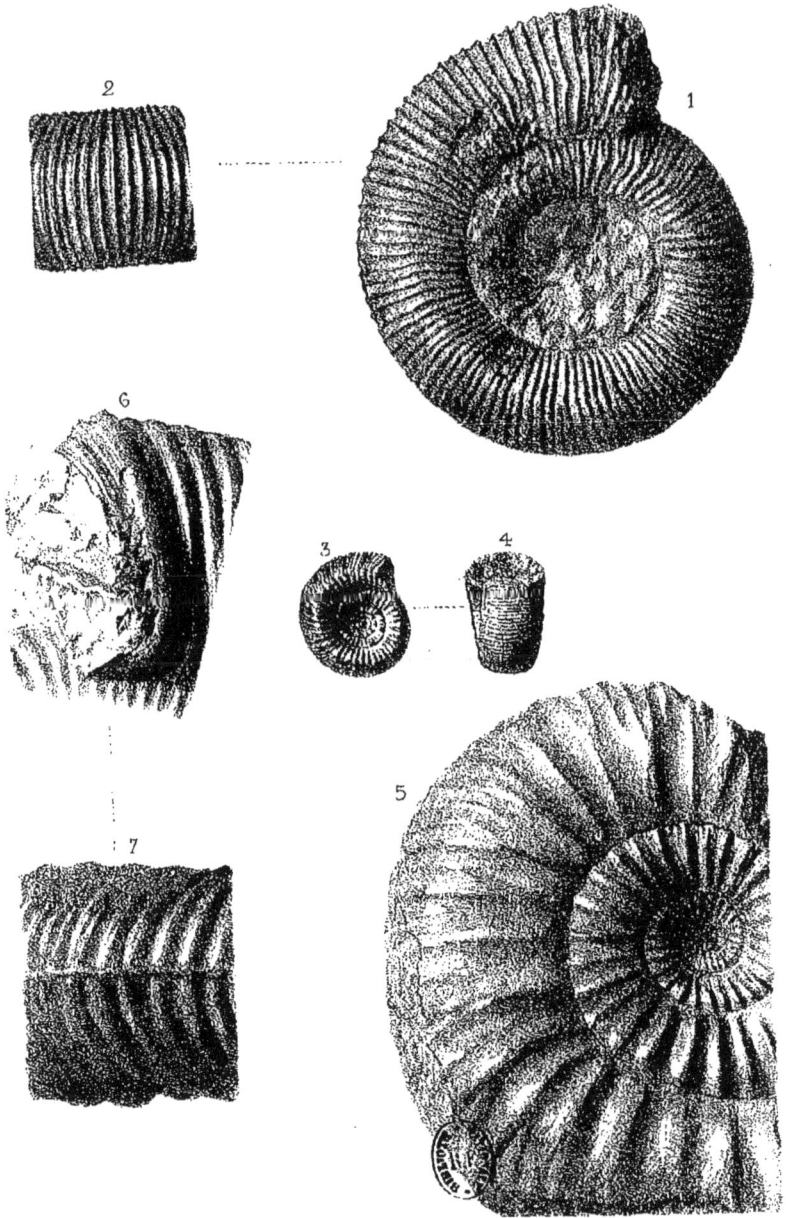

PLANCHE LVII

Zone de l'Ammonites opalinus

Toutes les figures de la planche LVII sont de grandeur naturelle.

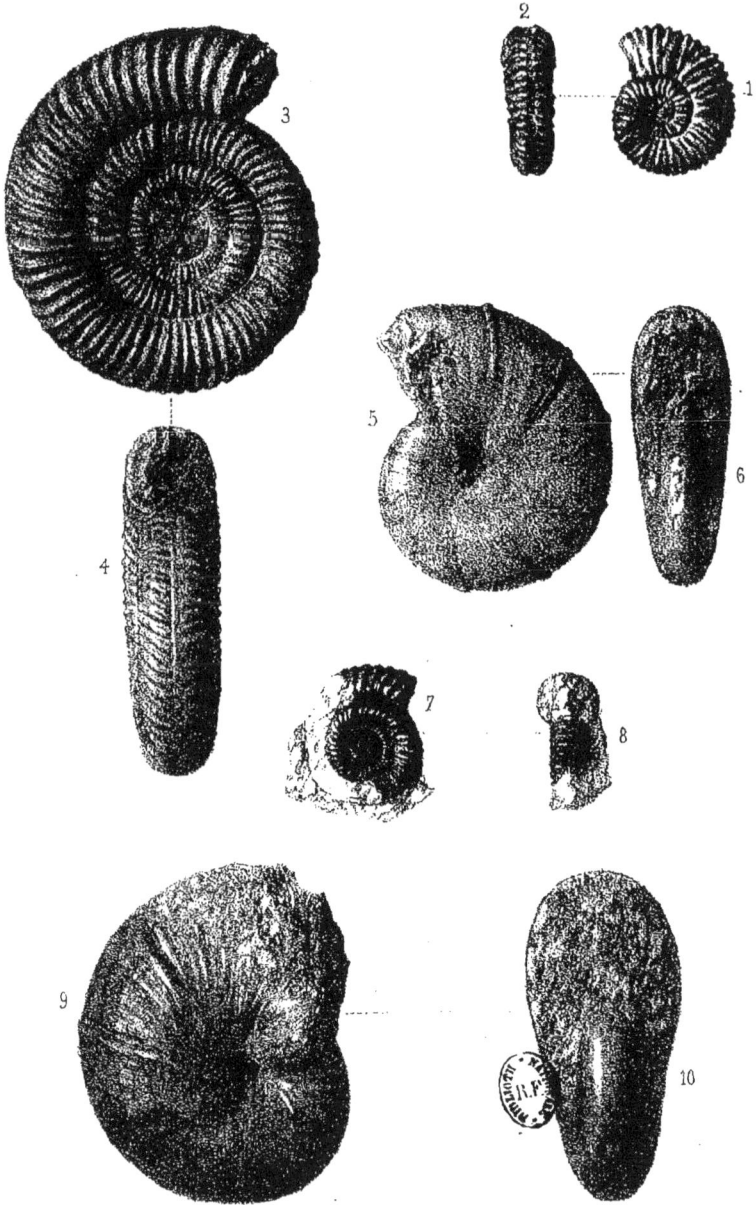

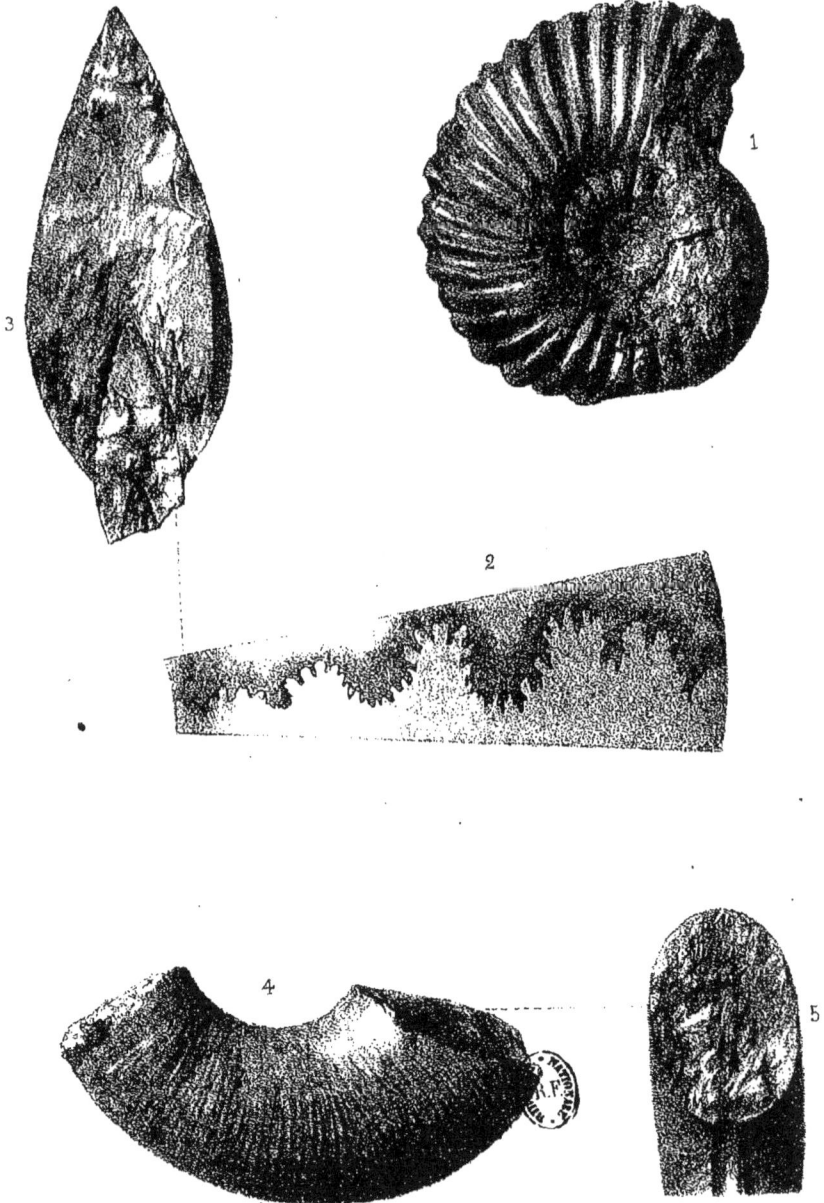

3

2

1

4

5

Adnatin Imp. L. Bideault

Lyon Lith Marmorat. A. Roux, succr

PLANCHE LIX

Zone de l'Ammonites opalinus

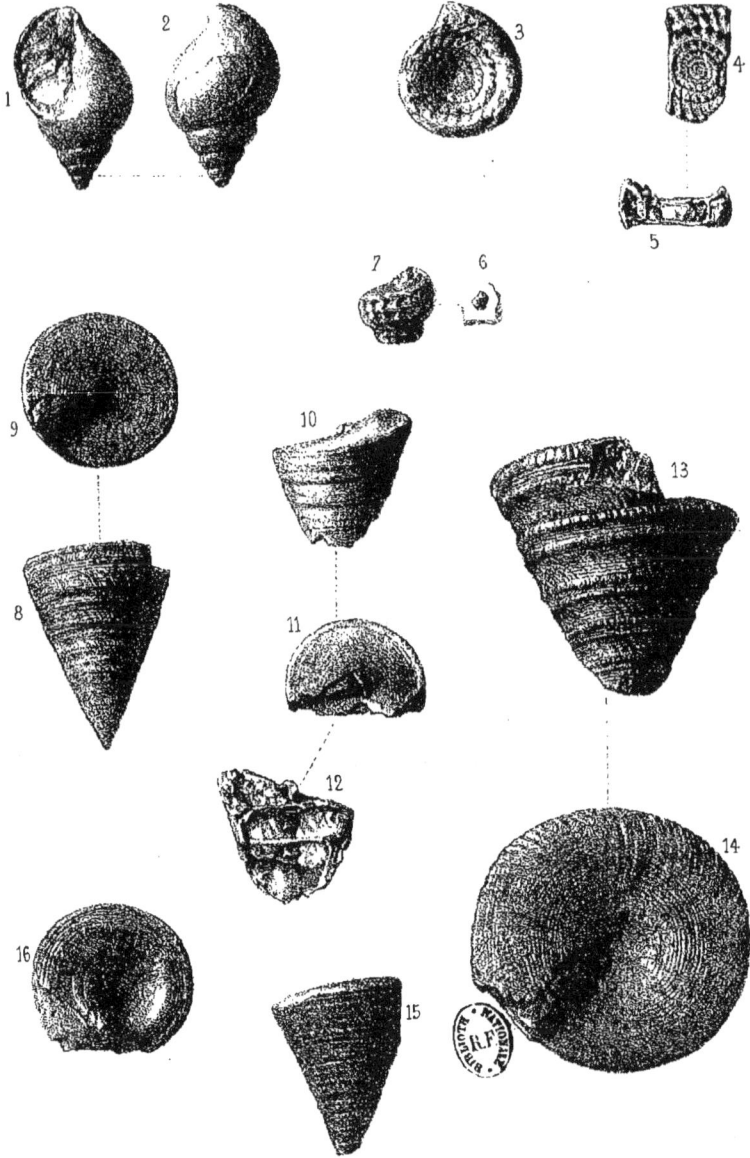

PLANCHE LX

Zone de l'Ammonites opalinus

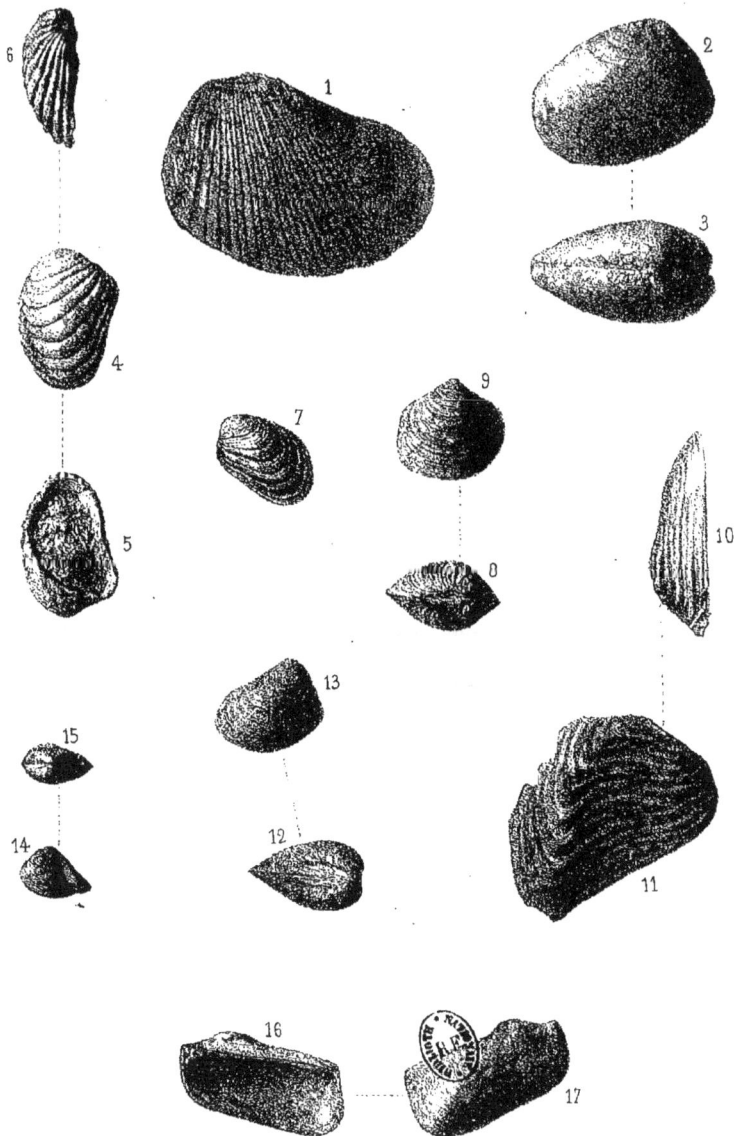

PLANCHE LXI

Zone de l'Ammonites opalinus

1

3

2

5

4

6

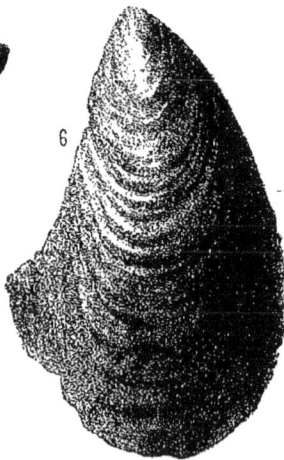

7

9

8

11

10

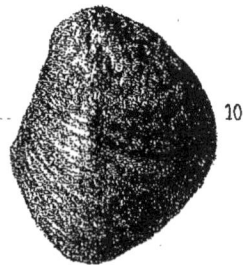

Ad.nat.in.lap.b. Bideault   Lyon.Lith.Marmorat.A.Roux.succ.ʳ

Dépôts Jurassiques   4ᵉ partie   PL. LXII

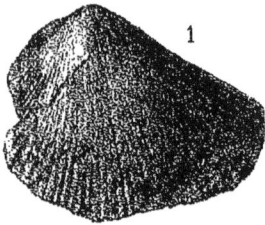

1

8

2

9

3

4

10

5

11

12

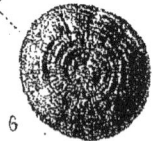

6

Aq.natin lap. L. Bideault   Lyon, Lith. Marmorat, A. Roux, succʳ.

www.ingramcontent.com/pod-product-compliance
Lightning Source LLC
Chambersburg PA
CBHW031624210326
41599CB00021B/3291